# Live
# 软件开发面面谈

潘　俊◎编著

清华大学出版社

北　京

## 内 容 简 介

现实的软件开发会遇到许多具体的问题,例如,如何消除依赖?怎样进行事件驱动编程?如何在迥异的环境中实现 MVC 架构?怎样在不同的 Web 开发框架之间选择?文档型数据库与关系型数据库相比有哪些优缺点?如何构建合适的存取控制?对这些问题,简单的答案、现成的选择、枯燥的代码很多,但是从问题的源头和本质出发,深入全面的分析却很少。本书就软件开发中带有普遍性的重要方面,内容由浅入深地逐渐展开,力图使读者对软件开发实践产生由点及面、融会贯通的理解。

**图书在版编目(CIP)数据**

Live 软件开发面面谈/潘俊编著.—北京:清华大学出版社,2018
ISBN 978-7-302-50156-5

Ⅰ.①L… Ⅱ.①潘… Ⅲ.①移动终端-应用程序-程序设计 Ⅳ.①TN929.53

中国版本图书馆 CIP 数据核字(2018)第 112372 号

责任编辑:黄　芝　李　晔
封面设计:迷底书装
责任校对:李建庄
责任印制:李红英

出版发行:清华大学出版社
　　　　网　　址:http://www.tup.com.cn,http://www.wqbook.com
　　　　地　　址:北京清华大学学研大厦 A 座　　邮　　编:100084
　　　　社 总 机:010-62770175　　邮　　购:010-62786544
　　　　投稿与读者服务:010-62776969,c-service@tup.tsinghua.edu.cn
　　　　质量反馈:010-62772015,zhiliang@tup.tsinghua.edu.cn
　　　　课件下载:http://www.tup.com.cn,010-62795954
印 装 者:三河市国英印务有限公司
经　　销:全国新华书店
开　　本:170mm×230mm　　印　张:20　　字　　数:338 千字
版　　次:2018 年 8 月第 1 版　　印　　次:2018 年 8 月第 1 次印刷
印　　数:1~1500
定　　价:59.00 元

产品编号:072748-01

自　　序

PREFACE

　　开发软件离不开编写代码，但仅仅具备编程的技能也还不足以胜任开发软件的工作。这就好比一个人会烧砖、砌墙，但要造一间可供人居住的屋子，他还得了解屋子的结构、不同房间的功能、水电管线的敷设、墙面地面的装修等方面的知识。对软件开发人员来说，编程领域的知识往往是最受关注的，它们确实也可以分为多个层次：编程语言本身的知识（如 C、Java），编程范式和思想，面向对象编程和函数式编程，开发框架的知识（如 Spring、AngularJS），等等。一个新人若想以软件开发为职业，大概需要阅读的范围就会集中在以上方面。然而，当他开始项目开发时，就会发现还有许多实际的问题需要考虑和解决，软件开发并不像编程教材上的代码样例和习题那样专注于某个算法或思想。

　　不妨考虑一个典型的业务系统，它是一个图形用户界面的程序，因而需要采用某种 GUI 框架开发界面；用户在界面上的操作通过事件机制调用相应的处理程序；用户界面、事件处理程序和体现需求的业务逻辑必须组成某种合理的结构，否则系统会随着功能的增加迅速变得难以理解和维护；系统越大，组件越多，越需要适当地保持它们之间的依赖关系，合理地应用接口是关键；这个业务系统显然比所有数据都来自即时输入的计算器复杂，许多信息要往返于数据库；最后，这是一个多用户使用的系统，必须适应不同用户的权限需求。编程语言和范式的理论知识没有触及这些实际的问题，开发框架虽然涉及实践，却又局限在具体的方案中，不易让人获得对知识的一般理解。

　　软件开发实践中遇到的各个方面的问题往往缺乏系统的理论，程序员凭着各自的理解动手，或者知其然而不知其所以然，或者每个人的所以然有出入甚至矛盾。例如，针对接口编程就是尽量多用接口吗？事件驱动编程的本质是什么？怎么样算是应用了 MVC 架构？极简主义就是越简单越好吗？文档型数据库和关系型数据库的优劣各体现在什么地方？基于角色的存取控制系统是如何理解权限的？在主流的软件开发理念之外能否另辟蹊径？客户端和浏览器之间的竞争究竟意味着什么？对这类实践中涉及的概念和遇到的问题，如果追根溯源，多思考一些是什么、为什么和怎么做，达到融会贯通的理解，既对实际开发有帮助，又有益于在纷繁多变的技术浪潮中看清技术的本质、把握解决问题的方向。

　　本书从以上思路出发，逐个讨论软件开发实践中的重要主题。第 1 章辨析对象间的依赖和针对接口编程。第 2 章讨论事件驱动编程的方方面面。第 3 章分析 MVC 架构的思想和实现。第 4 章比较图形用户界面的一些相关或对立的思想和技术，并介绍极简主义潮流。第 5 章分析热门的文档型数据库，并和关系型数据库做对比。第 6 章讨论存取控制的各个环节，分析基于角色的和基于属性的存取控制的优缺点。第 7 章介绍快速的 Lotus Notes程序开发。第 8 章探讨软件的兴衰和客户端的潮流。顺序上靠前的章节内容具有一般性，不会依赖其后的部分，靠后的章节有可能应用前文的知识。编写风格上每章力图从主题的源头和本质入手，遵循逻辑层层展开，尽量全面地遍历主题涉及的方方面面。书中代码为正在讨论的理念和问题服务，只是示意性地勾勒出核心的部分，无关和繁冗的部分被省略。

　　野人献曝，未免贻笑大方；愚者千虑，或有一得可鉴。

　　是为序。

作者

2018 年 5 月

CONTENTS

# 第1章

# 接　　口

在面向对象编程中，我们将问题拆分成一个个对象来实现，每个对象有其负责的功能，多个对象合作才能形成一个有用的系统。合作在代码中就表现为对象之间的引用和方法调用。调用者与被调用者的关系称为依赖。依赖关系意味着被调用者的变化可能影响和破坏调用者原本正常的运行。当系统变得越来越大，对象越来越多，牵涉方越来越广，持续的时间越长时，设计者就希望这样牵一发而动全身的影响尽可能地小。换句话说，就是希望能消除对象之间的依赖。调用者既要调用被调用者的方法，又不能产生对它的依赖，解决方法便是运用接口。

接口的理念在编程中由来已久，在Java、C♯等主流语言中更是引入了原生的Interface结构，类库中也有大量现成的接口。然而单纯地使用、甚至定义接口，并不能达到消除依赖的目的。广为提倡的尽量使用接口编程，有什么好处？真正能消除依赖的针对接口编程又如何实现？它与常用的工厂模式、服务定位器模式和依赖注入有什么关系？最后，什么时候才有必要针对接口编程？在本章讨论这些问题的过程中，接口、依赖、若干设计模式、配置文件、惯例、元数据等概念的含义将得到深入的挖掘和思考。

## 1.1   使用接口编程

先来看看在用 Java、C♯ 这样的面向对象语言编程时,经常被提倡的尽量使用接口的理念。在用继承基类和实现接口构建的类型层次体系中,越往上的类型越一般和抽象,越往下的类型越具体和多功能。在定义变量时,无论是类字段、方法变量,还是方法的参数和返回值,都尽可能使用抽象的类型。例如 Java 语言只支持单个基类,类型的大量抽象继承均以接口的方式体现,导致在一个类的层次体系的高层,接口往往比类多,所以尽可能使用的抽象类型就以接口居多,这也就是所谓的使用接口编程。例如下面的C♯代码。

```
//Starrow.IdeaDemo.UseInterfaceDemo
using System.Collections;

namespace Starrow.IdeaDemo
{
    public class UseInterfaceDemo
    {
        Hashtable DeclareAndReturnConcreteClass()
        {
            Hashtable hashtable = new Hashtable();
            //...
            return hashtable;
        }
        void PassConcreteClass(Hashtable hashtable)
        {
            hashtable.Add("a", 1);
            //...
        }
        IDictionary DeclareAndReturnInterface()
        {
            IDictionary dict = new Hashtable();
            //...
            return dict;
        }
        void PassInterface(IDictionary dict)
        {
```

```
            dict.Add("a", 1);
            //...
        }
    }
}
//End of Starrow.IdeaDemo.UseInterfaceDemo
```

在以 ConcreteClass 结尾的两个方法中,使用的是具体的类型 Hashtable;而在以 Interface 结尾的两个方法中,使用的是抽象的接口 IDictionary。使用接口的好处是,对于 DeclareAndReturnInterface 方法,将来如果基于业务逻辑或性能的考虑,觉得应该采用另一个更合适的实现 IDictionary 的类,如 SortedList,只需要把 dict 变量初始化成一个 SortedList,后面的代码和返回的类型丝毫不受影响,因而对调用方是透明的;对于 PassInterface 方法,能够接受任何实现了 IDictionary 接口的参数,调用方传入的具体类型发生变动不会影响该方法的运作。简言之,就是使用的类型越一般,代码的应用范围越广,适应性越好。当然,应该是尽可能一般,而不是无条件的最一般。所谓可能,就是指该类型的接口能够满足使用者的需求。例如,在上面的例子中不能使用比 IDictionary 更一般的接口 ICollection,因为它没有 Add 方法。

# 1.2   依赖反转原则

在模块化或组件化软件设计中,不同模块间保持松耦合。每个模块都定义有清晰的接口,模块间的调用都通过和限于接口,只要接口不变,模块内对接口的实现可以自由修改和演化。这个原则就是著名的"针对接口编程,而不是针对实现"(Program to an interface, not an implementation)。针对接口编程比使用接口编程更具雄心、野心和企图心(More ambitious),它要更彻底地消除依赖关系。1.1 节的 DeclareAndReturnInterface 方法,虽然 dict 变量声明为 IDictionary 接口,但因为初始化为 Hashtable 类型,该方法所在的类 UseInterfaceDemo 仍然依赖 Hashtable 类。要消除此依赖,必须做到模块之间完全以接口交流。

为了分析依赖和接口的关系,下面介绍最简单的两个模块的情况。应用模块需要使用工具模块的功能。按照传统的设计,应用模块直接引用工具模块。两者的依赖关系如图 1.1 所示。

图 1.1　传统设计中应用模块和工具模块的关系

这种紧密的耦合限制了应用模块的可用性,它只能和特定的工具模块一同工作,当有更好的或实现其他功能的工具模块时,它也不能替换以利用。为了打破这个约束,可以将应用模块需要的工具模块的功能抽象成一个工具接口,应用模块通过这个接口来使用工具模块,工具模块只要实现这个接口,就能被自由替换。此时假如将工具接口置于应用模块内,因为工具模块要引用该接口,两模块间的依赖关系发生了奇妙的倒转,如图1.2所示。

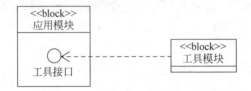

图 1.2　工具接口置于应用模块之内时两模块之间倒转的关系

每个工具模块在开发时都要引用应用模块,当然是不理想的,尤其作为工具模块根本无法知道要使用它们的应用模块可能是什么样的,所以这样反过来的依赖也必须消除。办法就是令工具接口脱离应用模块,成为一个新的独立模块。这样应用模块和工具模块都仅仅引用这个抽象的接口模块。三者的关系如图1.3所示。

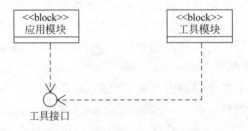

图 1.3　工具接口独立于应用模块和工具模块时三者的关系

这个最终方案可以用一句话来概括:调用模块不应该依赖被调用模块,两者应该依赖抽象出的接口。这个原则被称为依赖反转(dependency inversion),虽然它不是顾名思义地指上面第二种情况。

## 1.3　如何实现

关于针对接口编程,前面谈了是什么(What)和为什么(Why),下面介绍怎么做(How)。下面给出一个媒体播放器的实例,实现利用各种编解码器来播放媒体文件的功能。第一个版本的代码如下。

```
//媒体播放器
//Starrow.IdeaDemo.Dependency.MediaPlayerV1
using System.IO;

namespace Starrow.IdeaDemo.Dependency
{
    public class MediaPlayerV1
    {
        public void Play(FileInfo file)
        {
            Stream dataStream;
            string ext = file.Extension;
            switch (ext)
            {
                case "mp3":
                    MP3CodecV1 mp3Codec = new MP3CodecV1();
                    dataStream = mp3Codec.Decode(file);
                    PlayStream(dataStream);
                    break;
                case "mp4":
                    MP4CodecV1 mp4Codec = new MP4CodecV1();
                    dataStream = mp4Codec.Read(file);
                    PlayStream(dataStream);
                    break;
            }
        }

        private void PlayStream(Stream dataStream)
        {
            //...
        }
    }
}
```

```
//End of Starrow. IdeaDemo. Dependency. MediaPlayerV1

// MP3 编解码器
// Starrow. IdeaDemo. Dependency. MP3CodecV1
using System. IO;

namespace Starrow. IdeaDemo. Dependency
{
    public class MP3CodecV1
    {
        public Stream Decode(FileInfo file)
        {
            MemoryStream stream = new MemoryStream();
            //...
            return stream;
        }
    }
}
//End of Starrow. IdeaDemo. Dependency. MP3CodecV1

// MP4 编解码器
// Starrow. IdeaDemo. Dependency. MP4CodecV1
using System. IO;

namespace Starrow. IdeaDemo. Dependency
{
    public class MP4CodecV1
    {
        public Stream Read(FileInfo file)
        {
            MemoryStream stream = new MemoryStream();
            //...
            return stream;
        }
    }
}
//End of Starrow. IdeaDemo. Dependency. MP4CodecV1
```

　　由于每种编解码器的解码方法的名称均不一样,所以播放器不仅引用不同编解码器的实例,还要了解其 API 的差异,调用正确的方法,这样开发人员当然太痛苦了。首先想到的改进方法就是为编解码器制定统一的接口,之后播放器使用编解码器时就方便得多,于是有了第二个版本的代码。

```csharp
//编解码器接口
//Starrow.IdeaDemo.Dependency.ICodec
using System.IO;

namespace Starrow.IdeaDemo.Dependency
{
    public interface ICodec
    {
        Stream Decode(FileInfo file);
    }
}
//End of Starrow.IdeaDemo.Dependency.ICodec


//媒体播放器
//Starrow.IdeaDemo.Dependency.MediaPlayerV2
using System.IO;

namespace Starrow.IdeaDemo.Dependency
{
    public class MediaPlayerV2
    {
        public void Play(FileInfo file)
        {
            Stream dataStream;
            ICodec codec;
            string ext = file.Extension;
            switch (ext)
            {
                case "mp3":
                    codec = new MP3CodecV2();
                    dataStream = codec.Decode(file);
                    PlayStream(dataStream);
                    break;
                case "mp4":
                    codec = new MP4CodecV2();
                    dataStream = codec.Decode(file);
                    PlayStream(dataStream);
                    break;
            }
        }

        private void PlayStream(Stream dataStream)
```

```
        {
            //...
        }
    }
}
//End of Starrow.IdeaDemo.Dependency.MediaPlayerV2

//MP3 编解码器
//Starrow.IdeaDemo.Dependency.MP3CodecV2
using System.IO;

namespace Starrow.IdeaDemo.Dependency
{
    public class MP3CodecV2:ICodec
    {
        public Stream Decode(FileInfo file)
        {
            MemoryStream stream = new MemoryStream();
            //...
            return stream;
        }


    }
}
//End of Starrow.IdeaDemo.Dependency.MP3CodecV2

//MP4 编解码器
//Starrow.IdeaDemo.Dependency.MP4CodecV2
using System.IO;

namespace Starrow.IdeaDemo.Dependency
{
    public class MP4CodecV2:ICodec
    {
        public Stream Decode(FileInfo file)
        {
            MemoryStream stream = new MemoryStream();
            //...
            return stream;
        }


    }
}
```

```
//End of Starrow.IdeaDemo.Dependency.MP4CodecV2
```

第二个版本的播放器 MediaPlayerV2 现在的问题就是对具体编解码器类型的依赖了。因为依赖来源于对编解码器实例的初始化，所以可将负责初始化的代码从播放器移出，转交另一个对象来负责。面向对象开发中的工厂模式（Factory Pattern）常用来创建对象实例，我们就先采用它来改进播放器。

## 1.3.1　工厂模式

工厂模式包括抽象工厂（Abstract Factory）和工厂方法（Factory Method）两种类型。前者可以看作是后者的扩展，用于创建一系列相关的对象实例。这里只看工厂方法模式，它又有两种变体。第一种是创建者基类的工厂方法创建产品基类的实例，创建者继承类的工厂方法创建产品继承类的实例，一个创建者继承类只对应一个产品继承类。在这里使用这种模式只会将对特定编解码器类的依赖转移到它对应的特定创建者类上，对我们的目标没有帮助。另一种变体是创建者类的工厂方法接收参数，以返回不同类型的产品实例，下面给出这种模式的代码。

```
//返回编解码器的工厂
//Starrow.IdeaDemo.Dependency.Factory.CodecFactory
namespace Starrow.IdeaDemo.Dependency.Factory
{
    public class CodecFactory
    {
        public ICodec Create(string format)
        {
            ICodec codec = null;
            switch (format)
            {
                case "mp3":
                    codec = new MP3CodecV2();
                    break;
                case "mp4":
                    codec = new MP4CodecV2();
                    break;
                //...
            }
```

```
                return codec;
            }
        }
    }
///>

//媒体播放器
//Starrow.IdeaDemo.Dependency.Factory.MediaPlayerUsingFactoryV1
using System.IO;

namespace Starrow.IdeaDemo.Dependency.Factory
{
    public class MediaPlayerUsingFactoryV1
    {
        private CodecFactory codecFactory;

        public MediaPlayerUsingFactoryV1()
        {
            codecFactory = new CodecFactory();
        }

        public void Play(FileInfo file)
        {
            string ext = file.Extension;
            ICodec codec = codecFactory.Create(ext);
            Stream dataStream = codec.Decode(file);
            PlayStream(dataStream);
        }

        private void PlayStream(Stream dataStream)
        {
            //...
        }
    }
}
///>
```

## 1.3.2　服务定位器模式

　　应用工厂模式时,返回的对象都是每次新创建的实例。如果调用方并不需要如此,那么该类型对象的创建成本就太高,每个实例占用的资源过大,这种方式很不经济。又或者调用方需要每次都获取到同一个实例时,也必须采用其他方式。

可以从另一种角度来描述依赖的问题。一个对象需要访问和调用其他对象的属性和方法,被调用者可被视为向调用者提供服务,或者换种说法被调用者就是服务(Service)。消除依赖就意味着调用者能够以接口的形式获取服务。如何获取服务呢?花点钱雇一班管家和佣人,或者打电话去家政公司请钟点工或者有事找相关机构都可以。翻译成计算机的语言,最自然的思路就是有一个集中的地方可以根据所需的接口返回服务——实现该接口的对象。这个地方按照习惯被称为服务定位器(Service locator),实现和使用它的编程套路就是服务定位器模式。

服务定位器的核心是返回服务的方法,至于这些服务对象本身是怎样来的,可以根据实际情况采用各种方法:预先创建所有服务,然后添加到定位器内部某个映射数据结构内保存;调用者请求服务时再创建,并保存以备下次请求;甚至每次请求时创建。定位器可以是一个静态(Static)类,调用者直接访问它的静态方法,它容纳的服务也是所有调用者共享的;也可以是一个实例类,调用者需要访问它的实例,服务只在该实例的调用者间共享。前者相当于提供公共服务的家政公司和相关机构,后者类比于私人管家和仆佣。为了简便,下列代码使用了一个静态服务定位器。

```
//编解码器的定位器
//Starrow.Patterns.ServiceLocator.ServiceLocator
using System;
using System.Collections.Generic;
using System.Text;

namespace Starrow.Patterns.ServiceLocator
{
    public class ServiceLocator
    {
        private static Dictionary<Tuple<Type, string>, object> dict =
            new Dictionary<Tuple<Type, string>, object>();

        public static T Resolve<T>(string key = "")
        {
            Type type = typeof(T);
            object service = null;
```

```
            try
            {
                service = dict[new Tuple < Type, string >(type, key)];
            }
            catch (KeyNotFoundException e)
            {
                //Throw a more meaningful and specific exception when a service
                //cannot be found.
                StringBuilder stringBuilder = new StringBuilder();
                stringBuilder.AppendFormat("Service of type \"{0}\" and key
\"{1}\" was not found.",type, key);
                throw new ServiceNotFoundException(stringBuilder.ToString(),e);
            }
            return (T) service;
        }


        public static void Register < T >(object service, string key = "")
        {
            Type type = typeof(T);
            dict[new Tuple < Type, string >(type, key)] = service;
        }


        public static void Clear()
        {
            dict.Clear();
        }
    }
}
///>


//定位器所用的异常
//Starrow.Patterns.ServiceLocator.ServiceNotFoundException
using System;
using System.Collections.Generic;
namespace Starrow.Patterns.ServiceLocator
{
    public class ServiceNotFoundException:Exception
```

```
        {
            public ServiceNotFoundException(string message, Exception innerException) :
                base(message, innerException)
            {

            }
        }
    }
///>
```

　　许多情况下,获取服务的 Resolve < T >方法只需要根据调用者提供的接口 T 返回对应的服务就可以了,服务对象的具体类型是什么由定位器决定,或者更准确地说由程序的需求和所处的环境决定。也就是说,调用者请求的一种接口对应一个服务。但是在我们的例子里,媒体播放器需要获取实现编解码器接口的多种具体类型的实例,所以 Resolve < T >方法还补充了一个可选的字符串参数,用来传递编解码器类型的信息。关于服务的来源,这里采用的途径是通过 Register < T >方法添加,同样有一个可选的字符串参数。因为添加服务是播放器工作之前的准备,所以将这部分代码放在一个单独的类 ControllerUsingServiceLocatorV1 中,再由它来调用播放器。

```
//调用播放器的控制器
//Starrow.IdeaDemo.Dependency.ServiceLocator.ControllerUsingServiceLocatorV1
using System.IO;

namespace Starrow.IdeaDemo.Dependency.ServiceLocator
{
    public class ControllerUsingServiceLocatorV1
    {
        private MediaPlayerUsingServiceLocatorV1 player;

        public ControllerUsingServiceLocatorV1()
        {
            player = new MediaPlayerUsingServiceLocatorV1();

            Patterns.ServiceLocator.ServiceLocator.Register < ICodec >(new
MP3CodecV2(), "mp3");
            Patterns.ServiceLocator.ServiceLocator.Register < ICodec >(new
MP4CodecV2(), "mp4");
```

```
        }

        public void Play(FileInfo file)
        {
            player.Play(file);
        }
    }
}
///>


//使用服务定位器的媒体播放器
//Starrow.IdeaDemo.Dependency.ServiceLocator.MediaPlayerUsingServiceLocatorV1
using System.IO;

namespace Starrow.IdeaDemo.Dependency.ServiceLocator
{
    public class MediaPlayerUsingServiceLocatorV1
    {
        public void Play(FileInfo file)
        {
            string ext = file.Extension;
            ICodec codec = Patterns.ServiceLocator.ServiceLocator.Resolve
<ICodec>(ext);
            Stream dataStream = codec.Decode(file);
            PlayStream(dataStream);
        }

        private void PlayStream(Stream dataStream)
        {
            //...
        }

    }
}
///>
```

## 1.3.3　依赖注入

上两种模式有一个共同点,就是无论被调用者的来源如何,调用者都要从某个地方主动获取。我们把这种方式称为拉。与之相对的是由外界将调用者需要的对象推给它,依赖注入(Dependency injection)就是这样一种模式。这个名称听上去很深奥,其实本质很简单。所谓将对象推给调用者,在程序中就是指将它作为参数传递给调用者。根据一个对象接受参数传递的方法的类型和特点,专家们又将依赖注入分为好几种,并给它们都起了很酷的名字。将被调用者通过调用者的构造函数传递称为构造函数注入(Constructor injection);通过调用者的设值方法或属性传递称为设值注入(Setter injection);如果用于传递的方法是在实现一个专为依赖注入而建的接口,就称为接口注入(Interface injection);如果被调用者是作为一个普通方法的参数传入,就称为方法调用注入(Method call injection)。下列代码演示了这几种形式。

```
//Starrow. IdeaDemo. Dependency. DependencyInjection. DependencyInjectionFormsDemo
using System. IO;

namespace Starrow. IdeaDemo. Dependency. DependencyInjection
{
    public interface IInjectCodec
    {
        void InjectCodec(ICodec codec);
    }

    public class DependencyInjectionFormsDemo : IInjectCodec
    {
        private ICodec codec;

        /// < summary >
        /// Constructor injection.
        /// </summary >
        /// < param name = "codec"></param >
        public DependencyInjectionFormsDemo(ICodec codec)
        {
            this.codec = codec;
        }

        /// < summary >
        /// Setter injection in property style.
        /// </summary >
        public ICodec Codec
        {
```

```
            get { return codec; }
            set { codec = value; }
        }

        /// <summary>
        ///Setter injection in method style.
        /// </summary>
        /// <param name = "codec"></param>
        public void SetCodec(ICodec codec)
        {
            this.codec = codec;
        }

        /// <summary>
        /// Interface injection.
        /// </summary>
        /// <param name = "codec"></param>
        public void InjectCodec(ICodec codec)
        {
            this.codec = codec;
        }

        /// <summary>
        /// Method call injection.
        /// </summary>
        /// <param name = "file"></param>
        /// <param name = "codec"></param>
        public void Play(FileInfo file, ICodec codec)
        {
            Stream dataStream = codec.Decode(file);
            //...
        }
    }
}
///>
```

构造函数注入、设值注入和接口注入都将传入的对象保存在调用者的字段里，可供调用者的所有方法使用。这类情况下，执行注入的对象也就负责创建调用者的实例，这个对象传统上的称谓包括容器、应用上下文（Application context），它是整个应用程序控制流程的起点。容器提供方法返回注入好了的调用者实例，特定于应用程序的代码就从调用这些方法获取实例开始。方法调用注入传入的对象仅仅在该方法内被使用,其他方法无法访问,该方法要使用也只能在每次调用时注入。在实现上接口注入最为复杂。不仅要为负责注入的方法建一个接口,还要为每种调用者配套一个注入器类,这些注入器类又实现一个公共的注入器接口,然后由一个容器创建注入器,注入器再调用它配套的那个对象实现的特定注入接口里的方法。是不是感觉要被绕晕了? 那就直接忽略它,因为这样折腾的结果是和其他形式相比没有优势,现实中也很少有人使用。

　　最后要比较的是构造函数注入和设值注入。两者的选择实际上是一个更一般的问题:应该通过构造函数还是设值函数向对象传递信息? 构造函数是直观的选择,它毕竟就是被设计出来干这个的。对象的用户最容易使用,也能够最清晰地透过它的参数类型了解该对象需要的信息。构造函数在对象初始化时必然会运行,设值函数则要依靠用户在恰当的时候调用。构造函数还有一个特别的好处,即能够用来设计不可变的(Immutable)对象。不可变的对象有很多好处,线程安全、易于测试等等。将构造函数传入的信息保存在只读字段里,对象一旦创建,无论被调用了什么方法,状态都和最初保持一样。而使用设值函数时,保存传入信息的字段就不能是只读的,使得以后可能通过再次调用设值函数或者其他方法修改该字段。尽管如此,构造函数也有难以应对需求的时候。遇上参数太多、类型相同不好区分多种版本的构造函数等情况就要考虑使用设值函数。

　　总的来说,最常见和有用的形式是构造函数注入和设值注入。因为上面所说的实现机制,容器返回的调用者对象内部保有实现了被调用者接口的某个具体类型的对象。而在我们的例子里,播放器需要调用多种编解码器的对象,所以只能采用方法调用注入的形式。与应用服务定位器模式类似,可把负责注入的代码放在播放器之外的一个控制器类中。

```
//负责依赖注入的控制器
//Starrow.IdeaDemo.Dependency.DependencyInjection.ControllerUsingDependency-
InjectionV1
using System.IO;

namespace Starrow.IdeaDemo.Dependency.DependencyInjection
{
    public class ControllerUsingDependencyInjectionV1
    {
        public void Play(FileInfo file)
        {
```

```
        ICodec codec = null;
        switch (file.Extension)
        {
            case "mp3":
                codec = new MP3CodecV2();
                break;
            case "mp4":
                codec = new MP4CodecV2();
                break;
                //...
        }
        MediaPlayerUsingDependencyInjectionV1 player = new MediaPlayer-
UsingDependencyInjectionV1();
        player.Play(file,codec);
    }

    }
}
///>


//采用依赖注入的媒体播放器
//Starrow.IdeaDemo.Dependency.DependencyInjection.MediaPlayerUsingDependency-
InjectionV1
using System.IO;

namespace Starrow.IdeaDemo.Dependency.DependencyInjection
{
    public class MediaPlayerUsingDependencyInjectionV1
    {
        public void Play(FileInfo file, ICodec codec)
        {
            string ext = file.Extension;
            Stream dataStream = codec.Decode(file);
            PlayStream(dataStream);
        }

        private void PlayStream(Stream dataStream)
        {
            //...
        }
    }
}
///>
```

## 1.4 真的实现了吗

工厂、服务定位器和依赖注入是通常人们用于消除模块间依赖的三大法宝。在检视这些模式的代码时,不知道聪明的读者有没有产生一个疑问:播放器对编解码器的依赖真的消除了吗?

### 1.4.1 依赖的传递性

$$\forall\, a,b,c \in X : (aRb \land bRc) \Rightarrow aRc$$

相信很多朋友对上面表达式中符号的含义还有印象,它是传递关系(Transitive relation)的数学定义。一个集合 $X$ 上的二元关系 $R$ 被称为是传递的,如果集合中任意元素 $a$ 对 $b$ 有此关系,而 $b$ 对 $c$ 又有此关系时,$a$ 对 $c$ 就有此关系。我们都知道很多这样的关系,例如有序关系:如果 $a>b$, $b>c$,就有 $a>c$。程序中对象间的依赖也是一种传递关系。如果对象 $a$ 依赖对象 $b$,$b$ 又依赖 $c$,那么 $a$ 对 $c$ 也有依赖。

再来看上一节的三种模式。播放器的代码中都没有对编解码器具体类型的依赖。但是,在工厂模式中,工厂创建了具体编解码器的实例;在服务定位器模式中,负责注册服务的控制器创建了具体编解码器的实例;在依赖注入模式中,负责注入的控制器创建了具体编解码器的实例。也就是说,三种模式下仍然有某个对象依赖具体编解码器。在工厂模式中,播放器依赖工厂;在服务定位器模式中,控制器依赖播放器;在依赖注入模式中,控制器依赖播放器。因为依赖有传递性,所以在工厂模式下,播放器依然依赖具体编解码器。在后两种模式下,播放器虽然不依赖播放器了,但是控制器和播放器一起都属于对编解码器模块的调用模块,将播放器的依赖转移到控制器,并没有解决问题。所以结论就是工厂、服务定位器和依赖注入模式并没有消除模块间的依赖。有人或许会质疑,我上面的代码写得不够好,但是它们的确体现了三种模式的内涵,这是毫无疑问的。

### 1.4.2 依赖的形式

既然没有消除依赖,就要继续想办法。调用方的代码不能引用具体的编解码器类型,但总归要以某种形式知道这些类型。用这些类型的名称似乎是个不错的方案,字符串记录的名称无须引用对应的类型,使用反射创建这些类型的实例,将调用者对被调用者的类型依赖从编译时移除,而仅出现在运行时。编解码器的类型名称可以和之前的媒体文件类型名称一样,由播放器传递给工厂或服务定位器。不过依据这些名称利用反射创建编解码器实例的代码太简单,不如直接写在播放器内。

```
//Starrow.IdeaDemo.Dependency.MediaPlayerV3
using System;
using System.IO;

namespace Starrow.IdeaDemo.Dependency
{
    public class MediaPlayerV3
    {
        public void Play(FileInfo file)
        {
            Stream dataStream;
            ICodec codec;
            string ext = file.Extension;
            string assemblyName,typeName;
            switch (ext)
            {
                case "mp3":
                    assemblyName = "mp3codec";
                    typeName = "Starrow.IdeaDemo.Dependency.MP3CodecV2";
                    codec = (ICodec)Activator.CreateInstance(assemblyName,
typeName).Unwrap();
                    dataStream = codec.Decode(file);
                    PlayStream(dataStream);
                    break;
                case "mp4":
                    assemblyName = "mp4codec";
                    typeName = "Starrow.IdeaDemo.Dependency.MP4CodecV2";
                    codec = (ICodec)Activator.CreateInstance(assemblyName,
typeName).Unwrap();
                    dataStream = codec.Decode(file);
                    PlayStream(dataStream);
                    break;
            }
        }
```

```
        private void PlayStream(Stream dataStream)
        {
            //...
        }
    }
}
///>
```

与编解码器的类型名称一起出现的还有它所在的程序集的名称,如果是 Java,此名称就会以 Java 包的信息形式被包装在某个 ClassLoader 里。

然后再认真想想,这下真的消除了依赖吗?消除依赖的本质是调用者和被调用者在都不知道对方具体实现的状态下通过接口来合作。换言之,除了接口,双方对对方一无所知。调用者不能引用被调用者的具体类型,就能知道这些类型的名称吗?

依赖的形式不仅包括直接使用被调用者的具体类型,还包括使用被调用者接口之外的任何信息。

所以,上述播放器依然依赖具体的编解码器。

## 1.5 真正实现

要真正消除依赖,还需更进一步。调用方的代码不能引用具体的编解码器类型,不知道除接口之外这些类型的任何信息,但总归要以某种形式知道这些类型。这看上去有些矛盾的任务如何完成呢?答案依然是通过第三方。调用方不能直接了解被调用方,但是某个第三方可以了解,调用方再去找第二方,而第三方本身是无关任何具体的被调用方的,是某种通用的习惯或标准的机制。最常用的第三方就是配置文件。

### 1.5.1 配置文件

假设在某个配置文件里记录了每种媒体文件对应的编解码器所在的程序集和类型名称,播放器读取该文件来创建所需的编解码器对象。这个配置文件可以有一个专用的名称,可以是某个播放器统一的配置文件的一部分,也可以每个编解码器自带一个名称统一的配置文件。配置文件的格式有很多种选择,INI、XML、YML……只要能满足需求就行。下面就用服务定位器模式加配置文件来演示如何真正消除依赖。

```
//Starrow. IdeaDemo. Dependency. AppConfig
using System;
using System. Collections. Generic;
namespace Starrow. IdeaDemo. Dependency
{
    public class AppConfig
    {
        public static ICollection < Tuple < string, string, string >> GetCodecInfo()
        {
            ICollection < Tuple < string, string, string >> info =
                new List < Tuple < string, string, string >>();
            //The item content is like
            //< Tuple <"mp3", "mp3codec", "Starrow. IdeaDemo. Dependency.
            //MP3CodecV2">>
            //...
            return info;
        }
    }
}
///>
```

这个类型用于解析和返回配置文件包含的信息。为了方便，这里提供一个专门的静态方法返回所有的编解码器信息，每条信息由媒体文件格式、对应的编解码器类型名称和所在的程序集名称组成。

```
//Starrow. IdeaDemo. Dependency. ServiceLocator. ControllerUsingServiceLocatorV3
using System;
using System. IO;

namespace Starrow. IdeaDemo. Dependency. ServiceLocator
{
    public class ControllerUsingServiceLocatorV3
    {
        private MediaPlayerUsingServiceLocatorV1 player;

        public ControllerUsingServiceLocatorV3()
        {
            player = new MediaPlayerUsingServiceLocatorV1();

            var codecInfo = AppConfig. GetCodecInfo();
            ICodec codec;
```

```
        foreach (var info in codecInfo)
        {
            codec = (ICodec) Activator.CreateInstance(info.Item2, info
.Item3).Unwrap();
                Patterns.ServiceLocator.ServiceLocator.Register < ICodec >
(codec, info.Item1);
        }
    }

    public void Play(FileInfo file)
    {
        player.Play(file);
    }


    }
}
///>
```

在播放器从服务定位器获取编解码器对象前,上述代码先利用
AppConfig 读取的配置文件信息为每一种媒体文件格式创建编解码器实例。
如果编解码器较多,且创建成本高,也可以配合采用某种延迟创建(Lazy
creation)机制等到播放器获取编解码器时才创建。

在现实世界中,利用配置文件来实现针对接口编程的例子也是很多的。
Java 的数据库编程接口 JDBC 就是一个很好的范例。所有和数据库的交互
都是通过 Connection、Statement、ResultSet 之类的接口完成的,接口的具体
实现则交给各个数据库开发者提供的驱动器。这样既使得数据库使用者读
写数据的代码有通用性,又给了数据库开发者最大的灵活性。所有读写数
据库的活动都是从 Driver 接口获取一个 Connection 开始的,每个特定的数
据库驱动程序都要有一个类实现 Driver 接口。应用程序使用的具体数据库
的该驱动类的名称就记录在配置文件中,然后由 DriverManager 读取并创建
实例。过去配置文件是 Java 的系统属性文件,后来可以是 META-INF/
services/java.sql.Driver,不过根本的机制都没变。

## 1.5.2 配置代码

比起使用配置文件,用代码来提供同样的信息简单很多,这就是所谓的
配置代码。例如在 AppConfig 的 GetCodecInfo 方法里直接用硬编码写入编

解码器的信息。这种方式不是重蹈了 1.4.2 节中界定的覆辙吗？确实如此，所以只有在一种特殊的情况下，这种方式才有正当性。

我们已经看出，包含被调用者信息的配置代码，如果和调用者在一起，就仍然构成调用方的依赖。那么唯一可行的就是配置代码既不属于被调用方，也不属于调用方。到目前为止，我们所处的开发环境都是调用者和被调用者可能由无关的两方组织或个人完成，这也是需要消除两者间依赖的现实原因。配置代码不属于任何一方，这就意味着又多出了一个新的开发方的场景。在此场景中，原有的调用者和被调用者代码都作为可重复独立使用的模块公布，程序员利用这些模块开发特定的程序。这些程序通常是非正式的、代码较少的并且可随需求和环境变动随时方便地修改代码的，它们对原有的调用者和被调用者模块的依赖都无关紧要，配置代码在这里就像方便的黏合剂一样，免去更复杂和正式的配置文件。理论上对这些第三方程序，直接应用上文所述的三种模式也可以，使用配置代码的好处，只是将配置信息和对象初始化等代码分离开来，方便维护和修改。

下面用播放器例子来说明，这种情况就是播放器和编解码器都是现成的组件，一个程序员利用它们开发一个能够满足业余爱好的个人播放器。

## 1.5.3　惯例先于配置

配置文件在整个软件中发挥着很大作用。对用户来说，它保存他们的个性化和偏好设置。对开发人员来说，它是用于存放程序运行所需各种信息的地方。这些信息既包括在程序开发时无从预知，只有在部署的环境才知道的；也包括那些通过编辑配置文件而无须修改代码就能改变程序行为的。前者是不得不这么做，后者则是为了获得灵活性的好处。两种目的也不是泾渭分明，本节所分析的为了消除依赖而采用的配置文件就可以说兼而有之。

再好的东西太多也会成为麻烦。配置文件的方便使得有一段时期程序员大量依赖它，于是随着组件、框架的增长，配置文件也爆炸式增长。配置文件大多采用 XML 格式，一个项目用到的类库、框架越多，这些 XML 文件就越多。修改一个长长的、层次复杂的 XML 文件不是一件惬意的事，至少不像在 IDE 里编写代码那样有那么多提示和错误检查。修改配置文件，既需要专门的知识，又容易遗漏和出错。为应对这种情况，有新的理念被提出。

一位餐馆的熟客在点餐时可以说老样子，而不用每次重复：一份回锅肉,辣椒十成熟,肉八成熟;一碗西红柿鸡蛋汤,少放点西红柿,少放点鸡蛋,多放点水;一碗米饭,别加芝麻和香菜。在编写图形用户界面时,控件的某项属性如果和默认值一样,就不用写代码设置。我们参加别人婚礼时,如果不是亲朋好友的特殊关系,礼金就按惯例。

所有这些背后的理念都是相同的,那就是遵循某种惯例时,可以省去对该惯例包含的信息的描述,而活动参与各方仍然能够顺利沟通和合作。这个思想用到配置文件过多的问题上,就成了惯例先于配置(Convention over configuration)【注:这个原则的译名有很多,约定优于配置、约定胜于配置、惯例优先等等,不一而足。然而都不够准确。与约定相比,惯例更贴近 Convention 在这里的含义;Over 表达的也不是优于胜于暗示的那种一方比一方品质更好、效果更佳,或者两方发生冲突时惯例的效力更高(实际上正相反,当惯例不能满足需求,必须使用配置时,配置的效力更高),而是作为手段的优先使用。惯例优先比较贴切,但又省略了配置,译者可能也是考虑到惯例优先配置不符合中文的习惯。总而言之,我以为惯例先于配置最符合原文的含义。】的开发范式。实际上,惯例在编程中早已大量存在和使用。每种语言的变量、函数命名规则,编码时的格式规范,都是代码的作者与读者之间的惯例。但这些还只是为了人的方便,惯例的更大用途是让程序的各方能相互沟通和合作,一个最不起眼的例子就是 C 和 Java 的本地运行程序都会有一个静态的 main 函数作为启动的入口,更复杂的例子包括 Java 文件所属包和文件路径的对应、Web 项目内部的文件夹结构遵循一定的标准以方便开发时建构工具和运行时容器读取所需的文件。这些隐藏的信息如果不是采用惯例的形式,就要引入配置文件,而程序要读取这些配置文件,就需要它们的名称和位置信息,这些信息不可能又保存在另一级配置文件里,所以归根结底程序总是需要或多或少的惯例。

在消除依赖的上下文里,惯例发挥作用的形式很简单。被调用者的具体类型的名称只要遵循某种惯例,调用者就可以无须其他帮助便可找到它们。比如说每种媒体文件的编解码器的类型名称都遵循文件格式+Codec+版本信息的惯例,播放器就可以在某个第三方的编解码器模块里找到诸如 MP4CodecV2 的类型。

## 1.5.4 元数据

惯例的本质是一种合作各方知道的隐秘的知识。利用它可以节省明示的成本。不过惯例也有局限性。一是它的隐秘令外人不易了解，比起配置文件这样的明示方式显得不够清楚。二是惯例的本质决定它只能适应单调的情况，无法满足复杂和特殊的需求。例如在各种 ORM（Object-Relational Mapping，对象关系映射）方案中，要建立对象属性和关系型数据库表字段之间的映射，我们很容易提出两者之间名称一致的惯例，但是因为种种原因，这个简单的惯例不能满足所有的场合的需要。遇到这些局限时，我们是不是只有采用惯例先于但不是取代的配置呢？Hibernate 之类的 ORM 开始时就是这样做的，长长的 XML 配置文件维护起来令人头痛。幸好我们还有一件新武器——元数据。

　　顾名思义，元数据的意思就是关于其他数据的数据。比方说，一本书记录了大量的信息（数据），那关于这本书的信息，诸如标题、作者、出版社，就是该书的元数据。代码里的类、字段和方法等等同样可以看作是数据，我们以某种形式来描述这些数据就是它们的元数据。最简单的就是代码的注释。例如，我们都知道可以用某种约定格式的注释记录一个方法的用途、参数和返回值等信息，这些元数据既可以被 IDE 提取作为参考，也可以用专门的工具抽取出来制成完整的文档（JavaDoc 就是著名的样例）。

　　元数据有时可以代替惯例给我们一种更清晰地描述信息的途径。譬如单元测试的类型和方法名称过去通常约定缀以 Test，以区别于普通对象，并便于测试工具识别和运行。有了元数据，就可以给这些方法加上特殊的标记（如 C♯ 的 Metadata 元数据和 Java 的 Annotation 标注）。如下面这个采用 JUnit 标注的测试对象。

```java
//starrow. demo. event. custom. MyEventTester
package starrow. demo. event. custom;
import org. junit. Test;
import static java. lang. System. out;

public class MyEventTester {

    @Test
    public void testCustomEvent(){
        MyEventPublisher publisher = new MyEventPublisher();

        //Register for MyEvent from publisher
        publisher. addMyEventListener(new MyEventListener() {
            public void myEventOccurred(MyEvent evt) {
                out. println("MyEvent was fired. ");
```

```
            }
        });

        publisher.run();
    }


}
///>
```

另一方面,元数据和代码在一起,相较于独立的配置文件,更简洁直观和易于维护。所以在 Java 中有了 Annotation 之后,Hibernate 的对象关系映射就换成了这种方式。下面(来自 Hibernate 官方网站教程)分别采用 XML 配置文件和标注来建立映射的样例就清晰地体现了两者的差别。

```
//要进行映射的对象
package org.hibernate.tutorial.hbm;

import java.util.Date;

public class Event {
    private Long id;

    private String title;
    private Date date;

    public Event() {
        //this form used by Hibernate
    }

    public Event(String title, Date date) {
        //for application use, to create new events
        this.title = title;
        this.date = date;
    }

    public Long getId() {
        return id;
    }

    private void setId(Long id) {
        this.id = id;
    }
```

```java
        public Date getDate() {
            return date;
        }

        public void setDate(Date date) {
            this.date = date;
        }

        public String getTitle() {
            return title;
        }

        public void setTitle(String title) {
            this.title = title;
        }
    }


//建立映射的 xml 配置文件 Event.hbm.xml
<?xml version = "1.0"?>


<! --
    ~ Hibernate, Relational Persistence for Idiomatic Java
    ~
    ~ License: GNU Lesser General Public License (LGPL), version 2.1 or later.
    ~ See the lgpl.txt file in the root directory or < http://www.gnu.org/
licenses/lgpl - 2.1.html >.
    -- >
<! DOCTYPE hibernate - mapping PUBLIC
        " - //Hibernate/Hibernate Mapping DTD 3.0//EN"
        "http://www.hibernate.org/dtd/hibernate - mapping - 3.0.dtd">


< hibernate - mapping package = "org.hibernate.tutorial.hbm">

    < class name = "Event" table = "EVENTS">
        < id name = "id" column = "EVENT_ID">
            < generator class = "increment"/>
        </id >
        < property name = "date" type = "timestamp" column = "EVENT_DATE"/>
        < property name = "title"/>
    </class >

</hibernate - mapping >
```

```
//采用标注建立映射的同一对象
package org.hibernate.tutorial.annotations;

import java.util.Date;
import javax.persistence.Column;
import javax.persistence.Entity;
import javax.persistence.GeneratedValue;
import javax.persistence.Id;
import javax.persistence.Table;
import javax.persistence.Temporal;
import javax.persistence.TemporalType;

import org.hibernate.annotations.GenericGenerator;

@Entity
@Table(name = "EVENTS")
public class Event {
    private Long id;

    private String title;
    private Date date;

      public Event() {
          //this form used by Hibernate
      }

      public Event(String title, Date date) {
          //for application use, to create new events
          this.title = title;
          this.date = date;
      }

      @Id
      @GeneratedValue(generator = "increment")
      @GenericGenerator(name = "increment", strategy = "increment")
    public Long getId() {
          return id;
      }

    private void setId(Long id) {
          this.id = id;
      }
```

```
    @Temporal(TemporalType.TIMESTAMP)
    @Column(name = "EVENT_DATE")
public Date getDate() {
        return date;
}

public void setDate(Date date) {
        this.date = date;
}

public String getTitle() {
        return title;
}

public void setTitle(String title) {
        this.title = title;
}
}
```

　　针对消除依赖的主题，应用元数据的方式也很简单。上一节末尾提到采用惯例时，媒体文件的编解码器类型的名称遵循特定的格式。如果采用元数据，就可以为编解码器接口定义一个带参数的标记，参数用于设定编解码器所针对的媒体格式和版本号。每个编解码器的开发者只要给其具体编解码器类型加上该标记，播放器在加载包含这些编解码器的类库时，就可以利用标记找到所需的编解码器。

```
//编解码器标记
//Starrow.IdeaDemo.Dependency.CodecAttribute
using System;

namespace Starrow.IdeaDemo.Dependency
{
    internal class CodecAttribute : Attribute
    {
        private string mediaFormat;
        private double version;

        public CodecAttribute(string mediaFormat, double version)
        {
            this.mediaFormat = mediaFormat;
            this.version = version;
        }
```

```
        }
    }
///>

//应用了标记的 MP4 编解码器
//Starrow.IdeaDemo.Dependency.MP4CodecV3
using System.IO;

namespace Starrow.IdeaDemo.Dependency
{
    [Codec("mp4", 3.0)]
    public class MP4CodecV3 : ICodec
    {
        public Stream Decode(FileInfo file)
        {
            MemoryStream stream = new MemoryStream();
            //...
            return stream;
        }

    }
}
///>
```

在 3.5 节,还会给出用元数据消除依赖在现实世界中的应用。

## 1.5.5　实现消除依赖的方法的本质

在列举了真正实现消除依赖的各种途径之后,再来看看它们的共同点和本质。消除依赖要求调用者和被调用者仅通过接口沟通,而接口是不包含实现代码,调用者无法创建实例的,所以调用者还是要在某个入口处创建一个具体实现接口的被调用者实例。创建实例时不能在代码中用到该实例的具体类型(否则就产生了对它的依赖),也不能将这种方式的创建委托给其他对象(依赖有传递性),所以唯一可行的创建实例的方式是反射。反射时不能直接在代码里写明实例类型的名称(否则就仅仅是另一种形式的依赖),必须通过某种约定的途径获得被调用者类型的信息,这些途径主要包括配置文件、惯例和元数据。除了配置文件是显式地说明被调用者的信息,采用后两种途径时,调用者依然要借助反射。

调用者利用反射来创建被调用者的实例。调用者通过配置文件、惯例和元数据来获取被调用者类型的信息。这两点便是实现消除依赖的诸方法的本质。

那平常被宣传和介绍的工厂模式、服务器定位模式和依赖注入的价值何在呢？答案很简单。它们的价值就是它们本身实现的功能。工厂模式能将某一系列的对象创建集中于一处，服务定位器模式方便调用者从单个地方获取所需服务，依赖注入使调用者通过方法参数被动地获得被调用者。总之，作为有普适性的设计模式，它们可以用在除消除依赖之外的各种场合，所以单纯应用它们也就不能保证消除依赖。直接在调用者的代码里运用上面所说的消除依赖方法的两条原则，就能够实现针对接口编程。不过为了使代码功能清晰，通常我们会采用某种设计模式，将获取被调用者实例的逻辑封装在单独的对象中。也就是说，工厂模式、服务器定位模式和依赖注入是实现消除依赖时两条原则的封装方式。

# 1.6　有必要针对接口编程吗

到现在为止，我们讲的都是针对接口编程的意义、消除依赖的实现方式，仿佛针对接口编程是一个先验的、放之四海而皆准的真理。市面上介绍编程的教程和文章、网络上分享经验的博客和帖子，无论是不是关于针对接口编程的主题，有许多在代码样例中每创建一个类前都先定义一个接口（在后面的讨论中不妨简称为接口先行），而且在文字中透露出这样做不言而喻的正确性。这时候，人们天生的怀疑精神又有用武之地了。有必要在一切场合都针对接口编程吗？或者更准确地说，什么情况下应该针对接口编程（什么情况下不需要、不应该）？

## 1.6.1　针对接口编程的成本

本章先前所论述的针对接口编程的好处都是真实的，与此同时还有一点也是真实的，就是针对接口编程的成本。不这么做时，调用者直接创建被调用者的实例，一行代码足矣。这么做时，先要抽象出被调用者的接口，让具体类型实现该接口，然后采用工厂、服务定位器或依赖注入的模式，还要设定配置文件、惯例或元数据，多写无数行代码。我们日常买东西的时候会讲究性价比，写程序时自然也要考虑这样做值不值得。如果为每个类都定义一个接口，一个项目里的代码文件数量就几乎要翻一倍。而且上述接口先行的样例往往是定义完接口就了事，针对接口编程所需的配套工作都略而不谈，让这些代码表面上既用到了接口，又不甚烦琐。实际上假若真将这种接口先行的方式贯彻到项目开发中，任何人也坚持不了——为被调用者创建了接口，那调用者要不要也有接口，工厂、服务定位器和依赖注入的容器要不要创建接口，解析配置文件和元数据的对象要不要接口，这些对象用到的任何一个哪怕是辅助的提供方便的对象要不要接口……项目代码的主体将变成实现针对接口编程的脚手架（Scaffold），业务逻辑反将退居其次。所以无论多么主张接口先行，最后要面对的问题都是什么情况下需要为类创建接口并针对接口编程？

## 1.6.2　接口的意义

针对接口编程是手段，目的是消除依赖。本来调用者使用被调用者的类型，针对接口编程后，调用者使用被调用者遵循的接口。为什么使用类型是依赖，使用接口就消除了依赖呢？如果说在前一种情况中调用者依赖了被调用者的类型，那么后一种情况为什么不说调用者依赖了被调用者的接口？可以从两个角度回答这个疑问。

首先，可以说"被调用者的类型"，即该类型是属于被调用者的；但严格地讲，我们不能说"被调用者的接口"，因为该接口不属于被调用者，同样也不属于调用者。对于需要合作的调用者和被调用者双方，接口是第三方的中介。虽然有时把名称上体现被调用者共同点的接口看成是它们的代表（如 ICodec 代表 MP3Codec），又或者反过来把接口看作调用者对被调用者需要的功能的抽象，但实际上就像 1.2 节中最后的图例所示，接口是独立于调用者和被调用者的。所以将调用者使用的被调用者的具体类型换成接口后，调用者就不再依赖被调用者了，那么对第三方接口的引用算不算依赖呢？

其次，接口本质上也是类型，和普通类型的差别就在于它不包含具体的实现。一个概念的内涵越大，外延就越小；反之，内涵越小，外延就越大。用另一种方式来表述就是，一个对象越具体，应用范围就越小，有效时间越短，越容易发生变化；反之，一个对象越抽象，应用范围就越广，越稳定。【注：与之相应的是，越具体的对象在它的小范围内发挥的作用越大，越直接；越抽象的对象在它的大范围内发挥的作用越小，越间接。这个哲学的陈述有各种场景的应用（因为它本身就很抽象）。比如说对他人的关心，我常常发现一个人关心的人越少，感情就越浓烈，像一些溺爱子孙的父母和老人，大部分心思都用在孩子身上，吃穿用住具体到无以复加；而那些关心社会大众胸怀天下的大人物，对身边的人关心的强度却不怎么高。卢梭关心人类社会不公正的来源，写《社会契约论》和《爱弥儿》，对人类的爱很普遍、很抽象，自己的孩子却生一个抛弃一个。很多哲学家视婚姻为累赘。西方社会的人际关系和中国相比，正是亲人不亲，外人不外。】接口因为不包含具体的实现，是最抽象的，因而与实现它的类型相比，应用范围最广，最稳定。所以当调用者使用在广大范围内长久有效的接口时，依赖的问题就失去意义了，因为依赖一个对象本身不是问题，问题是发生在对象失效或者需要替换时。

由上述讨论可见，接口的第一个意义是它的高度抽象和由此带来的广泛适用性和稳定性。

提倡针对接口编程的人往往会这样推销：接口是对一个对象行为和功能的描述，是对象暴露给外界的信息的总和，是对象之间交流的契约。如何实现接口则应该是对象的隐私，是彼此间不知道也不应该知道的内部细节。一旦调用者获取了被调用者接口之外的信息，例如通过被调用者的具体类型创建实例，或者调用了接口以外的方法，被调用者就失去了替换和修改的自由。这些堂皇的陈述看上去都很正确，但问题是怎样理解"接口"。我们在学习面向对象编程时，都了解到相较于过程式编程，对象有三大好处或者说特点：封装、继承和多态。封装的意思就是一个对象只暴露它想暴露的方法和属性，外界无须知道的则隐藏起来。为此语言设计者发明了一堆存取限定符：public、private、protected、package，以精确地区分对象的信息对外界的可见性。那些标记为 public 的公开方法不就是一个对象的"接口"吗？调用者只要通过这些方法来使用，被调用者的私有方法不还是可以自由修改和替换吗？甚至更进一步说，即使在过程式编程中，一个函数暴露给外界的也仅仅是它的签名（名称、参数和返回值），实现的代码同样是隐藏的和可以修改的，函数的签名不就是它的"接口"吗？所以说，我们在 Java 这样的静态强类型语言中所说的接口，也就是语言中的 Interface 的要义不在于它包含的是一个对象公开的信息，而是这些信息是多个类型的对象共同具备的，也就是说，它描述的是多种对象具有的公开的共同点，因此另一个对象如果是通过这些共同点来使用这些对象中的一个，就可以随时替换成其他任何一个。这是接口的第二个意义。

### 1.6.3　何时针对接口编程

理解了接口的意义,也就有了前述有关问题的判别准则。

任何注定不会有多个实现的接口都是不必要的。

这里的注定不是中国男子国家足球队注定战胜不了巴西队的注定,几十年后,沧海桑田,一切皆有可能。总之,这里的注定指的是开发者能预知的必定。在为一个类创建接口前,开发者可以略微思考一下在可预见的将来该类是否会一直是这个接口的唯一实现。很多时候,这样的判断并不是太难。比如写一个在Word文档中插入代码的小工具,又或者为一家美容公司开发的项目中针对该公司特定规则的业务逻辑。用户需求的特殊性决定了代码的针对性(特殊性、选择性),从而不会产生多个对象遵循同一接口而实现细节有差异的需要。需求的易变性(缺乏长期信息化的积累、最佳实践和行业标准)导致代码的频繁改动,会使定义接口失去基础。项目的规模、时限等因素引致的资源和进度紧张让开发人员没有时间去细致地设计接口,为不同的实现预留空间。

上面的判别准则是否定的陈述,我们还需要从肯定的角度来看什么情况下接口是必要的。最简单的是完全相反的情况,凡是注定有多个实现的接口都是必要的。很多场合也是很容易做出这样的判断的。比如我们一直使用的编解码器的例子,具体编解码器类型不仅肯定有多个,而且会随着新的媒体格式的出现和现有编解码器的改进和尝试而不断增长。又比如Java和C♯的Collections类库中的各种接口,在设计的时候就预知会有多个实现类,并且将来还会不断有类型因需要而实现。这些场合也有共同的规律可循。开发类库时,常常会有一些对象的行为是基础的、许多类型共有的,这样的行为就适合被抽象为接口。设计框架、架构和标准时,任务的目标往往就是抽象的接口,具体如何实现在设计时既有可能不清楚,更有可能是有意留给标准的参与者和遵循者未来去完成。软件公司和开源组织推出可扩展的产品时,为了第三方能够开发插件,必须提供接口。

然而许多程序员日常开发的项目不属于这类情况——定制化的用户界面和业务逻辑,系统完全在公司或组织内部完成,没有留给第三方开发的可能和空间。当处于上述正反两个凡是准则的中间地带时,就需要具体情况具体分析。特殊的、易变的、周边的对象倾向于不需要接口;普遍用到因而可能产生变体的、稳定的、核心的对象倾向于需要接口。项目和团队的大小也很有关系。项目越大,需求越多,建模形成的系统越复杂,就越容易演化出多个类型遵循一组共同行为的结构。另一方面,系统越庞大,对清晰的结构、稳定性和可扩展性的要求也就越高。项目规模大的一个衍生品是开发团队人数多,随之而来的是任务分解、分组负责,每个小组需要能够独立开发负责的模块,模块又能方便地合作以完成最终的产品,这就要求在各个模块间定义清晰的接口,实际上这种情况相当于前面所说的软件公司开发可扩展的产品,第三方提供插件,本质都是一个系统不是在一个开发人员群体内部完成,该群体的人在设计时必须想到系统有部分功能是不在自己控制范围之内的,必须通过接口与他人合作。如此一来,就有一个项目开始时不大,后来因某种原因越变越大的情况,该如何处理? 也就是说,系统成长后,有些对象需要接口了,而最初设计时根据前述的标准和考量是不需要的。我们应该未雨绸缪,一开始就多定义接口吗? 那样就回到前面否定的接口先行的老路上去了。还有一个不那样做的可行性上的理由是,在系统诞生时就预先设计好将来会用到的接口几乎是不可能的,随着需求和目标的扩展和变化,依据用户的反馈,包括引入接口这样结构上的变化是不可避免的,这也是重构在项目开发中的重要性所在。而且幸运的是,借助现代开发环境的重构工具,从一个类提取接口的工作可以轻松完成。

# 第2章

# 事　件

在计算机科学里,事件指的是系统内发生的某件事或变化,可以被某个程序接收并处理。它可以是用户输入导致的,例如按键、单击鼠标;可以是网络通信导致的,例如 Web 服务器接收到一个请求,邮件服务器收到一封邮件;也可以仅仅作为不同对象之间控制流程转移的一种手段,例如为程序自定义的事件。所有这些情况都被抽象出一套共同的机制,用于有效地处理事件参与者之间的互动。这个机制包含以下几个组成部分:事件的源/发布者、事件的收听者/订阅者/处理器以及收听者与发布者之间如何处理事件的协议,包括收听者用于处理事件的方法的签名、发布者传递给收听者的事件信息。事件机制在图形界面软件开发、网络编程等领域都有广泛的应用,围绕它进行的编程范式被称为事件驱动编程。

事件与编程中的许多其他概念既有联系也有区别,如控制反转(Inversion of control)、回调函数(Callback function)和观察者模式(Observer pattern)。把事件和它们放在一起讨论比较有助于更清楚地理解各自的内涵和用途。之后本章将重点分析 Java、C♯ 和 JavaScript 三种语言中事件编程的不同实现方式和特点,以更充分地揭示事件的本质,并且例示一个理念在不同语言中相映成趣的表现形式——这既能体现理念的一般性,又极好地展示了编程语言由于设计之差异在解决问题的方式和表现力上的多样性。

## 2.1　控制反转

　　所谓控制反转，是针对程序正常的控制流程而言的。一般情况下，正在运行的函数或对象的方法调用另一个函数或对象的方法，控制也就从调用方转移到被调用方，直到被调用方运行完毕，才返回给调用方。但是某些情况下，需要被调用方中途将控制传递回调用方，这种控制转移的方向与正常方向相反的现象就称为控制反转。最常见的有以下几种情况。

　　（1）被调用方需要一直运行，无法返回，而在不确定的时间又要运行调用方的逻辑。图形用户界面程序的开发就是很好的例子。程序员使用图形用户界面的通用类库里的控件创建视图，视图一直运行，收听用户操作触发的事件。用户什么时候输入文本框、单击按钮是不确定的。当这些事件发生时，视图则要通过事件的处理程序，执行项目特定的业务逻辑。

　　（2）被调用方运行时间较长，调用方不愿或者不能等待被调用方执行完成。在正常的控制流程下，在被调用方执行完毕返回前，调用方一直等待，即处于所谓阻塞状态。假如采用控制反转的模式，将调用方等待被调用方返回后要运行的逻辑以某种方式传递给被调用方，然后新开一个线程，让被调用方在其中运行，调用方就可以保有控制，去做其他事情。函数的异步调用就是这种情况。

　　（3）被调用方是提取多个特定程序中重用的公共的逻辑，被调用时还需要补充原来程序中特定的逻辑。例如，JavaScript 中 Array 的 forEach()、map()等方法，将对一个列表数据结构的遍历逻辑提取出来，被调用时需要传入一个函数，以实现循环中特定的逻辑。

　　控制反转发生的共同前提是：调用方是项目特定的代码，被调用方是具有某种功能的通用程序，在开发中无法也不应该被修改。否则若被调用方也是一般的项目（ad hoc）代码，当它需要访问调用方的功能时，就可以直接在代码中加入，控制的转移也就是正常的。

　　比如对于以上第一种情况，假如图形用户界面的类库不是通用的，而是程序员每开发一个从头写出的项目，每个控件都是独一无二的，那就可以直接在一个按钮的实现代码内部添加它要处理的事件的响应程序。应用程序运行时，控件执行事件处理程序时也仅仅是调用自己的一个方法。这么极端的情况当然不会发生，一种缓和的变体却是可能的，并且实实在在地存在。在这种情况下,控件仍然来自现成的类库,向视图上添加的却不是它们的实例,而是实例化自它们的继承类,在继承类中添加了事件处理程序。这样控件执行事件处理程序时,也没有将控制返回给它的调用方。理论上,开发图形用户界面程序时,确实可以采用这种方式,实际上 Android 的用户界面框架还特意提供了这种途径,作为控件基类的 View 有若干公开的方法,例如 onTouchEvent(),当一个按钮被单击时,这个方法就会被系统调用。所以要为按钮添加响应该事件的逻辑,可以在按钮的继承类中实现这个方法。然而现实中没有多少程序员会采用这种方法,因为采用事件发布者和订阅者的模式,只需使用现成的控件,添加事件处理程序和调用一个方法一样简单,而为每个控件实例都创建一个继承类就烦琐得多。由这些讨论也可以从反面看出,事件实现的控制反转对图形用户界面程序开发来说,是一种多么有效和重要的模式。

对于第二种情况,假如被调用方是普通的项目代码,调用方不愿等待它运行完毕后返回,仍然要创建新的线程,但是不必将被调用方返回后要运行的逻辑再传递给它,因为此时被调用方和调用方一样,也在程序员的控制之下,直接将这些逻辑写在被调用方中就可以了。

## 2.2 观察者模式

在面向对象的语言中,为了在上述的第一种情况中(不确定何时要从被调用方运行调用方的逻辑)实现控制反转,常常会应用观察者模式。该模式的含义是:一个对象的内部状态发生变化时,通知另一些感兴趣的对象。前者称为主体,后者称为观察者。具体到代码上,主体内部保持一个观察者的列表,程序通过调用主体的 addObserver 或 deleteObserver 方法向其增加或删除观察者,当主体的内部逻辑引发状态变化时,调用自身的 notifyObservers 方法,该方法遍历观察者列表,分别调用它们的 notify 方法,将主体作为参数传递给观察者,观察者就可以依据主体的状态变化作出相应的动作。两者的关系如图 2.1 所示。

与事件编程做对比,主体可以被看作事件发布者,观察者是收听者,notify 方法是具体的事件处理程序,主体作为参数被传递给 notify 方法所以又是事件信息。将观察者模式以事件编程的语言来改写,就会得到类似下面的代码。

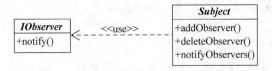

图 2.1 观察者模式

```
//事件发布者
///starrow.demo.event.observer.EventPublisher
package starrow.demo.event.observer;

import starrow.event.EventInfo;
import starrow.event.IEventListener;

import java.util.ArrayList;
import java.util.Collection;

public abstract class EventPublisher {
    protected Collection < IEventListener > listeners = new ArrayList < IEvent-
Listener >();

    public EventPublisher() {

    }

    public void addEventListener(IEventListener listener) {
        listeners.add(listener);
    }

    public void removeEventListener(IEventListener listener) {
        listeners.remove(listener);
    }

    protected void fireEvent() {
        EventInfo eventInfo = new EventInfo("Subject", this);
        for (IEventListener listener : listeners) {
            try {
                listener.handleEvent(eventInfo);
            } catch (Exception e) {
                e.printStackTrace();
            }
        }
    }
}
```

```
}
///>

//事件收听者接口
///starrow.event.IEventListener
package starrow.event;

/**
 * @author Starrow
 * Any custom listener must implements this interface.
 */
public interface IEventListener {
    void handleEvent(EventInfo eventInfo);
}
///>

//事件发布者传递给收听者的信息
///starrow.event.EventInfo
package starrow.event;

import java.util.HashMap;

/**
 * @author Starrow
 *          This class contains information relevant to the event,
 *          and is passed to the handler of the listener.
 */
public class EventInfo {
    //A string name used to distinguish the event.
    String name;
    //The event publisher.
    Object source;
    //A map used to hold event relevant information.
    HashMap<String, Object> info;


    public EventInfo(String name, Object source, HashMap<String, Object> info)
    {
        this.name = name;
        this.source = source;
        this.info = info;
    }
```

```java
public EventInfo(String name, Object source) {
    this(name, source, new HashMap<String, Object>());
}

public String getName() {
    return name;
}

public Object getSource() {
    return source;
}

public HashMap<String, Object> getInfo() {
    return info;
}

//Export the get method of the inner map.
public Object get(String key) {
    return info.get(key);
}

//Export the put method of the inner map.
public EventInfo put(String key, Object value) {
    info.put(key, value);
    return this;
}

}
///>

//测试事件编程
///starrow.demo.event.observer.TestEvent
package starrow.demo.event.observer;

import org.junit.Test;
import starrow.event.EventInfo;
import starrow.event.IEventListener;

import static java.lang.System.out;

public class TestEvent {
```

```
public class Subject extends EventPublisher {
    public void run() {
        fireEvent();
    }
}

public TestEvent() {

}

@Test
public void testObserverEvent() {
    Subject subject = new Subject();
    subject.addEventListener(new IEventListener() {
        @Override
        public void handleEvent(EventInfo ea) {
            out.println("ObserverEvent was fired.");
        }
    });
    subject.run();
}

}
///>
```

## 2.3　Java 中的事件编程

上面观察者模式风格的代码是用 Java 语言编写的,本节将以它为起点探讨用 Java 语言进行事件编程的各种可能性,比较它们的优劣,并以此为背景揭示 Java 8 引入 Lambda 表达式和方法引用的意义。

### 2.3.1　通用的事件发布者和收听者

2.2 节的 Java 代码有一个问题,就是事件发布者只能触发一种事件。在实际编程中,发布者往往需要区分多种不同意义的事件,例如鼠标的单击、移动、悬停。为此可以重构 EventPublisher 类,在添加、删除和调用事件收听者的方法中区分不同的类型。

```java
///starrow. event. EventPublisher
package starrow. event;

import java. util. ArrayList;
import java. util. Collection;
import java. util. Hashtable;

/**
 * @author Starrow
 * This class contains the methods needed for adding, removing event listeners,
 * and firing a custom event.
 */
public abstract class EventPublisher {
    //Use a hashtable to hold the collections of event listeners, which does
    //not permit null values.
    Hashtable < String, Collection < IEventListener >> listenerMap  = new
Hashtable < String, Collection < IEventListener >>();

    public void addEventListener(String eventName, IEventListener listener){
        Collection < IEventListener > listeners = listenerMap. get(eventName);
        if (listeners == null){
            listeners = new ArrayList < IEventListener >();
            listenerMap. put(eventName, listeners);
        }
        listeners. add(listener);


    }


    public void removeEventListener(String eventName, IEventListener listener){
        Collection < IEventListener > listeners = listenerMap. get(eventName);
        if (listeners!= null){
            listeners. remove(listener);
        }
    }


    //Fires an event with the provided name and EventInfo object.
    protected void fireEvent(String eventName, EventInfo ea){
        Collection < IEventListener > listeners = listenerMap. get(eventName);
        if (listeners!= null){
            for (IEventListener listener : listeners){
                try{
                    listener. handleEvent(ea);
```

```
                }catch (Exception e){
                    e.printStackTrace();
                }
            }
        }
    }

    //Fires an event with the provided name and a default EventInfo object.
    protected void fireEvent(String eventName){
        this.fireEvent(eventName, new EventInfo(eventName, this));
    }
}
///>


///starrow.event.UI
package starrow.event;

public class UI extends EventPublisher{
    public static final String EVENT_KEY_PRESS = "KeyPress";
    public static final String EVENT_MOUSE_CLICK = "MouseClick";

    //模拟鼠标和键盘操作
    public void run(){
        EventInfo mouseEventInfo = new EventInfo(EVENT_MOUSE_CLICK, this);
        mouseEventInfo.put("x",210);
        mouseEventInfo.put("y",69);
        fireEvent(EVENT_MOUSE_CLICK,mouseEventInfo);

        EventInfo keyEventInfo = new EventInfo(EVENT_KEY_PRESS, this);
        keyEventInfo.put("key","c");
        fireEvent(EVENT_KEY_PRESS,keyEventInfo);
    }
}
///>


///starrow.event.TestEvent
package starrow.event;

import org.junit.Test;

import static java.lang.System.out;

public class TestEvent {
```

```
public TestEvent() {

}

@Test
public void testListenerInterface() {
    UI view = new UI();
    view.addEventListener(UI.EVENT_MOUSE_CLICK, new IEventListener() {
        @Override
        public void handleEvent(EventInfo eventInfo) {
            out.println(String.format("A %1s event occurred at the
            coordinates %2s, %3s.",
                UI.EVENT_MOUSE_CLICK, eventInfo.get("x"),
                eventInfo.get("y")));
        }
    });
    view.addEventListener(UI.EVENT_KEY_PRESS, new IEventListener() {
        @Override
        public void handleEvent(EventInfo eventInfo) {
            out.println(String.format("A %1s event occurred on the key %2s.",
                UI.EVENT_KEY_PRESS, eventInfo.get("key")));
        }
    });
    view.run();
}
}
///>
```

## 2.3.2　通用事件收听者的问题

利用上面的通用 EventPublisher 类,可以给代码添加任意的事件,每个事件传递给收听者的信息,也可以利用 EventInfo 的 put()方法自定义。然而在实际图形用户界面开发中使用它们,还会遇到一个问题。在向事件发布者添加收听者时,需要一个特定的实现 IEventListener 接口的类。最简洁的方式是就地创建一个匿名类,就像上面的代码那样。但在实际开发中,经常将构建用户界面的代码和收听者的代码分置于不同的类,这样就必须在调用用户界面对象的 addEventListener()方法时传入收听者的实例。除了让对象的职责更加清晰,将两者分开还有一个可能的理由,就是有时用户界面上会有多个作用相同或类似的控件,例如分页列表上下方相同的翻页按钮和列表中每一行都有的功能链接,这些控件的事件处理程序是通用的,应该共用一个收听者,而不是为每个控件创建一个一模一样的(在第3章中我们还会分析用户界面及其事件收听者代码分开的方式和是否必要)。当我们将事件处理程序放在一个单独的类中时就会发现,虽然一个事件发布者可以发布多个事件,一个收听者却只能处理一种事件。这就意味着为用户界面类的每一种事件都必须创建一个收听者类,而这显然是极为麻烦的。这个问题自然的解决思路就是让事件收听者和发布者一样,能够处理多种事件。这正是 AWT 和 Swing 图形用户界面类库采用的方案。

## 2.3.3　Swing 用户界面里的事件编程

下面介绍 Oracle 网站上 Java 教程里"How to Write a Mouse Listener"一文里对编写鼠标事件响应程序的范例(http://docs.oracle.com/javase/tutorial/uiswing/events/mouselistener.html)。

```java
/*
 * MouseEventDemo.java
 */

import java.awt.GridLayout;
import java.awt.Color;
import java.awt.Dimension;
import java.awt.event.MouseListener;
import java.awt.event.MouseEvent;

import javax.swing.*;


public class MouseEventDemo extends JPanel
        implements MouseListener {
    BlankArea blankArea;
    JTextArea textArea;
    static final String NEWLINE = System.getProperty("line.separator");

    public static void main(String[] args) {
        /* Use an appropriate Look and Feel */
        try {
```

```java
//UIManager.setLookAndFeel("com.sun.java.swing.plaf.windows.WindowsLookAndFeel");
//UIManager.setLookAndFeel("com.sun.java.swing.plaf.gtk.GTKLookAndFeel");
UIManager.setLookAndFeel("javax.swing.plaf.metal.MetalLookAndFeel");
        } catch (UnsupportedLookAndFeelException ex) {
            ex.printStackTrace();
        } catch (IllegalAccessException ex) {
            ex.printStackTrace();
        } catch (InstantiationException ex) {
            ex.printStackTrace();
        } catch (ClassNotFoundException ex) {
            ex.printStackTrace();
        }
        /* Turn off metal's use of bold fonts */
        UIManager.put("swing.boldMetal", Boolean.FALSE);
        //Schedule a job for the event dispatch thread:
        //creating and showing this application's GUI.
        javax.swing.SwingUtilities.invokeLater(new Runnable() {
            public void run() {
                createAndShowGUI();
            }
        });
    }

    /**
     * Create the GUI and show it.  For thread safety,
     * this method should be invoked from the
     * event dispatch thread.
     */
    private static void createAndShowGUI() {
        //Create and set up the window.
        JFrame frame = new JFrame("MouseEventDemo");
        frame.setDefaultCloseOperation(JFrame.EXIT_ON_CLOSE);

        //Create and set up the content pane.
        JComponent newContentPane = new MouseEventDemo();
        newContentPane.setOpaque(true); //content panes must be opaque
        frame.setContentPane(newContentPane);

        //Display the window.
        frame.pack();
        frame.setVisible(true);
```

```
    }

public MouseEventDemo() {
    super(new GridLayout(0,1));
    blankArea = new BlankArea(Color.YELLOW);
    add(blankArea);
    textArea = new JTextArea();
    textArea.setEditable(false);
    JScrollPane scrollPane = new JScrollPane(textArea);
    scrollPane.setVerticalScrollBarPolicy(
            JScrollPane.VERTICAL_SCROLLBAR_ALWAYS);
    scrollPane.setPreferredSize(new Dimension(200, 75));
    add(scrollPane);

    //Register for mouse events on blankArea and the panel.
    blankArea.addMouseListener(this);
    addMouseListener(this);
    setPreferredSize(new Dimension(450, 450));
    setBorder(BorderFactory.createEmptyBorder(20,20,20,20));
}

void eventOutput(String eventDescription, MouseEvent e) {
    textArea.append(eventDescription + " detected on "
            + e.getComponent().getClass().getName()
            + "." + NEWLINE);
    textArea.setCaretPosition(textArea.getDocument().getLength());
}

public void mousePressed(MouseEvent e) {
    eventOutput("Mouse pressed (# of clicks: "
            + e.getClickCount() + ")", e);
}

public void mouseReleased(MouseEvent e) {
    eventOutput("Mouse released (# of clicks: "
            + e.getClickCount() + ")", e);
}

public void mouseEntered(MouseEvent e) {
    eventOutput("Mouse entered", e);
}

public void mouseExited(MouseEvent e) {
```

```
        eventOutput("Mouse exited", e);
    }

    public void mouseClicked(MouseEvent e) {
        eventOutput("Mouse clicked ( # of clicks: "
                + e.getClickCount() + ")", e);
    }
}
/ *
 * BlankArea. java is used by:
 *     MouseEventDemo. java.
 *     MouseMotionEventDemo. java
 * /

import javax. swing. * ;
import java. awt. Dimension;
import java. awt. Color; ·
import java. awt. Graphics;

public class BlankArea extends JLabel {
    Dimension minSize = new Dimension(100, 50);

    public BlankArea(Color color) {
        setBackground(color);
        setOpaque(true);
        setBorder(BorderFactory. createLineBorder(Color. black));
    }

    public Dimension getMinimumSize() {
        return minSize;
    }

    public Dimension getPreferredSize() {
        return minSize;
    }
}
```

　　程序给一个扩展自 JLabel 的 BlankArea 类和一个 JPanel 控件添加了同一个事件收听者,该收听者会处理鼠标进入、退出、鼠标键按下、释放和单击五种事件。用户界面、事件处理程序和入口方法都混杂在一起,为了更清晰地展示事件发布者和收听者的关系,可以调整一下代码的结构。

```java
//用户界面
///starrow.demo.mvc.View
package starrow.demo.mvc;

import javax.swing.*;
import java.awt.*;
import java.awt.event.MouseListener;

public class View {
    //static final String NEWLINE = System.getProperty("line.separator");

    private JFrame frame;
     private JLabel blankArea;
     private JTextArea textArea;

    public View(Controller controller) {
        initializeComponents();
        blankArea.addMouseListener((MouseListener)controller);
        textArea.addMouseListener((MouseListener)controller);
    }

    private void initializeComponents() {
          //Create and set up the window.
        frame = new JFrame("MouseEventDemo");
        frame.setDefaultCloseOperation(JFrame.EXIT_ON_CLOSE);

        //Create and set up the content pane.
        JComponent pane = new JPanel(new GridLayout(0,1));

        blankArea = new JLabel();
        blankArea.setBackground(Color.YELLOW);
        blankArea.setOpaque(true);
        blankArea.setBorder(BorderFactory.createLineBorder(Color.black));
        pane.add(blankArea);

        textArea = new JTextArea();
        textArea.setEditable(false);
        JScrollPane scrollPane = new JScrollPane(textArea);
        scrollPane.setVerticalScrollBarPolicy(
                JScrollPane.VERTICAL_SCROLLBAR_ALWAYS);
        scrollPane.setPreferredSize(new Dimension(200, 75));
        pane.add(scrollPane);
```

```
        pane.setPreferredSize(new Dimension(450, 450));
        pane.setBorder(BorderFactory.createEmptyBorder(20,20,20,20));
        pane.setOpaque(true); //content panes must be opaque
        frame.setContentPane(pane);
    }

    public void show(){
        /* Use an appropriate Look and Feel */
        try {
//UIManager.setLookAndFeel("com.sun.java.swing.plaf.windows.WindowsLookAndFeel");
//UIManager.setLookAndFeel("com.sun.java.swing.plaf.gtk.GTK-LookAndFeel");
UIManager.setLookAndFeel("javax.swing.plaf.metal.MetalLookAndFeel");
        } catch (UnsupportedLookAndFeelException ex) {
            ex.printStackTrace();
        } catch (IllegalAccessException ex) {
            ex.printStackTrace();
        } catch (InstantiationException ex) {
            ex.printStackTrace();
        } catch (ClassNotFoundException ex) {
            ex.printStackTrace();
        }
        /* Turn off metal's use of bold fonts */
        UIManager.put("swing.boldMetal", Boolean.FALSE);
        //Display the window.
        frame.pack();
        frame.setVisible(true);
    }
}
///>


//事件处理程序
///starrow.demo.mvc.Controller
package starrow.demo.mvc;

import java.awt.event.MouseEvent;
import java.awt.event.MouseListener;

public class Controller implements MouseListener{
    private String eventDescription = "";

    public void mousePressed(MouseEvent e) {
        this.eventDescription = "Mouse pressed( # of clicks: "
```

```
                + e.getClickCount() + ")";
        eventOutput(this.eventDescription, e);
    }

    public void mouseReleased(MouseEvent e) {
        this.eventDescription = "Mouse released ( # of clicks: "
                + e.getClickCount() + ")";
        eventOutput(this.eventDescription, e);
    }

    public void mouseEntered(MouseEvent e) {
        this.eventDescription = "Mouse entered";
        eventOutput(this.eventDescription, e);
    }

    public void mouseExited(MouseEvent e) {
        this.eventDescription = "Mouse exited";
        eventOutput(this.eventDescription, e);
    }

    public void mouseClicked(MouseEvent e) {
        this.eventDescription = "Mouse clicked ( # of clicks: "
                + e.getClickCount() + ")";
        eventOutput(this.eventDescription, e);
    }

    private void eventOutput(String eventDescription, MouseEvent e) {
        System.out.println(eventDescription + " detected on "
                + e.getComponent().getClass().getName()
                + ".");
    }
}
///>

//程序入口
///starrow.demo.mvc.Program
package starrow.demo.mvc;

public class Program {

    public static void main(String[] args) {
        Controller controller = new Controller();
```

```
        View view = new View(controller);
        //Show the view.
        view.show();
    }
}
///>
```

## 2.3.4　专用事件收听者的问题

不妨把 MouseListener 这样的专门针对某种事件的收听者称为专用的事件收听者，以和之前通用的事件收听者对比。在 2.3.3 节的代码中，一个和用户界面分开的收听者 Controller 可以处理用户界面上多个控件的多种事件，通用事件收听者的问题似乎完满解决了。然而如果观察一下作为事件发布者的控件的内部代码，就会发现与之前的通用 EventPublisher 类比较，与事件有关的代码复杂了很多。

```
//节选自上面用到的 JLabel 和 JTextArea 控件的基类 java.awt.Component.
    public synchronized void addMouseListener(MouseListener l) {
        if (l == null) {
            return;
        }
        mouseListener = AWTEventMulticaster.add(mouseListener,l);
        newEventsOnly = true;

        //if this is a lightweight component, enable mouse events
        //in the native container.
        if (peer instanceof LightweightPeer) {
            parent.proxyEnableEvents(AWTEvent.MOUSE_EVENT_MASK);
        }
    }

    public synchronized void removeMouseListener(MouseListener l) {
        if (l == null) {
            return;
        }
        mouseListener = AWTEventMulticaster.remove(mouseListener, l);
    }

    protected void processEvent(AWTEvent e) {
        if (e instanceof FocusEvent) {
```

```
        processFocusEvent((FocusEvent)e);

    } else if (e instanceof MouseEvent) {
        switch(e.getID()) {
          case MouseEvent.MOUSE_PRESSED:
          case MouseEvent.MOUSE_RELEASED:
          case MouseEvent.MOUSE_CLICKED:
          case MouseEvent.MOUSE_ENTERED:
          case MouseEvent.MOUSE_EXITED:
              processMouseEvent((MouseEvent)e);
              break;
          case MouseEvent.MOUSE_MOVED:
          case MouseEvent.MOUSE_DRAGGED:
              processMouseMotionEvent((MouseEvent)e);
              break;
          case MouseEvent.MOUSE_WHEEL:
              processMouseWheelEvent((MouseWheelEvent)e);
              break;
        }

    } else if (e instanceof KeyEvent) {
        processKeyEvent((KeyEvent)e);

    } else if (e instanceof ComponentEvent) {
        processComponentEvent((ComponentEvent)e);
    } else if (e instanceof InputMethodEvent) {
        processInputMethodEvent((InputMethodEvent)e);
    } else if (e instanceof HierarchyEvent) {
        switch (e.getID()) {
          case HierarchyEvent.HIERARCHY_CHANGED:
              processHierarchyEvent((HierarchyEvent)e);
              break;
          case HierarchyEvent.ANCESTOR_MOVED:
          case HierarchyEvent.ANCESTOR_RESIZED:
              processHierarchyBoundsEvent((HierarchyEvent)e);
              break;
        }
    }
}

protected void processMouseEvent(MouseEvent e) {
    MouseListener listener = mouseListener;
    if (listener != null) {
```

```
            int id = e.getID();
            switch(id) {
                case MouseEvent.MOUSE_PRESSED:
                    listener.mousePressed(e);
                    break;
                case MouseEvent.MOUSE_RELEASED:
                    listener.mouseReleased(e);
                    break;
                case MouseEvent.MOUSE_CLICKED:
                    listener.mouseClicked(e);
                    break;
                case MouseEvent.MOUSE_EXITED:
                    listener.mouseExited(e);
                    break;
                case MouseEvent.MOUSE_ENTERED:
                    listener.mouseEntered(e);
                    break;
            }
        }
    }


///java.awt.event.MouseListener
public interface MouseListener extends EventListener {

    /**
     * Invoked when the mouse button has been clicked (pressed
     * and released) on a component.
     */
    public void mouseClicked(MouseEvent e);

    /**
     * Invoked when a mouse button has been pressed on a component.
     */
    public void mousePressed(MouseEvent e);

    /**
     * Invoked when a mouse button has been released on a component.
     */
    public void mouseReleased(MouseEvent e);

    /**
     * Invoked when the mouse enters a component.
     */
```

```
    public void mouseEntered(MouseEvent e);

    /**
     * Invoked when the mouse exits a component.
     */
    public void mouseExited(MouseEvent e);
}


///java.awt.event.MouseEvent
public class MouseEvent extends InputEvent {
    //详细代码略
}
```

　　无须注意各个方法的细节,我们能看出的规律是:为了一组鼠标事件单击、按键、释放、进入和离开,创建了一个 MouseEvent 类,用于封装这些事件共同的信息;创建了一个 MouseListener 接口,为每一种事件指定了一个处理方法,这些事件的任何收听者都要实现这个接口;在 Component 类中为这一组事件编写了 addMouseListener、removeMouseListener 和 processMouseEvent 方法,前两者分别为控件添加和移除这些鼠标事件的收听者,任何一个用户界面事件发生时,processEvent 方法先根据事件的类型调用相应的处理函数,如果属于这里讨论的鼠标事件,就调用 processMouseEvent 方法,它再次根据事件的类型调用收听者中对应的方法。

　　以上是事件发布者为了一组事件做的所有准备工作。控件要发布的事件很多,例如 MouseMotionEvent、MouseWheelEvent、KeyEvent,除了事件信息类有可能共用,对每一组事件都要重复类似的套路。一组事件有可能有很多个,也可能只有一个,分组的依据仅仅是它们在性质上可视为同属一个类别以及事件信息可以共用一个类。上述事件在 Java 最初的 AWT 图形用户界面框架中就被支持,到了后来的 Swing 会不会简单一些呢? 下面介绍 JMenu 类发布的菜单事件。

```
//以下代码节选自 javax.swing.JMenu
    public void addMenuListener(MenuListener l) {
        listenerList.add(MenuListener.class, l);
    }


    public void removeMenuListener(MenuListener l) {
        listenerList.remove(MenuListener.class, l);
    }
```

```
protected void fireMenuCanceled() {
    if (DEBUG) {
        System.out.println("In JMenu.fireMenuCanceled");
    }
    //Guaranteed to return a non-null array
    Object[] listeners = listenerList.getListenerList();
    //Process the listeners last to first, notifying
    //those that are interested in this event
    for (int i = listeners.length-2; i>=0; i-=2) {
        if (listeners[i]==MenuListener.class) {
            if (listeners[i+1]==null) {
                throw new Error(getText() +" has a NULL Listener!! "
                                + i);
            } else {
                //Lazily create the event:
                if (menuEvent == null)
                    menuEvent = new MenuEvent(this);
                ((MenuListener)listeners[i+1]).menuCanceled(menuEvent);
            }
        }
    }
}

protected void fireMenuDeselected() {
    if (DEBUG) {
        System.out.println("In JMenu.fireMenuDeselected");
    }
    //Guaranteed to return a non-null array
    Object[] listeners = listenerList.getListenerList();
    //Process the listeners last to first, notifying
    //those that are interested in this event
    for (int i = listeners.length-2; i>=0; i-=2) {
        if (listeners[i]==MenuListener.class) {
            if (listeners[i+1]== null) {
                throw new Error(getText() +" has a NULL Listener!! " + i);
            } else {
                //Lazily create the event:
                if (menuEvent == null)
                    menuEvent = new MenuEvent(this);
                ((MenuListener)listeners[i+1]).menuDeselected(menuEvent);
            }
        }
    }
}
```

```
    }

        protected void fireMenuSelected() {
            if (DEBUG) {
                System.out.println("In JMenu.fireMenuSelected");
            }
            //Guaranteed to return a non-null array
            Object[] listeners = listenerList.getListenerList();
            //Process the listeners last to first, notifying
            //those that are interested in this event
            for (int i = listeners.length-2; i>=0; i-=2) {
                if (listeners[i] == MenuListener.class) {
                    if (listeners[i+1] == null) {
                        throw new Error(getText() +" has a NULL Listener!! " + i);
                    } else {
                        //Lazily create the event:
                        if (menuEvent == null)
                            menuEvent = new MenuEvent(this);
                        ((MenuListener)listeners[i+1]).menuSelected(menuEvent);
                    }
                }
            }
        }
    }
```

//事件信息类 MenuEvent 和收听者接口 MenuListener 的代码省略

可以看出作为事件发布者的代码,仍然既不简便也没有重用,为了菜单的 selected、deselected 和 canceled 三个事件每个都编写一个内容基本重复的方法。实际上,刚刚所说的套路是 Java 8 发布之前 Java 世界里事件编程的标准写法,不仅是来自图形用户界面的事件,程序员为对象添加自定义事件也遵循这样的模式。为了一个事件这样大费周章,原因不止一个。了解这些原因可以更好地认识事件和面向对象编程都有好处。

## 2.3.5　彻底地面向对象

很多人在开始接触 Java 时,对 Hello World 在 Java 里的写法不习惯:

```
/// starrow.demo.HelloWorldClass
package starrow.demo;
```

```java
public class HelloWorldClass {
    public static void main(String[] args){
        HelloWorldClass hw = new HelloWorldClass();
        hw.voice();
    }

    public void voice(){
        System.out.println("Hello World!");
    }

}
///>
```

　　奇怪为什么要这样麻烦，在 main 方法里创建一个对象，再调用它的方法。而不是像在 C 等语言里那样简单：

```c
int main(void)
{
    printf("Hello, world!\\n");
    return 0;
}
```

　　后来渐渐明白了，作为彻底实践面向对象设计的编程语言，Java 的"逻辑单元"是对象。这句断言有两层含义。第一层含义是 Java 代码的组织单元是类。所谓组织单元，就是指能够独立存在和运行的代码的最小单位。C 这样的过程式语言的组织单元是过程（函数）。C++虽然引入了面向对象的设计，仍然允许以过程的方式组织代码。换句话说，C 语言里一般的语句（除了声明变量和初始化等）都要写在某个函数里；而在 Java 中，一般的语句不仅要写在某个函数里，而且每个函数都要位于某个类中（即作为类的方法）。所以在 Hello World 程序中，Java 要把"System.out.println（" Hello World!"）"；这条简单的语句置于一个类中，还要以一个对象的方法的形式来运行它。第二层含义是在 Java 中一切都是对象（此处让我们把 int 这样的原始类型也当成特殊的对象），变量指向的、方法的参数传递的都是对象。这一点上 C 与 Java 最大的差异是存在函数指针，也就是说，函数可以和其他数据一样作为参数传递。正是 Java 的这个特点使得在其中的事件编程呈现出上一节的样貌。

　　在上一节的讨论中已经看到，事件发布者会发布多种事件，收听者会包含感兴趣的多个事件的处理程序。问题是怎样将某个事件映射到收听者内对应的处理函数。因为函数在 Java 中无法独立存在,既不能从收听者直接传递给发布者,也不能被发布者保留,所以只好将它们的容器——收听者传递给发布者,发布者内保持收听者的列表。那么,当某个事件发生时,发布者如何知道应该调用收听者的哪个函数呢?没有其他办法,只能约定函数的名称。所以在上一节里,EventPublisher 类每当事件发生时都调用收听者的 handleEvent 方法,AWT 和 Swing 中控件每当鼠标事件发生时就分别调用收听者的 mousePressed、mouseClicked 等方法,当菜单事件发生时就分别调用 menuSelected、menuCanceled 等方法。Java 又是静态强类型的语言,调用一个对象的方法在编译时要进行类型检查。为了确保事件收听者拥有那些约定的方法,必须创建一个接口(如 MouseListener)来包含这些方法,然后收听者实现此接口,发布者在添加、删除收听者和调用其方法时也只使用该接口类型。类似地,为了对发布者传递给收听者的事件信息对象的属性进行编译时检查,需要给该信息对象创建一个特定于事件的类型(如 MouseEvent)。事件收听者接口和信息对象相互匹配,通常为了一组相近的事件创建两者。再来看事件发布者,因为它在添加、删除收听者时使用的是特定于事件的接口,所以不能有 EventPublisher 中那样的通用方法 addEventListener 和 removeEventListener,而只能为每一组事件都编写一对类似于 addMouseListener 和 removeMouseListener 的特定方法。发布者触发事件时,理论上可以在一个方法中完成,但为了代码清晰,通常会为每一组事件都编写一个方法(如 processMouseEvent),有时更因为容纳收听者的容器的复杂性,为一组事件里的每一种都编写一个单独的方法(参看上一节的 fireMenuSelected、fireMenuDeselected 和 fireMenuCanceled)。至此,在 Java 中进行事件编程的拼图就完整了,对一组具体的事件,总计需要一个事件信息类型、一个收听者接口、一个对该接口的实现、一个包含若干特定方法的发布者。

尽管工作量不小,这个方案仍然不能应对实际开发中稍微复杂一点的场合。用户在视窗的控件上做的动作触发它们的各种事件,选择恰当的事件编写处理程序是图形界面程序和用户交互的途径。从前面/上文可以看到,Java 中的收听者能够处理控件发布的多种事件,对处理逻辑相同的事件,还能一对多地服务多个控件,可是对多个控件的处理逻辑不同的同一种事件却无能为力。最简单和常见的情形就是视窗上有多个按钮,每个的功能都不同,收听者照例要实现 MouseListener 接口的 mouseClicked 方法,但一个收听者的 mouseClicked 方法只能包含一个按钮的处理逻辑(将所有按钮的处理逻辑混合在一起或者再分配到子函数,虽然理论上可行,代码的结构却会变得不自然而难以理解),结果就是为每个按钮创建一个收听者,程序变得十分繁冗。究其原因,还是在 Java 中函数不能作为参数传递,不能保存在变量中。

## 2.3.6　Java 8 带来的福音

前面分析的 Java 事件编程的局限和不便终于在 Java 8 发布之后见到了曙光。随着近年来函数式编程的流行,许多语言都引入了 Lambda 表达式的功能。千呼万唤之后,Java 中的 Lambda 表达式也姗姗而来。Lambda 表达式是函数式编程的基石,与命令式编程中的函数相比,其特点是与普通数据类型的值一样,能够被赋予变量,作为参数传给其他函数,作函数的返回值,也就是所谓的一级(first-class)函数。简言之,Lambda 表达式是可以运行的数据。在 Java 中,Lambda 表达式是以特殊语法的匿名函数的形式定义的。因而在给事件发布者添加就地定义的收听者时,比原来的匿名类更加简洁。

```
//添加一个匿名类收听者
view.addEventListener(UI.EVENT_MOUSE_CLICK, new IEventListener() {
        @Override
        public void handleEvent(EventInfo eventInfo) {
            out.println(String.format("A %1s event occurred at the
coordinates %2s, %3s.",
                        UI.EVENT_MOUSE_CLICK, eventInfo.get("x"),
eventInfo.get("y")));
        }
    });

//添加一个 Lambda 表达式收听者
    view.addEventListener(UI.EVENT_MOUSE_CLICK, eventInfo -> out.println
(String.format("A %1s event occurred at the coordinates %2s, %3s.",
        UI.EVENT_MOUSE_CLICK, eventInfo.get("x"), eventInfo.get("y"))));
```

如果想把事件处理程序放在和用户界面分开的类中,上面的 Lambda 表达式可以简单引用该类的方法。为了类似这样的场合,Java 引入了方法引用(Method reference),于是发布者在添加事件处理程序时可以直接引用另一个收听者对象的方法。

```
//包含多个事件处理方法的收听者
///starrow.event.Controller
package starrow.event;

import static java.lang.System.out;

public class Controller {

    public Controller() {

    }

    public void onMouseClicked(EventInfo eventInfo) {
        out.println(String.format("A %1s event occurred at the coordinates %2s,
%3s.",UI.EVENT_MOUSE_CLICK, eventInfo.get("x"),eventInfo.get("y")));
    }

    public void onKeyPressed(EventInfo eventInfo) {
        out.println(String.format("A %1s event occurred on the key %2s.",
                UI.EVENT_KEY_PRESS, eventInfo.get("key")));
    }

}
///>


//发布者添加事件处理程序
    public void testListenerMethod() {
        UI view = new UI();
        Controller controller = new Controller();
          //使用方法引用
        view.addEventListener(UI.EVENT_MOUSE_CLICK, controller::onMouseClicked);
        view.addEventListener(UI.EVENT_KEY_PRESS, controller::onKeyPressed);
        view.run();
    }
```

利用这些 Java 8 带来的新功能,事件编程现在能够以一种优雅的方式
进行:收听者接口是唯一的、通用的;发布者内添加、删除和调用收听者的
方法也是通用的;发布者和收听者可以分开定义,并且一个收听者可以包含
任意多个发布者的任意多种事件的处理方法。Java 新的图形用户界面框架
JavaFX 正是这样:EventHandler < T extends Event >是通用的收听者接口,

Event 和 EventType < T extends Event >类层次分别代表事件信息和类型,图形界面控件的基类 Node 有一组 addEventHandler(EventType < T > eventType , EventHandler <? super T > eventHandler)、removeEventHandler(EventType < T > eventType , EventHandler <? super T > eventHandler)这样的接收通用收听者接口的方法,和一批为了方便使用特定事件收听者接口的方法, setOnMouseClicked(EventHandler <? super MouseEvent > value)、EventHandler <? super MouseEvent > getOnMouseClicked()⋯⋯

　　下面的代码片段演示的就是在与用户界面分离的收听者类内为一个按钮添加事件处理方法。

```
myButton.setOnAction(this::handleButtonAction);
private void handleButtonAction(ActionEvent event) {
// ...
}
```

　　Oracle 公司的 JavaFX 只面向桌面环境,移动环境如 Android 下的 Java 开发,虽然也有非官方组织做的移植,但普遍还是使用 Android 的原生 GUI 框架。不过该框架中事件编程的 View.OnClickListener、View.OnLongClickListener 等收听者接口与 JavaFX 的 EventHandler < T extends Event >一样,也是函数式接口,只要启用名为 Jack 的新编译器和相应的开发工具,Android 下的图形用户界面程序事件编程也能使用上述 Java 8 的新功能。

## 2.3.7　这一切背后仍然是对象

　　Lambda 表达式和方法引用似乎表明在 Java 中方法可以像对象一样传递了,然而实际上 Java 仍然固执地坚持着包含方法的对象才能作为数据使用的原则。Lambda 表达式和方法引用背后不是一般函数式编程语言中的函数,而是某个函数式接口(Functional interface)的对象。

　　在 Java 中,一个接口如果只定义了一个抽象方法,就称为函数式接口。例如上文中的通用事件收听者接口、用于比较的 Comparator < T >接口等。因为只包含一个方法,这种接口的实现类往往实质上就是充当该方法的包装。将一个函数式接口的实例赋予某个变量,作为参数传递给某个方法,作为某个方法的返回值,就以对象的形式实现了前文所说的一级函数的特点。函数式接口中的方法定义则保证了静态强类型语言对此一级函数签名的编译时类型检查。Java 中 Lambda 表达式和方法引用的背后都是函数式接口的对象，这在下面的代码里体现得很清楚。

```
void demoFunctionalInterface(){
    //Lambda 表达式被赋予一个函数式接口变量.
    IEventListener listener1 = eventInfo -> out.println("Event handled.");
    //方法引用被赋予函数式接口变量,前提是该方法的签名与函数式接口唯一
    //方法的签名一致.
    Controller controller = new Controller();
    IEventListener listener2 = controller::onKeyPressed;
    //对 Lambda 表达式的调用不是像调用一个函数那样,而是通过函数式接口的
    //唯一方法.
    listener1.handleEvent(new EventInfo("demo", this));
    //对方法引用的调用,也是通过函数式接口的方法.
    listener2.handleEvent(new EventInfo("demo", this));
}
```

所以在上一节的样例代码中，添加 Lambda 表达式和方法引用形式的事件收听者，本质和传统的添加接口形式的收听者是一样的，只是创建同一类型的接口实例的语法上更便捷的方式。在 IDE 中将鼠标指针悬浮于该 Lambda 表达式和方法引用上方，也能看到它们的类型是 IEventListener。所不同的是，对于普通接口，一个对象只能从整体上实现一次。也就是我们在 2.3.5 节中所说的，一个实现了 MouseListener 接口的收听者只有一个 mouseClicked 方法，所以只能处理一个控件的单击事件。用方法引用形式创建的函数式接口实例则不然，只要签名符合要求，一个对象中的每个方法都能创建一个包装它的接口实例。正是这种能力，给事件编程带来了上节所述的变化。

另外值得指出的是，函数式接口虽然是方法引用所依托的类型，但它本身由来已久，Runnable、Comparator 这些接口在 Java 引入 @FunctionalInterface 标记以前就符合函数式接口的定义，在 Java 8 新增 Lambda 表达式和方法引用功能之前，函数式接口和普通接口的用法毫无二致。比如 Java 的另一图形用户界面框架 SWT，供外界使用的事件收听者接口 org. eclipse. swt. events. KeyListener 与 Swing 类似都是专用的包含多个方法的，SWT 内部使用的则是通用的只包含一个方法的 org. eclipse. swt. widgets. Listener 接口，然而这个函数式接口在 Java 8 之前仍然面临前面分析的通用事件收听者的问题。

## 2.4 C♯中的事件编程

人在某个环境某种风俗下生活,容易把这些环境和风俗看作是理所当然的。只有当一个人学习了一门外语后,他才能体会到母语的特点。同样的道理,Java语言里事件编程的模式,在和其他语言里的事件编程对照后,才能显示得更清晰。本节将看到常被用来和Java进行比较以及与之竞争的C♯怎样以不同的理念处理事件编程中遇到的问题。

### 2.4.1 代理

从之前的讨论可以看出,事件编程的核心是发布者接收和运行以参数传入的事件处理逻辑,而该逻辑最简单和自然的载体就是一个回调函数。C和C++中的函数指针因为缺乏类型检查而不安全,Java选择放弃该功能。为了能传递方法又确保安全,Java 8用函数式接口把方法包装起来。另一种思路则是直接以某种形式对方法进行类型检查,C♯(严格地说,是.NET编程框架)引入的代理(Delegate)就是以此为目的。代理是一种特殊的类型,用来设定单个方法的参数和返回类型,就像接口设定类的方法名称和签名。以它作为方法的类型,方法就能在通过编译时检查的前提下充当一级函数。随着C♯的演进,代理的声明和初始化越来越简洁和方便,并且成为C♯中的匿名方法和Lambda表达式背后的类型,是用C♯进行函数式编程的坚实基础。下面的代码样例简明地显示了代理的演进。

```
//最初可以这样声明和初始化代理
//首先声明一个代理
delegate void Del(string str);

//其次定义一个和该代理具有相同签名的方法
static void Print(string msg)
{
    Console.WriteLine("Message '{0}' printed from a delegate.", msg);
}

//最后创建一个该代理的实例
Del del1 = new Del(Print);
```

```
//C♯ 2.0 提供了一种更简便的方法来初始化代理
Del del2 = Print;

//在 C♯ 2.0 及其后可以利用匿名方法来声明和初始化代理
//用匿名方法一步完成代理的声明和初始化
Del del3 = delegate( string msg)
{ Console.WriteLine("Message '{0}' printed from a delegate.", msg); };

//在 C♯ 3.0 及其后可以利用 Lambda 表达式来声明和初始化代理
//用 Lambda 表达式来声明和初始化代理
Del del4 = msg =>  { Console.WriteLine("Message '{0}' printed from a delegate.",
msg); };
```

Java 和 C♯ 这两门分别由大公司开发和维护的,都属于 C 语言家族的,语法上有很多相似性的强类型语言,在相互竞争又彼此借鉴的演进过程中,陆续拥有很多对应的功能,比如函数式接口对代理、标记对元数据、双方的对象容器框架、双方的泛型方案,比较这些本质上相同的功能在两种类似的语言中设计上的差异,是一件饶有兴味的事情。

## 2.4.2　事件

代理有一个子类——多播代理(Multicast Delegate),能用＋、－操作符将多个同类型的代理进行组合,当它被调用时,其成员会按照组合时的顺序逐个被调用。可以看出,多播代理很适合用来保存事件的处理函数。C♯ 又专门引入了 event 关键字来定义事件,event 添加在一个多播代理类型之前,表示事件的处理函数必须符合该类型。收听者可以向发布者公开的事件自由增删符合条件的处理函数,而只有在发布者内部才能调用这些函数。与Java 相同的是,C♯ 中的事件信息对象仍然有专门的类型 EventArgs,特定事件可以创建继承自它的子类型。有了这些新发明的脚手架,C♯ 中的事件编程可以直接将事件匹配到处理函数,发布者和收听者的关系可以极为灵活,发布者的某个事件可以由任何对象中的函数处理,收听者可以包含任何发布者的任意选定的事件的处理函数。因此 C♯ 从一开始就没有用 Java 时遇到的问题,而且比函数式接口更接近函数式编程本质的代理,用于事件编程时也比前者更简洁。演示这些概念最好的方法就是代码样例。

```
namespace DotNetEvents
```

```
{
    using System;
    using System.Collections.Generic;

    //C#中用于容纳事件信息的类都继承自 EventArgs.
    public class CustomEventArgs : EventArgs
    {
        //该类只包含一个简单的字符串消息,可以通过构造函数传入。
        public CustomEventArgs(string s)
        {
            message = s;
        }
        private string message;

        public string Message
        {
            get { return message; }
            set { message = value; }
        }
    }

    //事件发布者
    class Publisher
    {

        //EventHandler<T>是 C#中代表事件处理方法的泛型代理
        //用该代理可以方便地自定义事件。它的定义为:
        //public delegate void EventHandler<TEventArgs>(
        //object sender,
        //TEventArgs e
        //)
        //sender 参数指向事件发布者,e 泛型参数可以用指定的任何类型传递事
        //件信息
        //这里用 event 关键字自定义了一个事件 CustomEvent,
        //该事件的处理方法签名须符合 EventHandler<CustomEventArgs>代理
        //的定义
        public event EventHandler<CustomEventArgs> CustomEvent;

        public void DoSomething()
        {
            //发布者触发自定义事件的地方
            OnCustomEvent(new CustomEventArgs("Did something"));
```

```
    }

    //专门的触发自定义事件的方法,继承类可重写该方法
    protected virtual void OnCustomEvent(CustomEventArgs e)
    {
        EventHandler < CustomEventArgs > handler = CustomEvent;

        //检查是否已有收听者添加了处理方法
        if (handler != null)
        {
            //添加事件信息
            e.Message += String.Format(" at {0}", DateTime.Now.ToString());

            //直接使用()操作符调用事件处理方法,可以和Java中的函数
            //式接口的收听者做对比
            handler(this, e);
        }
    }
}


//事件收听者
class Subscriber
{
    private string id;
    public Subscriber(string ID, Publisher pub)
    {
        id = ID;
        //将事件处理方法隐式地转换成代理,添加到发布者内
        pub.CustomEvent += HandleCustomEvent;
    }

    //事件处理方法
    void HandleCustomEvent(object sender, CustomEventArgs e)
    {
        Console.WriteLine(id + " received this message: {0}", e.Message);
    }
}

class Program
{
    static void Main(string[] args)
    {
        Publisher pub = new Publisher();
```

```
        Subscriber sub1 = new Subscriber("sub1", pub);
        Subscriber sub2 = new Subscriber("sub2", pub);

        //发布者触发事件
        pub.DoSomething();

        //避免控制台窗口关闭
        Console.WriteLine("Press Enter to close this window.");
        Console.ReadLine();

        }
    }
}
```

下面将 2.3 节中的鼠标事件的例子用 C♯ 改写,以资比较。

```
//定义用户界面的类省略
///Starrow.MVC.Controller
using System;
using System.Threading;
using System.Windows.Forms;

namespace Starrow.MVC
{
    public class Controller
    {
        public static void Main()
        {
            Controller controller = new Controller();
            View view = new View(controller);

            Application.Run(view);
        }

        public void AreaMouseEnter(Object sender, EventArgs ea)
        {
            PrintEventMessage("Mouse entered", sender);
        }

        public void AreaMouseLeave(Object sender, EventArgs ea)
        {
            PrintEventMessage("Mouse exited", sender);
        }
```

```
    public void AreaMouseDown(Object sender, MouseEventArgs ea)
    {
        PrintEventMessage("Mouse pressed (# of clicks: " + ea.Clicks + ")",
sender);
    }

    public void AreaMouseClick(Object sender, MouseEventArgs ea)
    {
        PrintEventMessage("Mouse clicked (# of clicks: " + ea.Clicks + ")",
sender);
    }

    public void AreaMouseUp(Object sender, MouseEventArgs ea)
    {
        PrintEventMessage("Mouse released (# of clicks: " + ea.Clicks + ")",
sender);
        Console.WriteLine("Thread id: {0}", Thread.CurrentThread.Managed-
ThreadId);

    }

    void PrintEventMessage(string message, Object sender)
    {
        string msg = message + " detected on " + sender.GetType().Name + ".";
        Console.WriteLine(msg);
    }
  }
}
///>
```

## 2.5　JavaScript 中的事件编程

事件编程不仅限于 Java 和 C♯ 这样的静态语言,JavaScript 就是以事件
驱动编程闻名的动态弱类型语言。如果不对没有类型检查(和 IDE 的输入
提示)感到不舒服,JavaScript 的动态弱类型和方便函数式编程的性质可以
让代码极为通用、简洁和灵活。下面是 JavaScript 实现自定义事件编程的一
种途径。

```javascript
function eventify(obj) {
    var _listeners = new Map();

    obj.addListener = function(type, listener) {
        if (!_listeners.has(type)) {
            _listeners.set(type, []);
        }
        _listeners.get(type).push(listener);
        return this;
    }

    obj.removeListener = function(type, listener) {
        if (_listeners.has(type)) {
            var listeners = _listeners.get(type);
            var index = listeners.indexOf(listener);
            if (index > -1) {
                listeners.splice(index, 1);
            }
        }
        return this;
    }

    obj.fireEvent = function(event) {
        if (typeof event === "string") {
            event = {
                type: event
            };
        }
        if (!event.type) {
            throw new Error("Event info object missing 'type' property.");
        }
        event.target = this;

        if (_listeners.has(event.type)) {
            var listeners = _listeners.get(event.type);
            listeners.forEach(function(listener) { listener.call(this, event) });
            return this;
        }
    }

    return obj;
}
```

将任何对象传递给 eventify 函数,返回的对象就具备了发布事件的能力。添加和删除收听者的方法分别为 addListener 和 removeListener,触发事件的方法为 fireEvent。收听者不再是对象,而仅是一个函数。从发布者传递给收听者的事件信息对象 event 有两个属性 type 和 target,分别为事件的名称和发布者。另外也可以直接在收听者内用 this 关键字获取发布者。下面是应用上述函数的一个简单例子。person 自定义对象从 eventify 方法返回后声明了一个 hunger 事件,收听者在浏览器的控制台打印出 I'm hungery。

```
var person = {
    name: "Jack",
    age: 27,
    walk: function() {
        console.log("I have walked twenty miles.");
        this.fireEvent("hunger");
    }
}

eventify(person);

person.addListener("hunger", function() { console.log("I'm hungery."); });
person.walk();
```

## 2.6 事件编程的其他细节

至此,我们已经讨论了事件编程的核心及其在几种语言中的实现。在实际应用中,事件编程还有一些细节的议题。

### 2.6.1 收听者的执行顺序

收听者是否按照添加到发布者的顺序执行,通常是无关紧要的。发布者可以保持这个顺序,也可以采用其他顺序或者无序执行,这都取决于具体的实现代码。

### 2.6.2　收听者是否在单独的线程执行

发布者可以在自己所在的线程上逐个运行收听者,也可以为它们开设一个新的线程,甚至为每个收听者启动一个独立的线程。采用哪种方案也取决于实际环境和需要。在上面的 Java 和 C♯ 的例子中,Swing 和 Windows Forms 图形用户界面框架默认都是在发布者所在的线程上运行所有收听者。在第 3 章会看到这个线程就是运行所谓主循环或者可称为事件分派循环的线程,它首先创建和显示应用程序的用户界面,然后不停地从操作系统读取该应用程序负责的事件,再将它们分派给各个控件内注册的收听者,并且逐个运行这些收听者。这种方式可能会产生一个问题,如果某个收听者的执行时间很长,例如需要等待网络返回的结果,那么在它运行结束前,用户在界面上的其他操作都会被阻塞而没有响应,例如单击一个按钮后,再选择视窗上的组合框和其他标签页这样简单的动作,界面都没有更新。解决办法就是减轻负责图形用户界面的线程的负担,为事件收听者新开一个线程,进行异步调用。例如,浏览器在一个标签页等待和载入网页时,可以继续执行用户命令,浏览其他标签页。Lotus Notes 客户端在打开一个索引更新耗时较长的视图时,能够在后台更新的同时让用户先打开其他视图和文档。很多支持多线程编程的语言也都能够方便地进行函数的异步调用,例如,C♯ 中的代理就自带 BeginInvoke 的方法。

### 2.6.3　控件层次中的事件传播

很多控件都可以作为容器容纳其他控件,被容纳的控件又可以容纳控件,如此组成的控件层次中,发生的事件由哪个控件处理也有多种选项。在 Swing 和 Windows Forms 中,事件仅仅由层次中最底端的控件处理。例如,视窗上有一个面板,面板里有一个按钮,给这三个控件的鼠标单击事件都添加收听者,在按钮上单击时,只有按钮的收听者会被运行。网页所用的 DOM 模型则复杂得多。事件会先从最顶层的元件传播到最底层,再反过来从最底层上升到最顶层。收听者在前一阶段接收事件称为捕获(Capturing),后一阶段称为冒泡(Bubbling)。元件在添加收听者时可以通过参数指定收听者工作于哪个阶段,默认是冒泡阶段。假设网页上有两个

DIV 元件，其中一个包容另一个，被包容的 DIV 里又有一个按钮，同样给这三个元件的鼠标单击事件都添加收听者，然后单击按钮。在冒泡模式下，按钮的收听者先运行，然后是其上一级的 DIV 元件的收听者，最后是最上层 DIV 的收听者。捕获模式下的顺序正好相反。需要时，收听者还能够调用事件参数的 stopPropagation 方法终止事件的传播，无论是在捕获还是冒泡阶段。

# 第 3 章

# MVC

　　假如问一群程序员,谁是最有价值厨师?他们大概会在短暂的茫然后给出五花八门的答案,男朋友、老婆、老妈或者某家快餐连锁店的幕后大厨。显然他们对这个概念还不太熟悉,但是如果把它翻译成英文 Most Valuable Cook,有些人或许就明白了。假如还不知道,说出它的简称,他们就一定很熟悉——MVC。

　　MVC 可谓是图形用户界面软件设计的标准模式。无论采用哪种编程语言,设计的是桌面端、Web 还是移动端应用程序,采用的是流行的或冷门的开发框架,遵行 MVC 都几乎是必然的。然而另一方面,就像一千个人眼中有一千个哈姆雷特,当人们谈论 MVC 时,也像谈论爱情一样,所指千变万化。

　　视图没有直接从模型获得更新,而是由控制器修改视图,这违背了MVC 的设计原则。控制器应该对视图的细节一无所知。事件响应程序可以直接写在视图内。控制器负责系统的业务逻辑。诸如此类都是关于MVC 的断言。但在其他地方,又可以看到截然相反的论断。这些被我当成反面教材列出来的话语可不是初学者的臆想,它们都是来自 Google 相关关键字搜索的结果前列,有的是 Oracle 官方网站上对 MVC 的介绍文章,有的是俄亥俄州立大学计算机科学与工程系的主题讲义,有的是编程社区网站的热门和高票文章。代码样例是程序员学习的重要来源。不幸的是,同样来自 Google 搜索结果排名前列的 MVC 的样例代码却良莠不齐。很难相信这些代码的作者会以他们对 MVC 那样的理解和代码风格在实际项目开发中应用 MVC 模式。

【注：上述部分论断和代码样例的出处 www. oracle. com/technetwork/articles/javase/index-142890. html

http://web. cse. ohio-state. edu/~rountev/421/lectures/lecture23. pdf

http://www. austintek. com/mvc/

http://www. codeproject. com/Articles/613682/Your-first-program-using-MVC-pattern-with-Csharp-W

http://www. codeproject. com/Articles/383153/The-Model-View-Controller-MVC-Pattern-with-Csharp】

平心而论,会有这样的现象,部分原因是 MVC 不像 Singleton 之类的设计模式那样具体,没有精确的代码对应形式,而且在广泛的应用中,根据环境要求和不同编程语言的特点也产生了不少变体,如 MVP(Model-View-Presenter),从而令得不同情况下三个组件所负责的功能和实现方式有所出入。这样的弹性和变化进一步让 MVC 在传播过程中,像故事的流传一样衍变出形形色色的版本,又像娱乐节目上经常出现的接力猜谜,每一个人从上一个人的动作中猜出在模拟什么东西,再以自己的方式表演给下一个人看,到最后一个人猜出的结果往往和最初风马牛不相及。要应对这样的困境,最好的方法是不仅知其然,还要知其所以然。本章将从简单程序的结构入手,逐步分析一个自然合理的架构随着程序的演变,如何发展成 MVC。从分析 MVC 架构体现的设计理念辨清它的真相,理解在它的种种变体中哪些不变的部分是逻辑要求的必然结果,又有哪些部分可以适应需求、环境和实现技术做出灵活的选择。这之后再讨论桌面、移动和 Web 环境下 MVC 的具体实现。

# 3.1 输入、处理和输出

输入、处理和输出是早在计算机出现之前就可以从人类发明的很多机器抽象出来的模式。对蒸汽机来说,输入的是煤,处理是燃烧产生蒸汽,输出的是机械动力;电灯输入的是电流,处理是灯丝通电升高到足够的温度,输出的是光。而最典型的可能莫过于一台全能猪利用机,输入的是活猪,处理是在一个闪闪发光的密封金属舱中轰隆隆地进行,输出的是香肠、皮鞋、毛刷和骨头汤。所以从计算机的架构中也能看出这种模式,是毫不奇怪的。这种抽象的模式不仅适用于硬件,对我们关心的程序开发而言也是一种很自然的结构。本节将探讨它在命令行程序中的表现形式。

### 3.1.1　冯·诺依曼架构

1936 年英国数学家图灵(Alan Turing)提出了一种想象中的机器——图灵机。这种机器的构造十分简单,只包括一条无限长的带子、一个读写头和一个状态存储器,然后机器根据读写头读取到的符号和当前状态以及有限条规则操作。图灵表明任何一项具体的计算,都可以由一台特定的图灵机完成。再进一步,将描述如何进行一项具体计算的规则也记录在带子上,由一台特殊的图灵机读取,那么它就可以完成那台特定的图灵机的计算。这样一台可以模拟所有图灵机,也就是可以进行任何计算的特殊的图灵机就被称为通用图灵机,它是现在所有计算机理念上的先驱。

1945 年,出生于匈牙利的数学家、物理学家和科学全才约翰·冯·诺依曼(John von Neumann)在美国的宾夕法尼亚大学参与埃尼阿克研制工作时向美国军方提交了 First Draft of a Report on the EDVAC(电子离散变量自动计算机报告初稿,EDVAC 即 Electronic Discrete Variable Automatic Computer)。这份报告虽然只有个不起眼的名称"初稿",却和其他奠基性的文献一样,完整地建立了一台电子计算机的架构。冯·诺依曼首先描述了作为主题对象的"计算机",它是一台能高速计算的电子设备,胜任求解物理和工程中常见的多变量偏微分方程,把要解决的问题的参数和描述求解方法及步骤的命令以某种方式输入后,它就能在没有任何人工辅助的条件下将结果计算出来并以某种方式输出。接着冯·诺依曼将计算机从逻辑上分成五个部分,分别完成特定的功能。这台机器被设计的主要用途是进行数学计算,所以自然有一个部分专职于此,即中央算术组件(Central Arithmetical Part,简称为运算器),它负责进行加减乘除等基本运算。第二部分叫作中央控制组件(Central Control Part,简称为控制器),负责执行指令,指挥运算器所做计算的次序,协调计算机的所有组件统一工作。第三部分称为存储器(Memory),用于保存计算过程中用到的各种信息,包括要解决的问题和计算产生的中间数据等。冯·诺依曼列举了计算机可能解决的各种数学问题,分别估计它们需要多大的存储空间。第四部分是输入设备,计算机的操作员通过它将待解决的问题和计算机执行的命令输入计算机,冯·诺依曼提到了当时可用于此的几种技术：在打孔卡或电传打字机纸带上打孔，在钢带或钢线上用磁记录，在电影胶卷上用摄影技术记录，通过插接板的连线配置……不过在这个人类发明的长长清单里键盘还没有出现。第五部分与第四部分相对，是输出设备，用于将计算结果传导到某种人可以直接或间接读取的载体上，也是利用上面列举的技术。

　　这份报告不仅指导建成了一台电子计算机，而且其中的很多讨论和分析对以后世世代代的计算机都有效，原因就是它一方面体现了最一般的自动计算机模型——图灵机的思想，另一方面又将通用图灵机的模型用更贴近实际制造和操作的方式设计出来，并且以当时的电子技术为基础，对计算机的各个部分做了具体的分析。报告将计算机从逻辑上分解成运算器、控制器、存储器、输入和输出设备五大部分，也被后人称为冯·诺依曼架构。计算机已经经历了从"埃尼阿克"的庞然大物到如今人手一部的智能手机的沧桑巨变，然而五大部分的分类仍然有效。

　　将冯·诺依曼架构和通用图灵机模型作比较，计算器、控制器和存储器三者的组合已经实现了通用图灵机的功能，输入和输出设备则是人类与机器交互的手段。我们再从机器转向程序的视角，每个具体的软件都具备一个或一组特定的功能，计算机读取和执行该软件的代码，就变成了一台特定用途的图灵机。软件的用户以某种渠道输入数据，软件进行处理，完成后再以用户能理解的方式输出。这样类比于冯·诺依曼架构，一个软件就可以被划分为输入、处理和输出三部分。这个划分看上去平凡无奇，但接下来的讨论将让我们看到它是怎样逐渐演变成 MVC 模式的。另外为了和 MVC 对应，我们给输入处理输出结构也起了一个很酷的简称 IPO（即英文 Inputter、Processor 和 Outputter 的简称）。

### 3.1.2　矩阵运算器和 IPO

　　先来看看图形用户界面产生之前的命令行应用程序。假设现在要开发一个简单的矩阵运算器，可以求矩阵的转置。我们的思路很自然地就集中在怎样设计出一个能代表矩阵的数据结构，并在它上面实现转置的算法。对于这个简单的问题，既可以采用过程式编程，也可以应用面向对象编程。为了与以后讨论的问题保持一致，这里以面向对象的范式来思考。这样得到的结果是一个矩阵类型 Matrix，包含一个求转置的方法 Transpose（这里径直采用面向对象编程中基于类型的途径，但选择基于原型等其他途径并不影响我们的分析)。这时候我们就会发现,矩阵运算器的核心虽已完成,但要成为一个可使用的软件,还需要增添其他一些部分。从矩阵类型的视角来看,在进行转置运算前,要先为矩阵的元素提供数据,也就是初始化一个矩阵对象。从软件用户的视角来看,他要解决的是求一个个矩阵个体的转置,因此先要将这些个体告诉矩阵运算器。在命令行应用程序的环境下,告诉的方式便是在控制台(Console)上将矩阵的元素以某种格式用键盘输入。可以设想很多种格式,例如先输入两个数字,表明矩阵的阶数,然后输入空格分隔的所有矩阵元素;或者直接输入矩阵元素,每行元素输入完成后换行;还可以用括号将每行元素包括起来,这样就不用换行。等到运算器完成计算后,用户也要能在屏幕上看到结果。转置后的矩阵既可以以与输入相同的格式输出,也可以按照矩阵的行列分布以直观的形式打印出来。这些需求对应到矩阵运算器上,就意味着两项新的功能:一是读取用户在控制台上以某种格式输入的字符,利用其要传递的信息,初始化一个矩阵对象;二是将转置后的矩阵以用户能理解的形式打印到控制台上。至此,我们对软件抽象划分出的三部分在矩阵运算器上就有了对应物。处理的部分对应矩阵类型,输入和输出的部分分别对应上述两项新功能。为了简便,我们不妨把三者分别称为输入部分、处理部分和输出部分。我们为输入部分和输出部分也分别创建一个类型:Inputter 和 Outputter。这样程序的运行顺序就大致如下。

```
//根据用户输入获得矩阵对象
Matrix m = Inputter.GetMatrix(args);
//调用矩阵的转置方法
m.Transpose();
//以某种格式输出矩阵
Outputter.Print(m);
```

有了这个软件样例,本节开始时对软件三个部分的功能的粗略描述,就可以更精确地界定。我们知道程序可以被看作数据结构加算法,在对象式编程语言中,程序的表现形式就是一个个对象。不同类型的对象既包含数据,也包括实现算法的方法。用户使用软件,就是和这样的对象打交道。但是用户不会也不应该直接操作对象,他们能做的只是利用键盘向程序的控制台窗口输入字符。软件必须先将这些字符转换成代表业务逻辑的对象,这就是输入部分的职责。处理部分执行所获得对象的方法,得出的结果也是某个对象。这时程序就必须进行输入部分的逆向动作,将结果对象转换

成某种字符排列的形式,打印到控制台上。这里说的对象未必是包含多个
成员的复合结构,编程语言内置的字符串、数字和日期等数据类型都是。假
设我们的运算器不是针对矩阵,而是像普通计算器一样,做单个数字之间的
计算。输入和输出部分就仅仅是在字符串和实数之间做类型转换。例如一
个平方器模仿上面形式的执行流程就是:

```
double a = Inputter.GetDouble(args);
double r = Math.Pow(a, 0.5);
Outputter.Print(r);
```

### 3.1.3　矩阵运算器和 IPO 的升级版

用户对矩阵运算器的反响很好,提出要增加新的运算种类,例如求矩阵
的和、积以及方阵的逆运算。在现有运算器的基础上,添加这些功能似乎并
不难。只要为每一种运算在矩阵类型上新增一个方法。与第一个版本相
比,结构上的差异出现在输入部分。主要是获得矩阵后,不能径直调用它的
某个方法,用户要进行的运算不再是固定的。程序必须提供某种渠道,让用
户选择要进行的计算。与输入矩阵元素时一样,方案有很多。可以在输入
的命令行中附上计算名称。也可以运行程序后进入交互模式,先由运算器
打印出数字菜单项,例如:

1. 转置
2. 加法
3. 乘法
4. 求逆阵

用户输入某个数字后,运算器再提示输入矩阵。获得输入后,输入部分
照样负责将它们转换成矩阵,接下来有一个新的任务,就是要根据用户的选
择,调用矩阵的对应方法。假设用户通过上面的菜单方式来选择,输入部分
会有下面类似的代码。

```
///Starrow.Calculator.Inputter
using System;

namespace Starrow.Calculator
{
    class Inputter
```

```
    {
        public void Handle()
        {
            Matrix m;
            String c = Console.ReadLine();
            switch (c)
            {
                case "1":
                    //转置
                    m = GetMatrix();
                    m.Transpose();
                    break;
                case "2":
                    //加法
                    Matrix m1 = GetMatrix();
                    Matrix m2 = GetMatrix();
                    m = m1.Add(m2);
                    break;
                case "3":
                    //乘法
                    m1 = GetMatrix();
                    m2 = GetMatrix();
                    m = m1.Multiple(m2);
                    break;
                default:
                    //求逆阵
                    m = GetMatrix();
                    m.Inverse();
                    break;
            }
            Outputter.Print(m);
        }

        //将用户输入的字符串转换成矩阵
        Matrix GetMatrix()
        {
            throw new NotImplementedException();
        }
    }
///>
```

对照两个版本的运算器代码可以发现，输入、处理和输出部分的调用关系发生了很大变化。因为选择处理部分算法的逻辑被纳入输入部分,对处理部分的所有引用都被包含进输入部分,而处理部分完成工作后,对输出部分的调用也被顺便纳入。【注:中文作为典型的分析语,没有对词性、数量、性别、时态、格和语气等的曲折,缺乏介词,形容、归属和限定关系和前置定语从句通通使用"的"字,难以构造复杂精细的结构,一句话的含义高度依赖词语的顺序和上下文,不同的断法可以得出截然不同的含义,例如,著名的下雨天留人天留我不留,民可使由之不可使知之。上面这句话中的"选择处理部分算法的逻辑"的词语依照不同的组合也能得出多种含义。这个长长的短语的正确分组方式是{{选择{{处理部分}算法}的}逻辑},或者将这个分句翻译成英文是 As the logic of selecting an algorithm in the processing part is included in the input part。读者一开始就领会正确,或许会觉得我的解释太啰唆了,不过水平所限,书中类似这样可能引起误解的地方在所难免,读者假如遇上某些话意思含混,只能多读几遍,多做些断句和词语分组的练习了。后文中能够采取的方法只有,遇到多个"的"字引起语意模糊时,用"之"字代替表示限定关系,如历史之意义和历史的意义之不同。】如此一来,输入部分的边界大大扩展,它不仅是程序的入口,而且包含对处理和输出部分的引用,成为整个程序控制流程的主导者。这时就应该对之前三者的功能描述做出修正。

- 输入部分:程序的入口和控制流程的主导者,负责将用户输入的字符转换成代表业务逻辑的对象。根据用户的选择(同样是来自键入的字符)调用对象的方法。将作为运算结果的对象(可能是原来的对象本身,也可能是新的对象)传递给输出部分。
- 处理部分:实现业务逻辑的对象。
- 输出部分:将处理部分运算完成后得出的对象转换成用户易于理解的字符格式。

至此,处理和输出部分仍然名实相符,输入部分承担的角色已经超出它的名称最初喻示的范围,起个新名字的话,控制器怎么样?

## 3.2 程序与用户的交互

在将 IPO 结构应用到更大范围之前,有必要从另一个角度——程序与用户的交互——来考查应用程序的三种类型。

### 3.2.1　三类应用程序

**1. 一次性的程序**

这种程序的生命周期很简单,用户启动、运行和退出。很多命令行运行的简单程序都属于此类,它们从用户获得的所有信息只有在输入程序名称后可能附加的参数。例如,通过 UNIX 的外壳(Shell)输入的指令,Windows下的 DOS 命令。我们第一个版本的矩阵运算器,假如直接将要求转置的矩阵跟在运算器的程序名称后输入,也是这种类型。这种程序的特点是运行期间与用户没有互动。

**2. 阶段性的程序**

第一种程序的缺点之一是用户要输入的所有信息都被限定在启动时的参数里。如果输入的数据较复杂,例如,矩阵运算时要输入一个甚至多个矩阵,用户输入一行连续的长指令就很费神而且容易出错。或者程序实现的功能不止一个,需要用户先利用参数来选择要执行的功能,再输入该功能所需的数据,记住这些功能参数也是负担。Web 和移动应用时代,软件设计常常十分强调用户友好性。这一点对命令行应用程序当然同样重要。所以可改变程序的一次性的运行方式,分阶段地给出提示,并且用类似看菜单点菜的方式方便用户的输入。第二个版本的矩阵运算器就采用了这种方式。程序运行后,先打印出标有数字的计算菜单,用户只要输入其中某个数字就能选择要进行的是该数字对应的计算,程序再根据该项计算所需的矩阵数量提示用户分次输入。这种程序把整个运行过程分为几个阶段,每个阶段开始前都输出提示,并且以更友好的方式接受用户的输入,不妨称为与用户有阶段式或步骤式的交互。

**3. 持续性的程序**

上一种程序虽然与用户有交互,但从整体上看,仍然是一次性的,也就是说从用户启动、运行到退出可以看出完成的是一项特定的任务。如果用户要多次执行某项工作,例如连续做矩阵计算,每计算完一次就要重新启动运算器显然很麻烦。或者软件的功能是像编辑文档这样复杂,要持续接受用户的按键输入,还要随时提供查找、替换、调整格式等功能,一次性运行的程序更加不能满足需求。程序必须持续运行,随时响应用户的按键,执行相应的功能。执行一项具体的功能时,程序运行的方式或许是一次性的,或许是阶段性的,不过执行完成后程序并不退出,而是继续等待用户新的输入,直到用户发出退出指令才结束。这种程序所能包含的功能最繁多,使用方式最友好,与用户的交互贯穿始终。

在命令行界面下,已经有许多持续性的程序,比如 Telnet 客户端、文本编辑器(可以功能强大到像 UNIX 下的 vi 和 DOS 下的 WPS)。而到了图形用户界面环境下,所有的程序实质上都属于这种类型,程序启动后至少有一个主视窗,在它上面可以实现和用户的各式各样的互动,直到以某种途径收到退出的指令。本章此后的讨论针对的都是持续性的程序。为了能够持续地与用户交互,和一次性程序相比,持续性程序的结构有了很大变化,并且引发出新的编程概念和模式。

## 3.2.2　持续交互带来的变化

假定有一个命令行界面下的文本编辑器,它的输入部分有类似下面的代码:

```
///Starrow.IPO.Inputter.FrontInputter1
using System;

namespace Starrow.IPO.Inputter
{
    //集中处理所有用户输入的前端输入部分
    class FrontInputter1
    {
        public void Handle()
        {
            //分别处理特定按键的输入部分
            NavigationInputter navigationInputter = new NavigationInputter();
            FileInputter fileInputter = new FileInputter();
            EditInputter editInputter = new EditInputter();

            ConsoleKeyInfo ki;
            ConsoleModifiers m;
            ConsoleKey k;
            while (true)
            {
```

```
                //读取用户按键,包括功能键
                ki = Console.ReadKey(true);
                m = ki.Modifiers;
                k = ki.Key;

                if (k == ConsoleKey.LeftArrow)
                {
                    //光标向左移动一格
                    navigationInputter.CursorToLeft(ki);
                    continue;
                }
                if (m == ConsoleModifiers.Control && k == ConsoleKey.A)
                {
                    //全选
                    editInputter.SelectAll(ki);
                    continue;
                }
                if (m == ConsoleModifiers.Control && k == ConsoleKey.F)
                {
                    //查找
                    editInputter.Find(ki);
                    continue;
                }
                if (m == ConsoleModifiers.Control && k == ConsoleKey.S)
                {
                    //保存
                    fileInputter.Save(ki);
                    continue;
                }
                if (m == ConsoleModifiers.Control && k == ConsoleKey.Q)
                {
                    //退出
                    break;
                }
                //余下各种功能
                //最后是最平凡的用户输入一个普通字符
                editInputter.PressKey(ki);
            }
        }
    }
}
///>
```

一个初学编程的人看到这段代码,大概会诧异怎么会有意写出死循环。这确实是这段代码结构上的最大特征。文本编辑器在运行期间,要随时对用户的按键作出响应。利用 Console.ReadKey 方法可以从系统读取一次按键,它既可能是用户输入的一个普通字符,也可能是箭头和翻页这样的功能键,或者是同时按下 Ctrl 等辅助键和其他键发出的命令。对于代表不同含义的按键,程序分派给其他输入部分继续处理。处理完成后就要读取用户的下一个按键,然后再分派和处理,一直循环下去。这个循环是所有持续性程序运行的基点,有包括主循环在内的很多名称,以后分析图形用户界面程序时还会看到它。

与以往例子的另一点变化来自输入部分。上面代码里的输入部分接收了用户按键之后,并没有处理,而是分派给其他输入部分。这样做的理由也很简单,当程序的功能较多时,正如我们文本编辑器的例子,将所有输入部分的代码放在一个输入部分里就太臃肿了,自然的选择是根据功能分类或其他考量将输入部分分成多个。尽管如此,从系统读取用户按键的地方应该只有一处,就把这个集中接收所有用户输入的对象称为前端输入部分,接下来它的作用仅仅是分派工作给其他输入部分。那些被分派任务的输入部分则会相继调用处理部分和输出部分。

主循环有两点值得注意。一是它当然不是个死循环。天下没有不散的筵席,程序也没有不退出的循环。稍微仔细看就会发现,它的退出发生在用户按下 Ctrl 和 Q 键时(实际上即使没有这两行代码,Windows 的命令行程序当用户按下 Ctrl 和 C 键时也会退出,在程序中写明是为了表示退出条件是可以自定义的)。二是这个循环不会像普通的长时间运行的循环那样用掉几乎百分之百的 CPU 资源。关键在于 Console.ReadKey 方法在读取到按键前一直是阻塞的,也就是该线程会被系统置于休息状态。

## 3.2.3　图形用户界面带来的变化

图形用户界面程序和命令行程序的最大差别当然就是界面。命令行程序的界面是千篇一律的,黑色背景下跳动的字符闪着幽幽的绿光,是它给人们留下的经典记忆。图形用户界面程序则是千人千面,视窗就像一块画布,各式各样的文字、形状、图标和图案在上面自由组合。与视觉感受同时发生巨变的是用户的操作方式。键盘是命令行程序时代用户的唯一输入工具,而到了图形用户界面里,鼠标就变成了主角。从用户触发程序执行命令的角度来看,鼠标带来了比键盘丰富得多的样式。命令行程序能够接收的唯一用户动作就是按键,图形界面程序则有鼠标单击、双击、进入、悬停、移动、离开等等。不仅如此,命令行程序的界面基本上是一个整体的字符流(Character stream),图形用户界面程序的视窗则被划分成许多可以独立工作的区域——控件。每个控件不但能接收键盘和鼠标的各式输入,有自己多样的输出,还因为其属性和行为的共性和差异衍化出新的"事件",前者如某个控件获得焦点、失去焦点,后者如文本框内的文本发生变化、下拉框的被选项发生改变。所有这些转换到我们对程序的分类法的语言里,就是输入部分要处理的情况大大增加,输出部分的表现能力大大增强,两者的复杂程度都大大提高,命令行界面的 IPO 结构也因而演变成 MVC 架构。

## 3.3　设计理念

　　有了前面的铺垫和基础,下面开始讨论模型、视图和控制器。说起来,MVC 的历史悠久,它是 20 世纪七八十年代在 Smalltalk 语言中被引入并发展起来的。毫不夸张地说,Smalltalk 就是当时的 Java。"Write once, run anywhere"这个 Java 的口号也可以用在 Smalltalk 上。在 20 世纪 80 年代到 90 年代,Smalltalk 十分流行,从 UNIX 主机到 PC,各种计算平台普遍安装了 Smalltalk 运行环境。同时,Smalltalk 的影响也极为深远,后续出现的面向对象编程语言身上都有它的影子,除了 MVC,所见即所得、集成开发环境等重要的概念也都离不开它。

　　不过说到 MVC,本章并不打算从源头上探讨它的历史面貌,因为和许多古老的词语一样,时间长河已经在它上面积累起一层层新的含义。计算机科学和考古学大为异趣,从大量的技术文献和代码中整理出 MVC 的起源和各种变体的发展史,恐怕只有技术史爱好者才有兴趣。而且程序员如果真这样做了,他们也会失望地发现,Smalltalk 中的 MVC 和现在各种教材中介绍的 MVC 相距甚远,对实际开发没有什么帮助和启发。

　　另一方面,本章也不准备逐个分析和比较 MVC 的各种变体:Hierarchical Model-View-Controller(HMVC)、Model-View-Adapter(MVA)、Model-View-Presenter(MVP)、Model-View-Viewmodel(MVVM)……按照那种思路可以写出一批文章,MVC VS MVP、MVC VS MVA、MVC VS MVVM、MVP VS MVA,排列组合学得好的读者已经心算出光是上面五个对象就有十种

组合了。我已经被这些新概念和它们之间的关系搞晕了。将注意力放在这些纷繁的概念和差别上，容易让人只见树木不见森林，就像一个练武之人背了一大堆套路和口诀，临场却不知道该用哪一招。

理解是最好的记忆，也是应用的前提。所以本章采取的方式是从 MVC 的本质和必要性展开分析，探究它的根本理念，至于各种变体，只是在不同环境下应用基本理念的具体形式和必然结果。将命令行程序的 IPO 结构沿用到图形用户界面程序时，会遇到新的挑战和问题，在应对这些挑战和问题的过程中，既运用了若干普遍的理念，也有不少特定的设计，MVC 架构就可以看作是 IPO 结果被这些理念和设计改变和丰富的结果。我们可以把前文的输入部分、处理部分和输出部分分别作为控制器、模型和视图的原型，在此基础上展开对 MVC 架构设计理念的讨论。

## 3.3.1 关注点分离

关注点分离(Separation of concerns)是指将要开发的系统划分成多个部分，每个部分处理一个单独的关注点——即特定性质的任务。虽然在中文里这个名称看上去有些高深，在英语里关注点对应的 Concern 是日常词语，平时说关心、在意、顾虑都会用到，因此顾名思义所谓的关注点分离就像是将程序划分成几个部分，每个部分各司其职、一心一用。只要遵守不变的接口，各个部分都可以单独改进，自由更换。与程序整体相比，每个部分更小，更容易完成和调试。关注点分离的原则和模块化设计、分层设计等原则和理念紧密相关。即使抛开这些实际应用上的好处，将一个大问题按照范畴上的区别划分成若干小问题，不仅是人类解决许多问题时的通用思路，甚至可以说是人类理解世界的基本倾向。将程序划分成控制器、模型和视图首先体现的就是关注点分离的原则。

## 3.3.2 模型

在矩阵运算器的例子中，我们的思路是先设计出数据结构和算法以实现矩阵运算，此时这个"核心"就是我们心目中的矩阵计算器，等到它完成后我们考虑怎样实际使用它时，才"发觉"需要为它搭一些脚手架——如何将现有方式支持的用户输入转化成矩阵数据结构以及执行特定的运算，又怎样将运算的结果以计算器运行环境支持的和用户易于理解的方式输出，此时我们将原先的计算器核心称为处理部分,脚手架按功能分别称为输入部分和输出部分。这个思路和开发顺序在编写命令行程序时是很自然的,无须专门学习什么开发方法论和模式。因为命令行程序的输入输出比较简单,程序员的注意力很容易集中在实现程序功能的核心上。

到了图形用户界面软件环境,这一点就发生了变化。软件界面的复杂和精致使得它在整个软件开发过程中占用的工作量大大上升,用户需求和一些集成开发环境也引导程序员从视图的角度来看待软件,导致开发从视图开始,以视图为中心。MVC中的模型,是个很好的名称,意为它就是用计算机的语言对软件的需求建立的模型,是人类语言表述的现实问题映射到编程语言的像和解决方案,从而体现和强调了它在整个软件中的核心地位和作用。从模型的角度来思考和开始软件的开发,不仅抓住了重点,有助于确保功能很好地得到实现,而且程序员的思路也会清晰,保持对整个软件结构的良好理解。不过在实际开发中,图形用户界面往往会吸引和分散程序员的注意力,以界面为出发点描述的用户需求也容易给开发人员把握模型的功能和边界制造困难。据我个人的经验,排除这些干扰最有效和简明的方法是设想待开发软件的一个没有用户界面的版本,模型就会清晰地浮现出来。

值得指出的是,不少MVC的介绍把模型定义为程序的数据,用Java的术语就是一个单纯包含getter和setter的Bean,控制器修改数据,视图显示数据。MVC架构似乎只是为了能够结构清晰地修改和显示数据。MVC用于这样的场合自然能胜任,但它的应用绝不仅止于此。模型是整个系统的核心,是用编程语言体现的现实需求中的实体和业务逻辑。控制器接收的用户输入,不仅仅是为了修改模型的状态,而是为了调用模型中的业务逻辑。整个MVC架构也是对图形用户界面程序普遍适用的。

只要模型对象不是一次性的,就需要在内存和某种持久化机制(最常用的就是数据库,以下也以数据库来代表持久化机制)之间来回转换。将对象从内存保存到数据库称为对象的序列化,从数据库读取记录还原成内存中的对象称为反序列化。这种转换的工作很重要,但又与模型体现的业务逻辑无关,而且涉及数据库编程的专门知识和语言,所以依照关注点分离的设计原则,将转换的工作交给专职的对象,它们就是所谓的数据存取对象(Data Access Object,DAO)。通常为每个模型类型创建一个对应的DAO类型,它负责该模型内所有与数据库打交道的工作,包含的一些最基本的方法如:根据id或其他条件查找并返回匹配的模型对象,返回模型对象的列表,保存一个新的或修改过的模型对象。

### 3.3.3 模型和视图的分离

模型和视图的分离是 MVC 的要义之一,它除了一般意义上的关注点分离之外,还有两项特别的作用。第一项是方便自动化测试。自动化测试是与软件开发同步进行的,在软件开发、重构和维护过程中是保证代码质量的重要工序。相较于业务逻辑,用户界面的自动化测试不易进行,许多时候还是依靠肉眼。因此将一个程序的用户界面和业务逻辑分开,让自动化测试能够覆盖程序尽可能多的部分,就成为模型和视图分离的一个有力理由。在 MVC 诞生和应用的历史中,两者的分离还有一个现实的原因,就是一个软件可能有多个视图。UNIX 环境下的程序很多都有命令行和图形两种用户界面,建模软件中一个对象经常有多个角度和形式的视图,Web 也可以为不同的客户端使用各异的视图技术。视图虽然多样,背后的业务逻辑是不变的,将视图和模型分开才能以一个模型服务多个视图,实现代码重用。不过很多 MVC 介绍和指南将多个视图作为视图和模型分离主要的原因却是错误的。现实中开发的项目,无论是桌面的还是 Web 的,大部分并没有那么复杂,只有一个视图。按照那些学习指南的话,这些项目都没必要分离视图和模型,这显然是不正确和不符合实情的。模型和视图在内涵和角色上的差别才是在代码中将它们分开最有力的理由。

### 3.3.4 控制器

模型包含了程序的业务逻辑,视图实现了程序的用户界面,仅有这两部分程序还不能工作,还需要将程序的前端和后端连接起来的第三方——控制器。下面简单回顾一下 IPO 结构的三个组成部分的功能和分工。

- 输入部分:程序的入口和控制流程的主导者:将用户输入的字符转换成代表业务逻辑的对象。根据用户的选择(同样是来自输入的字符)调用对象的方法。将作为运算结果的对象(可能是原来的对象本身,也可能是新的对象)传递给输出部分。
- 处理部分:实现业务逻辑的对象。
- 输出部分:将处理部分运算完成后得出的对象转换成用户易于理解的字符格式。

当程序的用户界面变成图形时,输入部分和输出部分要应付的工作,或者换句话说,它们的功能大大增强了。更深刻的变化是它们的工作模式。输入部分等待处理的不再是唯一的来自控制台的按键,而是组成视图的任意控件的任何鼠标或键盘事件。程序启动时就要展现某个视图,往往还要显示有关的模型。输入部分处理输入和在视图与模型之间调度的工作都比原先更为复杂,新名字控制器可谓实至名归。应这些变化,MVC 各组件的功能描述就变成了如下的新版本:

- 控制器:程序的入口和控制流程的主导者。初始化视图和必要的模型。包含用户在视图上触发的事件的处理函数,在其中将控件容纳的字符值转换成适当类型的对象,并调用模型的方法。将模型运算的结果传递给视图。
- 模型:实现业务逻辑的对象。
- 视图:将模型运算的结果以图形用户界面显示出来。

说控件容纳的值是字符串类型的,针对的是各种图形用户界面控件库的基本情况,比如普遍可用的文本框、单选按钮和组合框,无论外观和操作如何,容纳的值都是字符串,至于有些图形界面环境提供的数字框甚至图表等容纳数字和其他数据类型的控件,可以看作自己实现了部分输入部分和输出部分的数据转换功能。

从根本上说,一个应用程序是用信息技术对用户需求的刻画。以这个角度看,模型是从计算机的角度反映需求,控制器和视图则偏向从用户角度描述需求。在命令行程序的输入处理输出架构中,一项用户需求可以映射到处理部分的一个方法。例如在矩阵计算器的例子里,用户的需求包括求矩阵的和、积、转置和逆阵,作为模型的 Matrix 对象就有与这些运算对应的方法。到了图形用户界面环境,视图展示数据和接受用户操作的方式变得丰富得多,从用户视角描述的需求不再直接对应到模型的方法。例如一个简单的文档系统,有着最基本的增、删、改、查的功能。文档模型只会抽象出与这些功能对应的几个方法。但是真实的带有用户界面的软件,需求则更为繁多,如显示现有文档的列表,单击列表某一行打开对应的文档等等。控制器和视图实现这些功能时调用模型的方法,实现从用户视角到计算机视角的转换,如显示现有文档的列表要调用查询文档的方法,打开某一行文档既要查询还要显示文档的属性。

### 3.3.5　模型视图

上面提到，建模时的一种有效技巧就是设想系统的一个没有用户界面的版本。模型作为系统的"后端"，包含的都是抽象的属性。视图以形象的手段展示模型属性的一个子集。形象，比如说某辆车的 Status 是 Inactive，在车辆列表上就显示为灰色。子集是指模型的某些内部属性视图上不会显示，例如一个公文所用的审批流程 ID。反过来，视图的某些状态，如果只和显示有关，就可能是由于模型不关心而没有的。例如，一个列表里用户选中的当前行数，视图需要该信息来突出显示该行及相关的操作；视图根据一个折叠按钮的按下状态切换一个区域的显示和隐藏；列表的批量选择复选框决定所有行前面的复选框的选中状态；一个用户向导（Wizard）里记录的当前视窗处于第几个步骤。与模型的状态相区分，我们不妨称这些仅与显示有关的状态为视图状态。对待视图状态有两种方案。

第一种是就让这些状态保存在视图内。视图状态大多可以从某个与之有关的控件的属性获得。如上面举的例子，列表里用户选中的当前行数可以从该列表控件的 SelectedRowNumber（名称仅作参考，也有可能是 CurrentRowIndex，下同）属性获得，折叠按钮和复选框的情形也类似。作为视图状态，它们有可能通过多种途径修改，也可能在多个地方读取。比如折叠按钮既可以用鼠标单击，也可能为它设置菜单命令和快捷键，或者有更上一级的全部折叠按钮，在所有这些用户操作事件的处理程序中，就直接修改该折叠按钮的 IsCollapsed 属性。而在读取该视图状态的各个场合，如切换相关区域的显示隐藏时，也会直接去访问该折叠按钮的 IsCollapsed 属性。

第二种方案是为视图状态创建一个独立于视图的容器，就像模型那样。视图与该状态容器的交互就和视图与一个单纯作为数据的模型的交互一样。用户在视图上的操作通过事件修改该容器的状态，状态的变化又通过事件反映到视图上。这种方案可以应对那些没有控件与之相关的视图状态，比如上面所举的多个视窗构成的自定义的用户向导的状态。而且所谓视图状态与一般的模型状态并没有根本的不同，只是所属对象和用途有别。假如程序的业务逻辑本身就和显示息息相关，例如设计和绘图软件，那么图形对象的许多仅仅和显示有关的状态也就自然属于模型。所以视图状态指的是那些属于视图本身而非业务对象的状态。为了统一视图与系统状态之间的关系，也可以让上述视图状态容器包含模型的状态，成为所谓的视图模型（View model），这样视图就只需和唯一的视图模型交互。采用这种架构的 MVC 变体有表示层模型（Presentation Model）和模型-视图-视图模型（Model-View-View Model，MVVM）架构。

两种方案各有优劣。前者使得视图状态对某个具体控件产生依赖，控件一旦更换代码就要修改，不过大多数情况下视图状态和某种特定的显示方法息息相关，状态继续存在而相关控件修改的情况不易发生。后者没有前者的问题，不过要离开视图额外定义状态对象会增加系统的复杂度和工作量。

## 3.3.6 事件发布者与收听者之间的依赖

事件发布者添加和调用的收听者，无论是 Java 的普通接口、函数式接口的对象还是 C♯ 代理的实例，都只是以抽象的形式引用了收听者或其方法，相当于第 1 章所说的使用接口编程，在满足以下两个条件时，发布者和收听者之间没有依赖关系。第一个条件是发布者和收听者单纯进行事件发布和收听，添加收听者的工作由它们共同的调用者负责。例如 2.3.6 节中的代码样例，UI 类是发布者，Controller 类是收听者，两者之外的 TestEvent 类分别创建它们的实例，并将收听者添加到发布者内。第二个条件是收听者不访问发布者的属性或方法。收听者事件处理方法的参数都会包含发布者，或者一个参数就是发布者，如 C♯ EventHandler < TEventArgs >（object sender，TEventArgs e）代理的第一个参数 sender 就是指发布者；或者事件信息对象参数有属性可以读取发布者，如 Java 中的事件处理方法通常只有一个事件信息对象参数，而所有事件信息对象的基类 EventObject 唯一的构造函数参数和属性就是事件源 source，也即发布者。为了适用于各种类型的发布者，传递给收听者的发布者实例一般是以 Object 的类型。如果收听者在处理事件时，只需要事件信息对象的发布者之外的属性，比如一个按键事件，处理程序只读取事件信息对象包含的按下键的代码，而没有用到按键在其上发生的控件，那么收听者就没有访问发布者控件的属性和方法。

在实际的事件驱动编程，比如图形用户界面程序开发中，上述两个条件往往都不成立。首先，发布者和收听者中的一方要负责添加收听者。考虑视图和控制器之间的事件编程：视图包含定义用户界面的代码，其中有多个作为事件发布者的控件，本身也往往是某个容器控件（如 Form、Page、View）

的继承类；控制器是系统的入口，程序的控制流程一开始就由它掌握，因而没有第三方的调用者。所以或者作为事件发布者容器的视图包含添加收听者的代码，或者由收听者来负责。考虑模型与视图或控制器之间的事件编程：模型作为抽象的业务逻辑，对具体的控制器和视图应该是无知的。所以当它作为状态变化事件的发布者时，添加收听者的代码必然位于另一方内。发布者添加收听者时，尽管收听者有接口或代理形式的抽象，发布者还是会用到收听者的具体类型和方法，所以发布者依赖收听者。收听者自己向发布者注册时，发布者更是连接口都没有，因而收听者依赖发布者。

其次，收听者经常需要访问发布者的属性或方法。考虑视图和控制器分别作发布者和收听者：控制器需要读取用户的输入，而这一般是控件的属性，如文本框的文本。如果当前处理的就是文本框的事件（如 TextChanged），控制器内的处理方法就需将作为参数传入的文本框先从 Object 转换为 Textbox 控件类型，再读取所需的属性。假如是在另一个按钮的单击事件处理方法内，控制器就需要能够先从视图访问到该文本框控件，再读取其属性。无论哪种情况，收听者都对发布者产生了依赖。

综上所述，事件编程会导致两种依赖关系。发布者或收听者负责添加收听者时，添加者（调用者）依赖被添加者（被调用者）。收听者访问发布者的属性或方法，导致收听者依赖发布者。

### 3.3.7　合作方式

从控制器的职责描述可以看出，它在模型和视图之间充当了中介角色，为什么会如此？有其他可能性吗？中介的方式有哪些？这些问题是 MVC 架构最精细和多样化的部分，也是实际应用中最难把握的地方。本节就要详细分析这些主题。

控制器、模型和视图三个部分在功能上各有专司，但另一方面只有当它们合作才能成为一个可使用的程序。从三个部分的功能来考查，模型包含了一个应用程序实质的功能，在功能上是自足的，即是说不需要控制器和视图，在逻辑上也能独立存在，因此它不应该有对那二者的依赖。控制器的职责之一就是调用模型的方法，所以有对模型的依赖。三个部分的以上关系是自然得出的，是所有 MVC 架构的实例都遵循的。控制器与视图、视图与模型之间的关系就要复杂得多。

### 1. 控制器处理视图上发生的事件

我们先来看控制器与视图。在 IPO 结构中,输入部分是程序的入口,也是程序控制流程的主导者,调用完处理部分之后自然要负责将结果传递给输出部分。输入部分和输出部分在结构上天然是分离的。图形用户界面程序则在这一点上带来了巨大的变化。程序运行后首先呈现的是视图,用户的所有输入也是通过视图完成的,控制器和视图部分地混合在一起。假如说一个控件属于视图,它又是控制器(输入部分)必不可少的部分。当然我们仍然可以刻意将整个用户界面划作视图,而把控制器看作从视图获取输入,也就是从处理输入开始才属于控制器。如果这样分开两者,在哪里将控制器内的事件处理程序绑定到控件上,有两种选择。一种是在视图内为控件添加事件收听者,这样就从视图中引用了控制器的方法;另一种是在控制器内添加,这样就从控制器中引用了视图的控件成员。视图上的控件成员通常是私有的,如果采用后一种方式,就必须有意将控件的读写级别改为公开的。而且相较于控制器,视图的修改更频繁,所以在视图中添加控件的事件处理程序是较好的选择。无论如何,分别作为事件的发布者和收听者,视图和控制器产生了相互依赖。

相反,如果将控制器和视图作为一个整体,依赖的问题自然就消失了。新的问题则是如何在代码中依然保持两者职责的清晰和可维护。不同的GUI 开发平台有不同的选择。视图和控制器都用代码编写时,如 Java 的Swing 和 C♯的 Windows Forms,两者由同一个类来定义。视图用某种标记语言定义时,控制器将视图作为资源文件载入、解析并显示。有些 GUI 框架的控件标记支持事件处理方法属性,如. NET 的 Windows presentation foundation(WPF)和 Java 的 JavaFX,那就在视图中用这些属性标记控件的事件处理方法;有些框架如 Android 的用户界面定义 XML 中没有事件处理方法属性,但控制器可以通过 ID 访问视图上的控件,于是就由控制器负责添加事件的收听者;还有像网页开发中的 HTML 加 JavaScript 组合,HTML 的 元 件 标 记 有 onclick 这样的事件处理方法属性,也可以在JavaScript 中通过 DOM API 来添加收听者,为了代码的灵活性,往往采用后一种方案。这样控制器和视图合一或成为紧密一对的设计还意味着控制器和视图彼此都不可能有一对多的关系,以及模型与它们之间关系的变化。因为这种架构最常用在通过表单编辑文档的场合,所以被称为文档-视图架构(Document-View Architecture)。

### 2. 视图更新显示模型的状态

我们再来看视图和模型的关系。模型执行完业务逻辑后,结果怎样反映到视图上,也有两种选项。第一种是通过事件推送通知给视图,我们把这种模型采取主动的方式称为推。对于所有在视图上显示的属性,一旦发生变化,模型都触发一个事件。视图上的该事件的处理程序将新的属性值更新到界面上相应的地方。初看起来模型需要定义很多事件,视图也要为每个事件创建处理程序,十分烦琐,实际上可以有更简洁的方式。模型上变化的属性虽然各异,却可以用一个统一的事件来描述,比如 java. beans. PropertyChangeEvent,每个属性变化事件所有的信息都包含在这四个值中:源对象、属性名称、旧值和新值。如此一来,视图只需要一个通用方法来处理这个统一的属性变化事件,该方法根据属性名称、旧值和新值来更新界面,对模型其他具体的属性和方法可以一无所知,因而与其的耦合度降到最低。同时模型最大限度地保持逻辑上的独立,它不需要关心视图上显示了哪些属性,为每一个的及时更新维护一个事件。与此相对,视图上的控件触发的事件和需要的处理逻辑差异很大,控制器也就无法用一个统一的事件处理方法来响应。在这种情况下,视图、控制器和模型三者最终的关系如图 3.1 所示。实线箭头表示从用户出发调用业务逻辑的过程,虚线箭头表示从模型返回结果的过程。

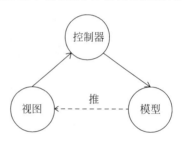

图 3.1 模型推送状态更新到视图

第二种是先由控制器来接收模型的变化,再传递给视图。既可以由模型通过事件将属性变化通知给控制器,也可以由控制器在调用模型的方法后,读取包含变化的模型,我们把这种模型被动、控制器主动的方式称为拉。无论以哪种方式,控制器获得模型的更新后,必须将它们传递到视图。此时也有两种方案可选:第一种方式是控制器通过事件主动通知视图,视图就像响应模型的属性变化事件一样响应控制器的事件;第二种方式是控制器调用视图的某个方法,这个方法又可以分为两类,也对应两种视图的逻辑。第一种是更改视图部分显示的特定方法,例如根据传入的参数修改文本框的内容或区域的背景色。控制器依据模型的某个属性或方法的返回值,调用视图的特定方法。视图需要为模型的不同属性定义多个特定的方法。另一种逻辑是视图只提供一个通用的更新显示的方法,其参数就是模型本身。

此时没有触发属性变化的事件,视图也无法区分哪些属性发生了更改,于是像显示一个全新的模型那样将界面刷新一遍。后一类视图的更新逻辑较为经济,那个通用的刷新显示的方法与视图作为收听者接受模型的通用状态变化事件的处理方法有些相似。在实现逻辑上,前者一般是在控制器调用完模型的方法后,将包含状态变化的模型传递给视图的方法,模型具体发生了多少变化和哪些状态发生了变化,视图都不清楚,只能遍历所有要显示的模型属性;后者是在模型的任何状态改变时即时通知视图,视图可以通过事件信息了解要更新显示的属性。不过,通用状态变化事件的处理方法虽然知道变化状态的名称,也可以装作不知道,单纯遍历一轮所有要显示的属性。试比较下面的代码:

```
///starrow.demo.mvc.ModelPropertyChangeEventListener
package starrow.demo.mvc;

import java.beans.PropertyChangeEvent;

public class ModelPropertyChangeEventListener {
    public void propertyChangeHandler1(PropertyChangeEvent e){
        switch (e.getPropertyName()){
            case "AccountStatus":
                //更新 AccountStatus 对应的界面
                //...
            case "AccountNum":
                //更新 AccountNum 对应的界面
                //...

        }
    }

    public void propertyChangeHandler2(PropertyChangeEvent e){
        //更新 AccountStatus 对应的界面
        //...
        //更新 AccountNum 对应的界面
        //...

    }
}
///>
```

为什么要在从模型到视图的信息传递路径中,增添控制器的环节呢?

道理和所有软件设计中增加一个居中的层或对象一样,就是为了增加灵活性。一个视图可以显示多个模型。一个模型也可以对应多个视图。在这些情况下,控制器可以综合来自多个模型的属性变化,再将结果传递给多个视图。例如,只有当三个模型的某个属性都为真时,才通知所有视图更新状态显示。另外模型能够直接通过事件通知视图是有一定先决条件的,那就是视图一直存在,并且能够响应事件,例如,桌面应用程序的图形化用户界面。而在Web服务器端应用程序的环境下,如果用户每次操作之后看到的视图都是由服务器重新生成的,就不可能由视图直接响应模型的事件,而只能由控制器将模型传递给视图。

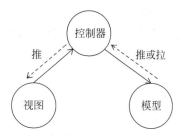

图 3.2　由控制器来传递
模型的状态更新

采用这种选项时,控制器在视图和模型之间居中调度的作用愈加明显。三者最终的关系如图 3.2 所示。

### 3. 依赖

视图、控制器和模型之间的事件编程和直接调用导致三者在某种情况下都处于被依赖的状态。那么这些依赖是否有必要应用针对接口编程来消除呢?下面分别讨论。模型在 MVC 架构中不会依赖视图和控制器,只会被它们引用。模型本身若是由多种对象组成,相互也要访问。这些依赖关系是否要消除,没有统一的标准。因为模型包含的是系统具体的业务逻辑,正可以参照依赖与针对 1.6.3 节中的标准进行判断。控制器的调用者是视图和其他控制器,包含的是特定视图控件的事件处理方法,因而没有什么公共的行为可以抽象成接口。视图的方法都是关于修改和刷新显示的。按前面的讨论,只有当它处理通用的模型状态变化事件,或采用通用的更新显示方法时,才可能抽象出视图接口。此外还要控制器不访问视图的控件成员属性。Web 服务器端应用程序因为可以符合这两点要求,如 Spring 框架,就是这样处理视图的。桌面应用程序的控制器,若要在控件的事件处理方法内不访问其属性,就必须在视图中先编写控件的事件处理方法,再以参数的形式传递给控制器内的下一级处理方法,如此叠床架屋,还不如将视图和控制器合一。所以桌面应用程序很少对视图抽象出接口。

## 3.4　桌面应用程序与移动 App

　　我们已经从理论上分析了 MVC 架构的设计,接下来要介绍其在几种应用程序环境中的应用。在图形用户界面程序出现之后,Web 应用程序成熟之前,桌面应用程序是软件的主流,也是 MVC 萌生的环境。随着 Web 技术的发展和应用程序的流行,传统的桌面程序除了少数专门的领域几乎退出企业应用的市场。然而风水轮流转,在移动互联网时代,桌面应用程序又以手机 App 的形式东山再起。下面就通过一个实例看看在桌面应用程序中实现 MVC 的方方面面。

　　我开发了一个舌尖上的中国的订餐程序,鼠标一点,每一期节目里的美食就会送上门来,付款方式包括饭后现金、赊账和用彩票可能的中奖金额支付。核心代码实在太美妙了,可惜本节篇幅有限,不能够写在这里。不过读者朋友如能提供一次性购买本书二十本以上的票据证明,我将免费寄出 42寸彩电一台,不对,是 42 寸签名照一张,背后附有该程序的完整代码。在此只能分享一下软件朴素的界面,如图 3.3 所示。

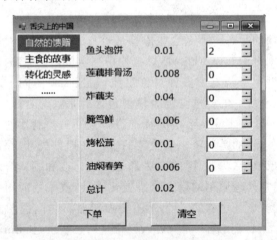

图 3.3　舌尖上的中国订餐程序的界面

　　考虑到食客订餐时咕咕叫唤的胃和血糖含量低的残酷现实,软件的使用十分简单。用户在每一期节目对应的标签页里选择想吃的美食的数量,然后单击"下单"按钮就可以了。第二列的价格看上去美好得让人不敢相信吧,精明的朋友或许猜到关键在于价格的单位,这里没有标人民币的符号,不过即使是英镑、欧元……实际上它的单位是食客的月收入,也就是说如果有人选择顿顿吃鱼头泡饼,一个月三十天每天三餐,总共会用去他百分之九十的月收入。如此创造性的定价有很多好处。首先是抗通胀,无论您的收入面对其他商品和商品房时如何迅速贬值,在舌尖上的中国的生活水平将保持稳定。其次是无论贫富,一视同仁。比尔·盖茨和王小二买一份烤松茸的成本相对他们都是一致的。再次是消除暴富之后暴饮暴食的危险,不但有助于维持身材和健康,还能防止一顿吃八十个菜对美食失去胃口。再再次是……还是让我们回到模型、视图和控制器。

这个程序的模型主要有两个类型。

Dish(菜):代表一道菜,包含菜名、价格等信息。

Order(订单):对应于用户每次的选菜和下单。

菜模型的数据存取对象 DishDAO 的工作是单向的,即它只需要从数据库读取并返回菜对象的集合,因为用户只能选菜不能新增菜(当然接受订单的公司所用的管理端会有维护菜单的功能)。订单模型的数据存取对象则既要负责保存订单,还要读取当前用户的历史订单,不过在这里为了简便,暂时省略。

```csharp
//菜
//Starrow.FoodOrder.Dish
namespace Starrow.FoodOrder
{
    public class Dish
    {
        public string Name { get; }
        public double Price { get; }

        public Dish(string name, double price)
        {
            Name = name;
            Price = price;
        }

    }
}
///>

//订单
```

```csharp
//Starrow.FoodOrder.Order
using System.Collections.Generic;
using System.ComponentModel;
using System.Linq;
using System.Runtime.CompilerServices;

namespace Starrow.FoodOrder
{
    public class Order : INotifyPropertyChanged
    {
        private Dictionary<Dish, int> dishes = new Dictionary<Dish, int>();
        private double price;

        public Dictionary<Dish, int>.Enumerator DishEnumerator
        {
            get { return dishes.GetEnumerator(); }
        }

        //订单总价
        public double Price
        {
            get { return price; }

            private set
            {
                if (!price.Equals(value))
                {
                    price = value;
                    OnPropertyChanged();
                }
            }
        }

        //用户点菜
        public void SetDishNumber(Dish dish, int num)
        {
            if (num == 0)
            {
                dishes.Remove(dish);
            }
            else
            {
                dishes[dish] = num;
```

```
        }
        //计算订单的总金额
        double total = dishes.Sum(pair => pair.Key.Price * pair.Value);
        Price = total;
    }

    //用户下单
    public void Submit()
    {
        //...
    }

    //用户清空
    public void Clear()
    {
        //...
    }

    //订单状态变化的事件
    public event PropertyChangedEventHandler PropertyChanged;

    //        [NotifyPropertyChangedInvocator]
        protected virtual void OnPropertyChanged([CallerMemberName] string
propertyName = null)
        {
            PropertyChanged?.Invoke(this, new
PropertyChangedEventArgs(propertyName));
        }
    }
}
///>


//菜的数据存取对象
//Starrow.FoodOrder.DishDAO
using System.Collections.Generic;
using System.Collections.ObjectModel;

namespace Starrow.FoodOrder
{
    //DAO for Dish
    public class DishDAO
    {
        private static DishDAO dishDao = new DishDAO();
```

```
    private DishDAO() { }

    public static DishDAO GetInstance()
    {
        return dishDao;
    }

    public Dictionary<string, Dish> GetDishDictionary()
    {
        var allDishes = GetAllDishes();
        Dictionary<string, Dish> dishDict = new Dictionary<string, Dish>();
        foreach (Dish dish in allDishes)
        {
            dishDict.Add(dish.Name, dish);
        }
        return dishDict;
    }

    //为了简便,返回所有菜的集合。实际可能需要更精细的做法,例如返回
    //某一季节目里所有的菜
    public Collection<Dish> GetAllDishes()
    {
        //在真实环境下,是从数据库读取菜的数据。这里为了演示直接硬编码
        Collection<Dish> allDishes = new Collection<Dish>();
        allDishes.Add(new Dish("鱼头泡饼", 0.01));
        allDishes.Add(new Dish("莲藕排骨汤", 0.008));
        allDishes.Add(new Dish("炸藕夹", 0.004));
        allDishes.Add(new Dish("腌笃鲜", 0.006));
        allDishes.Add(new Dish("烤松茸", 0.01));
        allDishes.Add(new Dish("油焖春笋", 0.006));
        return allDishes;
    }
    }
}
///>
```

## 3.4.1 控制器和视图在代码单元上独立

前面讨论了,视窗及其上的控件是用来向用户展示信息的,也就是作为视图,软件从用户获得的输入也是通过控件实现的,控制器和视图的边界模

糊了,在代码中怎样处理? 答案是心中有剑,随机应变(一不小心泄露了江湖上失传已久的天机剑法的八字剑诀)。翻译一下就是记住和理解划分的目的和精神,不固守教条,而是根据所用语言的特点和软件功能的需求灵活应用。我们接下来就分别讨论一下几种可能。

在图形用户界面程序中,可以简单保持命令行程序中输入部分和输出部分在代码单元上独立的做法,也就是控制器和视图由分开的类体现。

OrderView(订单视图):显示菜单,并提供用户进行选菜、下单等动作的控件。

OrderController(订单控制器):包含用户在视图上操作的事件处理程序。

```
//订单视图
//Starrow.FoodOrder.OrderView
using System.Collections.ObjectModel;
using System.ComponentModel;
using System.Drawing;
using System.Windows.Forms;

namespace Starrow.FoodOrder
{
    public class OrderView : Form
    {
        private OrderController orderController;
        private Collection<Dish> dishes;
        private Order order;

        //声明视图上的控件变量
        private System.ComponentModel.IContainer components = null;
        private System.Windows.Forms.TabControl tabControl1;
        private System.Windows.Forms.TabPage tabPage1;
        //...

        public OrderView(OrderController orderController)
        {
            this.orderController = orderController;

            //初始化并设置各控件的属性
            InitializeComponent();

            //添加下单、清空等用户操作的事件处理程序,处理函数都位于订单
```

```csharp
    //控制器内
    //用于点菜的 NumericUpDown 控件都是在 ShowDishes 方法中动态创建的,
    //所以点菜操作的事件处理程序也在该方法内添加
    btnSubmit.Click += orderController.Submit;
    btnClear.Click += orderController.Clear;
}


//继承自 Form 的清理方法
protected override void Dispose(bool disposing)
{
    //...
}


//初始化视图上的控件并设置其属性
private void InitializeComponent()
{
    //...
}


//显示模型
public void Show(Collection<Dish> dishes, Order order)
{
    this.dishes = dishes;
    this.order = order;

    //为要显示的菜动态创建控件
    ShowDishes();
    //显示订单状态
    ShowOrder();

    //添加订单模型状态变化事件的处理函数
    order.PropertyChanged += OrderPropertyChanged;
}


//订单模型状态变化事件的处理函数
private void OrderPropertyChanged(object sender, PropertyChangedEventArgs e)
{
    ShowOrder();
}


//显示订单状态
private void ShowOrder()
{
```

```
        labelTotalPrice.Text = order.Price.ToString();
    }

    //显示作为模型的菜的集合
    //为每一道菜在表格布局控件中添加一行,创建显示名称和价格的标签,
    //以及用于输入点菜数量的控件
    private void ShowDishes()
    {
        //创建控件
        //...
        //添加点菜操作的事件处理程序
        numericUpDown1.ValueChanged += orderController.SetDishNumber;
        //...
    }


}
///>

//订单控制器
//Starrow.FoodOrder.OrderController
using System;
using System.Collections.ObjectModel;
using System.Windows.Forms;

namespace Starrow.FoodOrder
{
    public class OrderController
    {
        private static OrderController orderController = new OrderController();
        private DishDAO dishDao = DishDAO.GetInstance();
        private Order order;
        private Collection<Dish> allDishes;
        private OrderView orderView;

        private OrderController()
        {
            allDishes = dishDao.GetAllDishes();
            orderView = new OrderView(this);
        }

        public static OrderController GetInstance()
        {
```

```
            return orderController;
        }

        //整个程序的入口,从控制器开始
        public static void Main()
        {
            orderController.Run();
        }

        //创建订单,开始运行
        public void Run()
        {
            ShowOrder(new Order());
            Application.Run(orderView);
        }

        //显示指定的订单.可由其他控制器调用,如有一个显示订单列表的视图,
        //双击列表某一行时,该视图的控制器获取对应的订单,然后将其作为参数,
        //调用此控制器的这个方法
        public void ShowOrder(Order order)
        {
            this.order = order;
            orderView.Show(allDishes, order);
            orderView.Show();
        }

        //用户点菜的事件处理程序
        public void SetDishNumber(object sender, EventArgs e)
        {
            NumericUpDown numericUpDown = (NumericUpDown) sender;
            TableLayoutPanel tableLayoutPanel = (TableLayoutPanel) numericUp-
    Down.Parent;
            int row = tableLayoutPanel.GetRow(numericUpDown);
            Dish dish = allDishes[row];

            order.SetDishNumber(dish,(int) numericUpDown.Value);
        }

        //用户下单的事件处理程序
        public void Submit(object sender, EventArgs e)
        {
            //...
        }
```

```
        //用户清空的事件处理程序
        public void Clear(object sender, EventArgs e)
        {
            //...
        }
    }
}
///>
```

## 3.4.2 控制器、视图和模型之间的相互引用

依照前面对 MVC 架构中依赖的分析,订餐程序中的模型、视图和控制器目前都不必消除依赖。它们之间需要彼此引用时,直接使用类型实例就可以。前面的代码根据的调用者和被调用者的实际情况,采取不同的策略。控制器创建视图的实例,并将自身作为参数传递给视图的构造函数,视图将控制器内的事件处理方法添加到对应的控件成员上。控制器并没有像对待视图那样,在构造函数里创建订单模型的实例,而是在程序启动时运行的 Run 方法里创建新订单,并将其传递给 ShowOrder 方法,然后再由它调用视图的显示方法 Show,将视图所需的所有模型通过参数传递。这样订单控制器 OrderController 与其所引用的订单实例就是通过 ShowOrder 方法的参数建立起联系的。每种模型的数据存取对象因为只需一个实例,采用单件(Singleton)模式获取,如 DishDAO 的代码所示。在这个极简化的订餐程序里,只有一个视图和控制器。对实际运行的程序,很容易想到还需要其他视图和控制器,比如用户能在另一个视图里看到历史订单。在这个扩展版的程序里,从模型的角度来思考,首要的是订单模型的数据存取对象 OrderDAO 不能再省略了,它将负责依据条件返回用户的历史订单。与历史视图相应的控制器要处理用户点击历史订单列表里某一行的事件,此时需要返回显示订单视图。为了确保一个视图和负责处理该视图的事件的控制器引用的模型实例的一致,也为了让程序的控制流程更有序,每个视图获得模型和显示都由它对应的控制器负责。所以历史控制器不直接调用订单视图,而是在依靠订单的数据存取对象获取了用户点击行代表的订单后,调用订单控制器的 ShowOrder 方法。为了方便控制器之间的访问,对它们也应用单件模式。

程序启动时显示新订单和打开历史订单的序列分别如图 3.4 和图 3.5 所示。

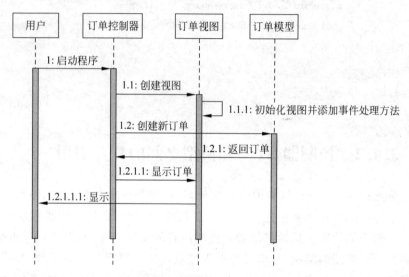

图 3.4    程序启动时显示新订单的序列图

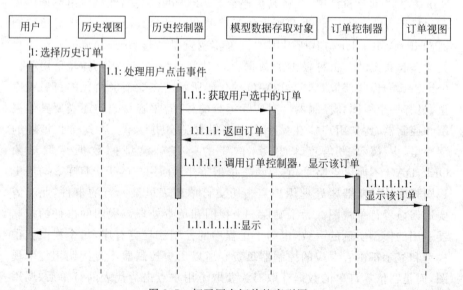

图 3.5    打开历史订单的序列图

### 3.4.3 控制器和视图合一

在图形用户界面环境下,程序的视图和控制器关系紧密。控制器从视图获取用户输入,视图需要控制器来处理用户操作。而且很多时候程序的多个视图和多个控制器之间是一一对应的,也就是说,一个视图只会与某个特定的控制器交互。因此可以用单个对象来代表一个视图-控制器双对【注:即一双、一对、Pair,但单独用"对"这个字在中文中很容易引起歧义和混淆,所以称为双对】。这样整个项目的代码结构显得更加清晰,并且可以省去一对控制器和视图之间的相互引用。

控制器和视图虽然合为一体,但是它们在功能和所用技术上的差别使得最好在双对内以某种形式对它们加以区隔,否则两者的代码混杂在一起(Spaghetti-like,像意大利面一样),会成为程序员后续理解和维护的噩梦,比如新手在 JSP 页面中混合写入 HTML 和 Java 代码。在这方面,不同的开发语言和技术各有解决方案。Visual Basic 和 Lotus Notes 表单自身的代码在 IDE 中是不可见的,仅仅由设计视图来呈现,表单上控件的事件处理程序则写于代码视图内。在.NET 平台上开发桌面应用程序时,最初采用的方法是将表单内的控件声明、初始化和设置属性的"视图"代码置于一个单独的折叠区域(Region)内,由 IDE 依据程序员在设计视图上对表单做的改动自动更新,并提示不要人为修改。后来.NET 引入了部分类(Partial class)——一个类的代码可以分布在多个文件中。这项功能最适合的应用场合之一就是将 IDE 自动维护的视图代码与程序员手工维护的控制器代码区隔开来。再后来,.NET 在 Windows Presentation Foundation(WPF)技术中为桌面应用程序引入了类似 Web 应用程序的视图所采用的 XML 定义文件,视图使用声明式语言,控制器仍然使用 C♯ 等命令式语言,两者位于单独的文件中,但通过部分类合为一体(WPF 框架通过读取资源文件的方式加载视图 XML)。Java 用 Swing 等传统图形用户界面框架开发程序时,既可以让控制器和视图分处独立的类中,也可以让设置用户界面的类本身实现 MouseListener 之类的事件收听者接口,然后再将其添加到作为事件发布者的自身内,从而控制器和视图的代码位于一个类中。后来推出的 JavaFX 技术像 WPF 一样也使用 XML 文件来定义用户界面。控制器和视图合一,无须额外的设计,以上各种实现也是所用语言和开发环境的默认方式,使用起来十分方便,故不再用代码演示。

### 3.4.4　移动 App

从桌面应用程序到 Web 应用,再到移动 App,软件开发的主战场几度变迁。几者的关系和潮流变化背后的原因在本书后面会详细讨论。与本章主题相关的只有一点,那就是虽然名称、平台、技术和语言等有诸多表面上的差异,移动 App 实质上是经过 Web 热潮之后回归到原生图形用户界面程序。移动 App 的两大阵营和平台 iOS 与 Android 在开发程序时应用 MVC 架构上,与传统的桌面环境并无二致。iOS 中的 App 开发显式地使用 MVC 架构和术语,这一点程序员在从苹果网站教程学习第一个 App 开发起就能了解。

Android 稍有不同,Google 引入了 Activity、Intent 等一系列概念,App 开发是围绕多个 Activity 进行的。然而 MVC 的重要性就在于,任何图形用户界面程序如果不想结构混乱,就必然要以某种形式采用该架构。Activity 的官方描述是应用程序中提供某个屏幕的组件,用户可以和该屏幕互动来做某件事,例如拨打电话、照相、发邮件、看地图。一个应用程序通常由多个 Activity 组成,每个 Activity 负责一个特定的任务。比如一个邮件应用程序,有一个 Activity 提供现有邮件的列表,用户点击某行邮件时,另一个 Activity 打开负责显示该邮件,用户创建新邮件时,又一个 Activity 开始运行,占据屏幕。每个 Activity 的界面通常用一个 XML 文件来定义,Activity 的代码中则包含对应于用户操作和 Activity 生命周期事件的处理程序。

不难看出,Activity 扮演的就是控制器视图双对的角色,更与 WPF 和 JavaFX 框架下视图采用 XML 文件定义的 MVC 变体形式如出一辙。差别只是没有强调 Activity 之外模型的独立性。如果程序员把模型所应承担的业务逻辑写进 Activity,Activity 就变成无所不包的大杂烩。对 MVC 架构的含义和本质有充分认识的程序员会让模型保持独立。此外一个实现细节上的差异是,为控件添加事件收听者时,Android Activity 的界面 XML 没有像 WPF 和 JavaFX 框架那样通过元件的属性设置,而是在代码中根据控件的 Id 查找并添加。

```
public class ExampleActivity extends Activity implements OnClickListener {
    protected void onCreate(Bundle savedValues) {
        //...
        Button button = (Button)findViewById(R.id.my_button);
```

```
      button.setOnClickListener(this);
   }

   //执行 OnClickListener 事件收听者接口
   public void onClick(View v) {
      //...
   }
   // ...
}
```

## 3.5 Web 应用程序

Web 应用程序与本地应用程序在原理、结构上有很大的差别,但是图形用户界面使得它和后者一样需要应用某种形式的 MVC 架构。本节就将简要讨论在 Web 环境下如何实现 MVC。

### 3.5.1 Web 应用程序简史

在互联网诞生之初,网站提供的是静态的 HTML 文件,人们通过浏览器阅读网页,就像在公告栏上读通知、报纸上看新闻一样。用户和服务器的沟通渠道很简单,要么在浏览器的地址栏里输入地址(或者从收藏夹中选择),要么点击网页上的链接。极少数场合下,用户可以通过表单提交一些信息,比如对网站的意见。在这个阶段,Web 服务器基本上是一台依照 HTTP 协议工作的文件服务器,对通过网络从各地浏览器发来的 URL,能在本地找到文件的就返回,找不到的就告知。对于以 POST 方式提交的数据,服务器可以利用所谓 CGI(Common Gateway Interface,公共网关接口)处理并返回结果。这些 CGI 程序或者是当服务器遇到请求时启动的进程,或者作为模块常驻服务器内存中。早期的 CGI 程序并没有专门的编程语言,就采用和开发服务器一样的诸如 C 语言来编写。后来开始用 Perl 这样的更擅长进行文本处理,并且无须编译、开发周期更短的脚本语言。

网景公司在流行的 Navigator 浏览器中加入他们发明的 JavaScript 语言和 Cookie 技术,前者使得网页无须往返服务器就能获得输入校验和动态显示之类的功能,后者令得少量用户信息和浏览状态能够保存在浏览器端,方便设计出个性化的网页。

　　服务器端的动态内容生成技术快速发展。ASP、PHP 语言将 HTML 和脚本混合在一起,与静态网页相比,能提供动态的内容;与过去的 CGI 程序相比,开发效率大大提高。而且这些脚本语言普遍能够方便地连接到关系型数据库,这就让 Web 应用程序和传统的客户端服务器程序在应对用户需求的能力方面站到了同一条起跑线上。不久,Sun 公司利用其 Java 语言提出了包括 JSP 和 Servlet 在内的服务器端编程的一整套方案。各种 Java 的 Web 开发框架迅速成为市场的主流。

　　Web 应用的流行引致浏览器原本像桌面操作系统那样微软一家独大的局面开始改变。IE 在率先发明 XMLHTTPRequest 技术之后懈怠下来,以该技术为基石的 Ajax 伴随着 JavaScript 能力的充分挖掘和广泛应用,极大地增强了网页的表现力和可用性,jQuery、Prototype、Dojo 等脚本库成为网页程序员的必备武器。曾经被 IE 从王座上取而代之的 Navigator 浏览器通过 Mozilla 基金会浴火重生,化身为 Firefox,作为开放和新技术的倡导者,在对 IE 的战场上节节胜利,一度成为 IE 之后市场份额第二大的浏览器。随后 Google 这家互联网巨头也开始在与其关系密切的浏览器市场发力,推出了 Chrome,并迅速超越了 Firefox 和 IE。此外还有苹果的 Safari 和 Opera 公司的同名浏览器,也有各自的用户群。

　　服务器端和浏览器端双方面的技术成熟让 Web 应用程序从最初尝试性的选择升级为企业应用的主流。Visual Basic、Powerbuilder、Delphi 等传统的客户端服务器开发语言和工具成为明日黄花。

　　服务器端的技术发展继续高歌猛进。Java 的 Web 开发框架不断升级换代、推陈出新,微软的 ASP.NET 也经历了好几个版本的发展。其他语言也不甘寂寞,PHP 在语言升级的同时衍生出大量开发框架,并曾作为 LAMP(Linux、Apache、MySQL、PHP)开源组合中的一员占据很大市场。Ruby on Rails、Python 的 Django 这样的新星也都很受程序员的欢迎。

　　浏览器和 Web 应用程序让 JavaScript 从丑小鸭变天鹅,成为最热门的编程语言之一。JavaScript 在 1999 年由 Ecma 国际标准组织制订 ECMAScript 3 规范之后,由于互联网各大公司在利益和方向上的分歧,多年争执导致 ECMAScript 4 标准胎死腹中,直到 2009 年,才更新出 ECMAScript 5 规范。在 Web 技术迅速发展和 Web 应用走向流行的这段时间,作为主角之一的 JavaScript 的标准迟迟没有升级,是很令人惊讶的。不过 Web 的发展却也没有因此受到严重影响。一方面,各大浏览器的开发者持续添加 ECMAScript 标准以外的扩展功能，不断提升脚本运行的速度，为更庞大和复杂的脚本库的开发和运行奠定了基础；另一方面，JavaScript 能一直适应浏览器端开发的需要，除了浏览器对它产生的路径依赖，语言设计本身的优点也是至关重要的（虽然缺点也不少），也因此 JavaScript 开发者能挖掘它的潜力，发挥它的优点，在服务器端语言升级和扩充阵营的同时，依赖这个老旧的语言开发出一代又一代风格繁多的脚本库。近年来，JavaScript 在标准更新方面终于走上快车道。在 2015 年制订出 ECMAScript 6，又于 2016 年 7 月推出 ECMAScript 7，浏览器厂商要做的就是跟上标准更新的步伐。与此同时，不满意 JavaScript 的开发者还创建了几种全新的脚本语言，如 TypeScript、Dart，用它们写的程序可以转译（Transcompile）成 JavaScript 代码。

原始的 Web 应用程序代码完全在服务器端，浏览器只是解析 HTML，显示静态的视图。JavaScript 普及之后，浏览器开始运行一些辅助性的代码，主要是输入校验和修改视图，整个页面的输出还是由服务器负责，更不用说业务逻辑。Ajax 流行之后，就视图的生成而言，JavaScript 发挥的作用所占的比重越来越大，数量、功能和外观都超过传统桌面 GUI 框架的 Web 控件（Widget）和日新月异的 Web 设计的背后都是有关浏览器的前端技术，除了有一个地址栏和页面之间的跳转，此时 Web 应用程序在用户体验上已经和传统客户端软件没有区别。视图天平的两端分别是浏览器和服务器，天平继续向浏览器一端倾斜。服务器端一次性生成的内容越来越少，页面越来越依赖 JavaScript 动态地通过 Web Service 获取数据来生成。为了进一步提高用户操作的反应速度，提供不需打开新页面的更好的用户体验，单页面程序（Single-page application）出现了。应用程序所需的所有 HTML、JavaScript、CSS 等资源在用户初次访问时一次性载入，或者后续需要时从后台加载。程序不再刷新整个页面，或打开新网页，所有视图上的变化都在当前页面内完成。页面通过 Ajax 或 Websocket 与服务器交换数据。业务逻辑也开始由 JavaScript 承担，服务器端提供传统应用程序分层中的数据层接口。Web 应用程序到达巅峰之后，随着移动互联网的兴起，面临原生的移动 App 的竞争和挑战，为了在保持自动更新的优势的同时能有效利用手机等移动设备配置的硬件功能，衍生出混合型 App（Hybrid apps）——嵌入在原生 App 之内的 Web 应用程序。

## 3.5.2　服务器端的 MVC

　　MVC 架构覆盖了一个系统的视图、模型和充当中介的控制器。从 3.5.1 节可以看出，不同形态的 Web 应用程序分别在服务器端和浏览器端构成了一个完整的系统，本节先讨论前者。传统的 Web 应用程序代码全部在服务器上运行，从处理输入、执行业务逻辑到生成视图。浏览器只是从服务器接收作为输出结果的 HTML，显示给用户。因此，MVC 架构的各部分都由服务器端程序组成。

　　Web 最初的工作模式是浏览器请求 HTML 网页，服务器查找并返回该网页文件。等到服务器能生成动态内容时，Web 应用程序的工作模式，或者说开发人员的思维模式，还沿袭着原先的套路和习惯。所以 ASP、PHP、JSP这些开发技术无一不是把 Web 应用程序视为多个动态页面的集合，前面所说的处理用户输入、执行业务逻辑和生成动态内容都是由混杂在 HTML 中的程序代码完成的，也就是说，一个页面就是系统的一个功能单元。这也就是 4.1 节中分析的以视图为中心的开发模式。这种模式的缺点我们已经讨论了，运用过它的开发人员也都有切身体会。所以和开发本地运行的图形用户界面程序一样，Web 系统的开发自然也要引入 MVC 架构。

　　有意思的是，在 Web 程序上应用 MVC 架构和 Web 的底层机制很契合，所以一旦思路转换过来，应用 MVC 架构便成为很自然的事，不应用反而不自然。我们知道，在作为网站和 Web 应用程序基础的 HTTP 协议中，浏览器向服务器发出的请求利用 Verb 来区分不同的方法，包括常用的 GET、POST 和不常用的 PUT、PATCH、DELETE 等。每个请求除了 URL 还可能附带一些所用的方法需要的信息，例如 POST 请求会包含用户从表单提交的数据。服务器处理请求的一个关键信息就是该请求的 URL。在静态网页时代，服务器利用地址匹配将 URL 转换成本地文件的路径，读取找到的文件内容并返回给浏览器。在动态网页时代，服务器将 URL 转换成本地动态网页文件的路径，调用相应语言的解释模块，该模块解析动态网页文件，执行其中的代码，合并静态的 HTML，最后将结果返回给服务器，再由服务器发送回浏览器【注：JSP 这样的技术底层实现机制不同，先将 JSP 文件转换成 Servlet，再运行，但总的逻辑仍然相同】。假如我们摆脱一个 URL 对应一个网页的思维惯性，从应用程序的角度来思考，就会发现可以将 HTTP 请求看作浏览器向服务器发出的命令，URL 中的路径就像一个函数的名称，附

带的查询信息和提交的表单数据就像函数的参数。例如

```
GET /user?id = 001 HTTP/1.1
Host: www.starrow.com
```

这个 GET 请求可以看作调用服务器上的 user 函数,参数为 id＝001。又比如

```
POST /search HTTP/1.1
Host: www.starrow.com
POST 的数据:
query = Java
```

这个 POST 请求是调用服务器上的 search 函数,参数是 query＝Java。服务器接收到这些请求,找到与 URL 匹配的"函数",执行得到的结果可以是多种多样的,传统的 HTML、Ajax 使用 XML 和 JSON、文件的二进制流,以满足不同 Web 应用场景的需求。如此一来,Web 应用程序的运行机制就彻底地从以网页为中心的文件服务器模式转变为远程函数调用模式。MVC 架构的应用也因而变得十分自然。模型仍然是业务逻辑,控制器是接收处理 HTTP 请求并调用模型方法的程序,视图是生成结果的程序。控制器不再需要和视图混合在一起,而是单独充当系统的入口。在这一点上,Web 应用程序变得和图形用户界面程序出现之前的命令行程序更接近。

### 3.5.3　前端控制器与控制器

控制器负责接收处理 HTTP 请求并调用模型的方法,这还是理论上的笼统分工。考查控制器的具体工作过程,就会发现有必要进一步区分。服务器接收到请求,首先要根据 URL 将它们匹配到具体负责的程序,然后这些程序接过请求的数据开始处理。这两个阶段都属于控制器的工作范围。后一阶段的控制器就是我们熟悉的那一类,前一阶段的不进行具体的处理,而只是负责分配任务,我们把它称为前端控制器(Front controller,这让人回想起前面介绍的命令行程序中出现的前端输入部分)。比如采用 Spring 框架来开发订餐程序的 Web 版时,前端控制器将 /order 路径匹配到以下控制器。

```
@Controller
@RequestMapping("/order")
```

```java
public class OrderController {

    private final OrderDAO orderDAO;
    private final DishDAO dishDAO;

    @Autowired
    public OrderController(OrderDAO orderDAO, DishDAO dishDAO) {
        this.orderDAO = orderDAO;
        this.dishDAO = dishDAO;
    }

    @ModelAttribute
    public void populateModel(@RequestParam(name = "id", required = false)
id, Model model) {
        Order order = null;
        if (id == null){
            order = new Order();
        }else{
            order = orderDAO.getById(id);
        }
        model.addAttribute("order", order);
        model.addAttribute("dishes", dishDAO.getAllDishes());
    }

    @GetMapping
    public String getOrCreate() {
        return "order";
    }

    @PostMapping
    public String submit(@ModelAttribute("order")) {
        order.submit();
        return "order";
    }

}
```

　　在这段示意性的代码里，有大量有意思的 Spring 标注：@Controller 标注表示该类是一个控制器；@RequestMapping("/order")表示该控制器负责路径为/order 的请求；@Autowired 指示它所标记的构造函数使用 Spring 的依赖注入机制来传递参数；@ModelAttribute 标记的 populateModel 方法在所有处理请求的方法之前运行，向一个 Model 的特殊对象添加以后处理需要的信息；@GetMapping 表示 getOrCreate 方法处理 HTTP verb 为 GET 的情况；@PostMapping 说明 submit 方法负责同一路径下的 POST 请求。在更复杂的情形下，可以为控制器的某个方法标注匹配不同的路径。

### 3.5.4　视图

在传统的 Web 应用程序中，视图层负责将模型以网页的形式呈现出来。浏览器解析的网页由 HTML、JavaScript 和 CSS 等资源组成，是和服务器端运行的 Java 等程序语言截然不同的代码。一页 HTML 中既有动态内容，又有大量静态文本。针对这些情况，视图层适宜的方案是在 HTML 中插入标记成为所谓的模板（Template），然后用相应的引擎来解析该模板，引擎能够解读模板中的标记，结合 Web 容器传递来的模型，执行特定的逻辑，最终在模板中插入动态生成的 HTML。和 Web 开发框架一样，许多编程语言都产生出自己的大量模板技术。

继续以 Spring 框架为例，它灵活地支持多种视图技术（Thymeleaf、Groovy Markup Templates、Velocity、JSP……）。在控制器执行完请求的处理逻辑后，就要转到某个视图，生成页面返回给用户。Spring 框架支持以多种方式来指定视图，最方便的途径是控制器返回一个视图字符串形式的逻辑名称，视图定位器（ViewResolver）将据此定位到某个特定的视图模板，然后用该模板对应的引擎来解析。

在上面的控制器代码中，具体处理请求的 getOrCreate 和 submit 方法返回的都是一个字符串"order"，它代表的就是一个视图。Spring 框架会找到某个模板，比如说 order.jsp，来生成最后的页面。

### 3.5.5　模型

在前面的控制器代码中，用到了一个特殊的 Model 接口类型的对象。像 Map 接口一样，这个 Model 对象能够写入和读取任何类型的对象作为属性。处理请求的各方法可以在参数里加入它，Spring 会在调用这些方法时传入一个 Model 实例，然后这些方法就可以向它写入视图需要的数据。等到这些控制器方法执行完毕，返回某个视图名称后，Spring 框架定位到该视图模板的同时，也会将这个 Model 对象传递给模板引擎。引擎就能够根据模板中引用模型属性的标记，读取 Model 对象的内容，最后转换成 HTML

片段插入。例如,下面这个简单的 JSP 页面就引用了 Model 对象的 user 属性,该属性是一个简单的对象,包含 firstName 和 lastName 属性,分别绑定到表单的两个输入框。

```
< form:form modelAttribute = "user">
    < table >
        < tr >
            < td > First Name:</td >
            < td >< form:input path = "firstName"/></td >
        </tr >
        < tr >
            < td > Last Name:</td >
            < td >< form:input path = "lastName"/></td >
        </tr >
        < tr >
            < td colspan = "2">
                < input type = "submit" value = "Save Changes"/>
            </td >
        </tr >
    </table >
</form:form >
```

由此可见,Spring 的 Model 接口的作用是容纳视图所需的模型数据。它的名称虽然是 MVC 架构中的 Model,但是其含义和角色与我们一直讨论的模型略有不同。它作为一个对象集合,成员既可以是包含业务逻辑的真正的模型,也可以是仅仅用于封装数据的只有 Getter 和 Setter 方法的 Java Bean。前者在 Spring 框架中又被称为命令对象(Command object),后者因为往往用作表单绑定数据的来源,所以被称为表单支撑对象(Form backing object)。两者在 Spring 的语境下都被称为 Model,是从视图的角度来看模型。Model 对象的作用是为视图提供数据。视图在两个方向相反的过程中用到它:生成(Render)网页时,模板引擎读取它的属性;提交表单时,Spring 的数据绑定机制将表单输入控件里的值更新到它的属性。从某种意义上可以说,前一个过程将它序列化成网页,后一个过程将网页反序列化成它。表单支撑对象仅仅包含视图所需的数据,如果将与之有关的业务逻辑也放入其中,即所谓的命令对象,那它就变成真正的模型。表单支撑对象存在的理由是在有些 Web 框架中它比模型对象更适合与视图绑定,比如它的属性不像模型那样是有类型的,而是简单的字符串,可以直接绑定到视图模板上,不会发生类型转换的错误。不过 Spring 数据绑定既灵活方便,类型转换时发生的错误也可以在处理请求的方法中及时应对,所以可以便捷地省去表单支撑对象,直接将视图绑定到模型上。

## 3.5.6　依赖注入

Spring 框架中的依赖注入很有名,起到了将应用程序的各个部分黏合到一起的作用。其总的运行机制是应用程序向负责注入的容器索取一个调用者类型的实例,容器根据某种形式的配置信息,通过构造函数或设值注入将某个被调用者类型的实例传递给调用者。在第 1 章中,因为我们所用的媒体播放器的例子不适合展现这两种最常见的依赖注入的方式,所以在 1.5 节里没有给出依赖注入的代码样例。在这里正好利用 Spring 框架示范一下,依赖注入的容器可以使用 XML 或标注(Annotation)形式的配置信息,下面采用的是 XML 配置文件和构造函数注入的方式。

```
< beans xmlns = "http://www.springframework.org/schema/beans"
xmlns:xsi = "http://www.w3.org/2001/XMLSchema-instance"
xsi:schemaLocation = "http://www.springframework.org/schema/beans
http://www.springframework.org/schema/beans/spring-beans-3.0.xsd">

< bean id = "operator" class = "Starrow.IdeaDemo.Dependency.DependencyInjection.
Operator">
    < constructor-arg >
        < ref bean = "printerA"/>
    </constructor-arg >
</bean >

< bean id = "printerA" class = "Starrow.IdeaDemo.Dependency.DependencyInjection.
PrinterA" />
< bean id = "printerB" class = "Starrow.IdeaDemo.Dependency.DependencyInjection.
PrinterB" />

</beans >

//引用者和被引用者之间的接口
package starrow.ideademo.dependency.dependencyinjection;
public interface Printer {
    void print(String msg);
}
```

```
//实现接口的一个被引用者类型
package starrow.ideademo.dependency.dependencyinjection;
public class PrinterA implements Printer {
    public void print(String msg){
        //...
    }
}

//实现接口的另一个被引用者类型
package starrow.ideademo.dependency.dependencyinjection;
public class PrinterB implements Printer {
    public void print(String msg){
        //...
    }
}

//引用者类型
package starrow.ideademo.dependency.dependencyinjection;
public class Operator {
    private Printer printer;

    public Operator(Printer printer) {
        this.printer = printer;
    }

    public void work(){
        printer.print("I'm working");
    }
}

//引用者凭借容器的依赖注入获得被引用者的实例
package starrow.ideademo.dependency.dependencyinjection;

import org.springframework.beans.factory.BeanFactory;
import org.springframework.beans.factory.xml.XmlBeanFactory;
import org.springframework.core.io.*;

public class Test {
    public static void main(String[] args) {

        Resource r = new ClassPathResource("applicationContext.xml");
        BeanFactory factory = new XmlBeanFactory(r);
```

```
        Operator o = (Operator)factory.getBean("operator");
        o.work();


    }
}
```

### 3.5.7  浏览器端的 MVC

如 3.5.1 节中所说,在 Web 应用程序发展初期,浏览器端的 JavaScript 代码的运行是围绕 HTML 的:一方面在 DOM 元件的事件处理函数中进行诸如输入校验、数据转换和计算以及通过 Ajax 发送请求给服务器之类的工作;另一方面基于页面最初的 HTML 和后续从 Ajax 获得的服务器数据操纵 DOM,以实现类似传统 GUI 程序的丰富用户体验和动态视图。这个阶段发展出了大量脚本库,如 jQuery、Prototype、Dojo、YUI 等,它们的作用主要是在 JavaScript 和 DOM 的原生功能基础上提供一个跨浏览器的、功能更强的和方法名称更简洁的 API。比如下面的 jQuery 代码片段。

```
//选择 Id 为 sheet 的 div 元件的直接子元件中的表格的第一行
$("#sheet > table tr : first");

//修改 CSS 属性和 HTML
$("#target").css({'background - color': '#ffe', 'border - left': '5px solid #ccc'});
$("#target").html("Success");
$("#target").after("<p>Test</p>");

//给一个按钮添加单击事件的响应程序
function demo(event) {alert("I like " + event.data.fruit);}
$("#action").on("click", {fruit: "banana"}, demo);
//Ajax
$.ajax({
  url: " http://localhost/test.php ",
  data: { name: "John", location: "Boston" }
}).done(function( msg ) {
  alert( "Data Saved: " + msg );
});
```

这些代码虽然比不用脚本库时简洁得多,但是其本质没有改变,仍然是以页面为中心的。从 MVC 架构的角度看,浏览器端的页面和脚本只是在

Web应用程序与服务器隔着网络的另一端扮演视图和控制器的角色,模型则全部驻留在服务器端,通过 HTTP 请求和回应与浏览器沟通。随着 Web 应用程序的功能越来越多地转移到浏览器端,JavaScript 承担的工作日益复杂和繁重,仅仅就原本的视图和控制器的角色而言,直接读取和修改页面 DOM 也让代码变得越来越混乱和难以维护,遵循 MVC 架构创建独立的模型,就变得势在必得。而且 HTML5 本地存储、Websocket 技术以及服务器端 RESTful Web Service 的发展让有些原本在服务器上运行的业务逻辑也转移到浏览器上,也就是说,服务器端的模型搬到浏览器端用 JavaScript 编写。这两点令 JavaScript 开发的模式发生了重大转变,由以视图为中心的事件处理函数变成遵循完整的 MVC 架构。一批新的 JavaScript 框架应运而生,Knockout、Backbone、Ember、React、AngularJS……(在开源领域,问题永远不是没有选择,而是选择太多)。每一种框架的学习自然都需要时间,这里只能指出它们作为 MVC 架构的共同点。

模型是系统的状态和业务逻辑所在,用带有事件发布者功能的 JavaScript 的对象来实现。视图的实现有两种途径。一是用自定义标记来扩展 HTML,标记的功能包括将 HTML 元件的属性绑定到模型、设置事件处理函数以及条件和循环逻辑等等,就像服务器端视图所用的模板一样。另一种是 htm 保持原样,用一个 JavaScript 的视图对象来增强它。控制器仍然是包含视图的事件处理函数的 JavaScript 对象。框架最重要的基础功能就是保持视图和模型之间的数据绑定。用户在网页上的输入控件中做了任何修改,模型的相关属性都会自动更新;控制器调用模型方法修改了状态,视图的对应部分也立即会刷新。这样原本读写 DOM 的烦琐杂乱代码就完全消失,取而代之的是简洁易读的模型代码。

为了方便人们比较和选择 JavaScript 的 MVC 框架,todomvc.com 网站用多种流行的框架演示一个简单的待办事宜(Todo)程序。下面选择的 AngularJS 2 框架的 TypeScript【注:TypeScript 是由微软公司开发的一种 JavaScript 的超集(Superset)语言,即 JavaScript 有的功能它都有, JavaScript 没有的它也可能有,能够运行的 JavaScript 代码也是有效的 TypeScript。可以用它更高效地开发 Web 程序,然后转译成 JavaScript 代码】版本,即使没有学习过 AngularJS 2 和 TypeScript,也不难理解其中模型、视图和控制器所承担的角色和包含的功能。

//视图 app.html,注意其中的各类标记

```html
< section class = "todoapp">
    < header class = "header">
        < h1 > todos </h1 >
        < input class = "new - todo" placeholder = "What needs to be done?"
autofocus = "" [(ngModel)] = "newTodoText" (keyup. enter) = "addTodo( )">
    </header >
    < section class = "main" *ngIf = "todoStore. todos. length > 0">
        < input class = "toggle - all" type = "checkbox" *ngIf = "todoStore. todos.
length" #toggleall [checked] = "todoStore. allCompleted( )" (click) = "todoStore.
setAllTo(toggleall. checked)">
        < ul class = "todo - list">
            < li *ngFor = "#todo of todoStore. todos" [class. completed] = "todo.
completed" [class. editing] = "todo. editing">
                < div class = "view">
                    < input class = "toggle" type = "checkbox" (click) = "toggle-
Completion(todo)" [checked] = "todo. completed">
                    < label (dblclick) = "editTodo(todo)">{{todo. title}}</label >
                    < button class = "destroy" (click) = "remove(todo)"></button >
                </div >
                < input class = "edit" *ngIf = "todo. editing" [value] = "todo.
title" #editedtodo (blur) = "stopEditing(todo, editedtodo. value)" (keyup. enter) =
"updateEditingTodo(todo, editedtodo. value)" (keyup. escape) = "cancelEditingTodo
(todo)">
            </li >
        </ul >
    </section >
    < footer class = "footer" *ngIf = "todoStore. todos. length > 0">
        < span class = "todo - count">< strong >{{todoStore. getRemaining( ).
length}}</strong > {{todoStore. getRemaining( ). length == 1 ? 'item' : 'items'}}
left </span >
        < button class = "clear - completed" *ngIf = "todoStore. getCompleted( ).
length > 0" (click) = "removeCompleted( )">Clear completed </button >
    </footer >
</section >

//模型 store. ts
//Todo 类型
export class Todo {
    completed: Boolean;
    editing: Boolean;

    private _title: String;
    get title( ) {
```

```
        return this._title;
    }
    set title(value: String) {
        this._title = value.trim();
    }

    constructor(title: String) {
        this.completed = false;
        this.editing = false;
        this.title = title.trim();
    }
}
```

//TodoStore 类型,作为 Todo 的容器,相当于服务器端模型对象的 DAO

```
export class TodoStore {
    todos: Array < Todo >;

    constructor() {
        let persistedTodos = JSON.parse(localStorage.getItem('angular2 -
todos') || '[]');
        //Normalize back into classes
        this.todos = persistedTodos.map((todo: {_title: String, completed:
Boolean}) => {
            let ret = new Todo(todo._title);
            ret.completed = todo.completed;
            return ret;
        });
    }

    private updateStore() {
        localStorage.setItem('angular2 - todos', JSON.stringify(this.todos));
    }

    private getWithCompleted(completed: Boolean) {
        return this.todos.filter((todo: Todo) => todo.completed === completed);
    }

    allCompleted() {
        return this.todos.length === this.getCompleted().length;
    }

    setAllTo(completed: Boolean) {
        this.todos.forEach((t: Todo) => t.completed = completed);
```

```
        this.updateStore();
    }

    removeCompleted() {
        this.todos = this.getWithCompleted(false);
        this.updateStore();
    }

    getRemaining() {
        return this.getWithCompleted(false);
    }

    getCompleted() {
        return this.getWithCompleted(true);
    }

    toggleCompletion(todo: Todo) {
        todo.completed = !todo.completed;
        this.updateStore();
    }

    remove(todo: Todo) {
        this.todos.splice(this.todos.indexOf(todo), 1);
        this.updateStore();
    }

    add(title: String) {
        this.todos.push(new Todo(title));
        this.updateStore();
    }
}

//控制器 app.ts
import {Component} from 'angular2/core';
import {TodoStore, Todo} from './services/store';

@Component({
    selector: 'todo - app',
    templateUrl: 'app/app.html'
})
export default class TodoApp {
    todoStore: TodoStore;
    newTodoText = '';
```

```
constructor(todoStore: TodoStore) {
    this.todoStore = todoStore;
}

stopEditing(todo: Todo, editedTitle: string) {
    todo.title = editedTitle;
    todo.editing = false;
}

cancelEditingTodo(todo: Todo) {
    todo.editing = false;
}

updateEditingTodo(todo: Todo, editedTitle: string) {
    editedTitle = editedTitle.trim();
    todo.editing = false;

    if (editedTitle.length === 0) {
        return this.todoStore.remove(todo);
    }

    todo.title = editedTitle;
}

editTodo(todo: Todo) {
    todo.editing = true;
}

removeCompleted() {
    this.todoStore.removeCompleted();
}

toggleCompletion(todo: Todo) {
    this.todoStore.toggleCompletion(todo);
}

remove(todo: Todo){
    this.todoStore.remove(todo);
}

addTodo() {
    if (this.newTodoText.trim().length) {
```

```
        this.todoStore.add(this.newTodoText);
        this.newTodoText = '';
      }
    }
  }
```

## 3.6　类型转换、校验和数据绑定

我们已经花了不少篇幅讨论 MVC 架构的设计理念,介绍它在各种环境的应用,不过回过头看,MVC 的核心思想十分简单,也是与更早的 IPO 结构一脉相承的,便是将作为业务逻辑的模型从与用户的互动中剥离出来,控制器和视图则分别处理程序的输入和输出。事件编程、前端控制器、程序的控制流程和三者之间的调用方式都只是贯彻这个核心思想的具体设计。从这个角度来看,控制器和视图的主要任务就是将数据在用户输入和看到的形式(用户打交道的数据形式有字符、鼠标事件信息和图形等,这里以最常见的字符来讨论)与程序使用的形式(编程语言里从简单到复合的数据类型)之间进行转换。具体而言就是,控制器将用户输入的字符转换成模型所用的字符串、数字、日期以至矩阵、人员、账户、汽车等各种数据类型的实例,这些实例可能是在用户提交数据后才创建的,也可能是用户输入前新建的或者数据库中已存在的,但共同点是实例本身或它们的字段被用户输入的数据取代。视图负责的则是反过来的过程,模型运算得出的结果,既可能是某种数据类型的实例,也可能是模型本身,被呈现给用户,各种数据类型都被转换成字符串。此时往往依据数据类型、用户习惯以及显示上的方便友好,对字符串施加一定的格式。例如,日期和数字的格式和本地化、列表的分隔符和换行等。在图形用户界面下,视图的布局、控件的选择、显示的样式和风格,实际上可以看作是命令行界面下格式化字符串的扩展。

一个与数据类型转换相关的过程是校验。校验指的是用户输入的字符串被转换成某种数据类型的实例后,模型根据业务逻辑对该类型数据的要求检查实例。比如用户选择的交货日期要在一个星期之后,电子邮箱地址要符合一定的格式。之所以说是模型检查,是因为校验的标准理论上说属于业务逻辑。不过为了程序使用起来更友好,许多校验被从数据类型转换后提前到转换之前,甚至直接禁止不合要求的输入。前者例如非空校验和邮箱地址这样的格式校验,后者例如用日期控件限制输入的格式和范围、只允许向数字字段对应的文本框输入数字等等。

类型转换和校验有大量通用的逻辑和常见的要求,所以 MVC 开发框架往往会提供现成的功能供调用。例如 Spring、JSF、ASP. NET 框架自带的可扩展的转换器(Converter)和校验器(Validator)。

有些环境下用户与模型之间的数据类型的双向更新和转换都由 MVC 框架自动完成,我们就称视图和模型之间实现了数据绑定(Data binding)。此时用户在视图上各个控件里输入的数据会自动更新到模型对应的属性,模型执行业务逻辑后各个属性的最新值又会显示到视图上。如 Windows Forms 的表格控件绑定 ADO. NET 数据表,Spring、JSF 在 HTML 页面元件内容和服务器端模型之间的数据绑定,Lotus Notes 表单上栏位和文档同名条目的自动绑定。这种状况下控制器的工作有时就变得只剩下调用模型的相关方法。假设程序中有一个简单的输入和显示人员信息的表单,包含姓名、地址、身高、生日、电子邮箱地址等字段和一个保存按钮。输入必填的字段后保存,程序会提示操作成功,并且仍然显示该人员的信息。在这个程序中,模型是一个人员对象,能够读写属性值和保存。单击表单上的保存按钮时,身高和生日字段等用户输入的值被转换成数字和日期类型,并被更新到所属的人员对象;保存完成后,表单显示更新的模型,身高和生日属性值被转换成字符串并格式化。如果表单和模型之间有数据绑定,控制器内保存按钮的单击事件处理方法唯一的工作就是调用人员对象的保存方法。

## 3.7　MVC 的意义

在英文资料中,提到 MVC 时以下几个词都可能被使用: Architecture (架构)、Pattern(模式)、Paradigm(范式),最恰当的还是架构一词,因为它描述的是程序的总体结构。在这一点上,它与设计模式的层次不同。设计模式关注的是软件开发中某个具体的场景和问题,提供的是对应的解决方案和最佳实践。所以我们会说单件模式是为了获得某个类型的唯一实例,抽象工厂模式是为了获得一系列类型的实例,诸如此类。MVC 架构针对的却不是这样的具体问题,而是所有图形用户界面程序都遵循的总体结构。应用 MVC 架构后,遇到某个特定问题,仍旧要借助适用的设计模式,然而系统若没有一开始从整体上按照 MVC 架构来设计,即使细节上处理得很好,系统也将随着成长很快陷入一片混乱。假如说开发程序是一个人从 A 点经过一片错综复杂的道路长途跋涉到达 B 点,MVC 架构就相当于总的方向,设计模式则是应对不同路况、天气和身体状况等条件的经验和装备,只有一路保持方向感,才不会迷路和南辕北辙。因而可以说,MVC 架构对于程序员的意义,要比具体的设计模式更大更重要。

　　MVC 是设计图形用户界面程序时被大量实践证明有效和广泛采用的架构,然而从它的本质和扩展的角度看,它的意义和应用范围还不限于图形用户界面程序。在之前的讨论中,我们一再强调 MVC 架构的要义在于作为一个程序核心的模型与负责输入输出部分的分离与合作。在命令行程序时代,输入和输出部分面对的用户信息是字符。在图形用户界面程序中,输入部分处理的是字符和鼠标事件,输出部分生成的是字符和图形。图形用户界面程序之所以繁荣,是因为视觉是人类最重要和有效的信息获取途径,键盘、鼠标和触摸屏是高效的信息输入工具。然而多媒体和人工智能技术的发展,已经使人机界面不限于传统的输入输出方式。语音输入、图像识别、动作感应作为信息系统的输入渠道,在日常工作、生活和游戏中越来越普及。反过来语音播报、游乐设施、机器人、自动驾驶汽车,信息系统的输出也越来越多样化。在这些程序中,模型、输入和输出部分的分离与合作仍然成立,也就是说,程序仍然可以分为模型、控制器和视图,只不过控制器和视图处理的数据形式有所不同。因此,MVC 架构所蕴含的设计理念在这些新领域的程序中仍然实用或者有借鉴意义。

# 第4章

# 界　　面

图形用户界面(Graphical User Interface，GUI)的诞生是人机交互历史上的革命，与之前的命令行界面(Command-Line Interfaces，CLI)相比，它不仅大大降低了使用难度，提高了交互效率，而且开启了全新的计算机应用领域。没有图形用户界面，计算机注定只能继续做科研人员的工具，不可能成为家用电器的一员——个人电脑。对普通 Windows 用户而言，创建文件夹、浏览文件、打开文件这些日常操作一学就会，既直观又方便。而如果他们学过命令行模式下的 DOS 命令，肯定会觉得这种通过敲键盘输入指令和查看文本反馈的方式需要记忆命令、操作速度慢、结果不如图形界面下直观和美观。

然而，用户享受到的这些便利不是没有代价的。同样功能的程序，开发图形用户界面的版本要比开发命令行界面的版本复杂得多。在 GUI 程序诞生之初，使用传统的编程语言和工具开发图形界面程序是令不少程序员望而生畏的挑战。直到编程语言的进化、GUI 框架的产生和开发工具本身借助图形界面，才使得 GUI 的开发变得越来越轻松。GUI 程序运行的环境不同，开发所用的语言和框架更是多样化，撇开这些细节，GUI 开发中也有不少普遍性的值得讨论的议题和思想，例如，自定义控件和复合控件体现的构造界面的不同思路，开发 Web 应用程序时基于请求的框架和基于组件的框架之间的优劣对比。这些都是本章所要探讨的内容，在后半部分则会介绍和分析时下用户界面上流行的极简主义风潮。

## 4.1 以用户界面为中心 VS 以业务逻辑为中心

在不少 RAD 的开发工具和语言的学习过程中,开发者首先接触到的就是应用程序的界面。他们往往可以利用图形化的工具轻松创建出界面,然后给控件添加一些事件代码,一个看得见、可操作的应用程序就做好了。平缓的学习曲线令开发者能迅速入门,低门槛让业余爱好者也能体会到编程的乐趣。Visual Basic 就是靠此大获成功。在这类语言的设计理念中,用户界面占据重要的地位。开发者被引导从用户界面的角度来考虑应用程序。用户的需求体现在一个个视窗里:列表显示多个已有信息,标签、文本框和其他输入控件组成的表单用于输入数据,单击按钮实现各种功能。开发的起点就是设计出这些视窗,代码的组织单元也是视窗。这种理念有一定道理。它是从用户的视角来看待应用程序,用户理解的应用程序不就是由一个个可见的视窗组成的吗?用户心目中的功能和提出的需求不也正是可以看见什么,键盘鼠标操作后会发生什么吗?因此采用这种视角很容易与用户沟通,那么在接下来的设计和开发阶段,程序员如果不有意转换,自然也会延续这种视角。

于是我们看到这种以用户界面为中心的视角以其容易理解和实施的优势,保持到 Web 开发领域。Web 开发初期的编程语言无不具有这样的特点。ASP、PHP、JSP 都是将网站看成由一个个能够动态输出的网页组成。用户从主页被按钮和链接引导向各个网页,编程语言和 HTML 代码混杂而成的文本以页面文件为单元,完成从显示、业务逻辑到数据库读取的所有操作。

然而,以用户界面为中心的缺点随着项目规模的增大迅速暴露出来。用户界面、业务逻辑和数据库读取等不同性质的代码相互缠绕,难以理解和维护,无法进行单元测试,容易出错,又难以解决。用一团乱麻来形容这样的代码毫不夸张。换句话说,采用这种方式开发起步很快,但是速度会陡然下降。为了避免这些缺陷,应该首先设计一个易于理解、方便开发和扩展的结构。设计并按这样的结构来开发,初始时会多费一些时间,但是磨刀不误砍柴工,很快就会收到回报。这样的结构的显著特点就是将程序的用户界面和业务逻辑分开,并且将开发的中心转向业务逻辑。实际上,第 3 章介绍的 MVC 架构就很好地体现了这一点。

## 4.2　设计视图 VS 源代码视图

图形用户界面和命令行界面程序在用户体验上的差别同样适用于开发程序本身。以编辑文本的方式输入代码，修改配置文件，都需要开发人员精确地掌握许多专门知识。如果像普通电脑用户那样点点鼠标、拖动对象、输入几个字符就能完成工作，那就会收到类似的效果——降低难度和提高效率，而这正是开发工具致力的目标。

我们可以把开发环境中的图形界面工作区称为设计视图，传统的文本界面工作区称为代码视图。设计视图在开发的许多领域都取得了巨大的成功。例如，曾十分流行的 Visual Basic，设计应用程序的界面就像搭积木一样简单，将各种控件拖动到表单上，在属性列表中修改某些项目，无怪乎有美国小学生用它来"编程"。

在降低开发的难度上，设计视图的好处是毋庸置疑的。而在提高效率方面，我们刚才说的都是通过图形界面操作的优点，实际上这种方式也有缺点，那就是每一步操作都要人来做。每一步都不同的单次操作很容易完成，但如果有多次类似的操作就既费力又枯燥。例如，在 Windows 的一个文件夹下有 20 个文档，名称从"会议记录 1"到"会议记录 20"，现在想把它们改名成"会议纪要 1"到"会议纪要 20"。在文件管理器的窗口里用鼠标和键盘操作，相同的动作要重复 20 次。而如果打开一个命令行窗口 cmd，转到文档所在的路径，只需输入一行命令就能完成。

ren 会议记录 * 会议纪要 *

设计软件时这种情况同样存在。有时候想一下修改多个对象的属性，例如按钮的字体。在图形界面里想批量达成，有两种途径可循。第一种是选中多个对象，在属性视图中，有些项目的值是不能相同的（如 id），它们就处于不能编辑的状态，而允许有相同值的属性处（如字体、颜色）则可以统一地编辑，新的值会被应用到所有选中的对象。包括 Visual Studio 的很多开发环境都采用的这种方式。第二种方法比较少见，是将某一个对象的某一种属性的当前值复制到其他同类对象上。Lotus Notes 在设计视图时，很多视图列的属性就可以这种方式应用到所有列上。

当任务再复杂一点时，譬如将所有字体为的 Times New Roman 控件的字体改为 Arial,或者要修改的属性分布在多个窗体内,上述设计视图的批量方法也都无能为力了。相反,如果是以代码的形式设计这些对象,利用普通文本编辑器都具备的查找替换功能,就能高效地完成批量修改的动作。

与新手喜欢用设计视图不同,老手在代码视图下编辑的情况更多。熟悉了代表设计对象的代码和它的语法规则后,代码视图往往能提供更精细和快捷的修改。例如,当用户界面上控件的嵌套层次比较多,或者容器控件的显示不突出时,在设计视图上不容易选定要修改的控件,在代码视图里凭借折叠、搜索和大纲能够精确定位,还可以不借助属性视图就地编辑。

设计对象以代码的形式存在还意味着它们自身又可以被其他程序读写,这就为代码分析、自动化生成等等提高软件开发质量和效率的工具开启了各种可能性。

设计视图直观,容易操作,适合于新手、增加内容和让程序员获得整体的感觉。代码视图精确,并能提供高级编辑功能。最好的状况是同时提供二者,以发挥相互补充的作用。但现实的开发工具有些只具备一种。工具只提供配备代码视图的,很好理解,毕竟开发一个可靠高效的设计视图不是一件容易的事。还有些开发工具,在设计某些对象时只有设计视图,程序员看不到源代码。这对于 C、Java 这些语言的程序员或许有些奇怪,难道开发的根本形式不就是写代码,设计视图只不过是为某些情况下编辑代码提供帮助吗?省去代码视图的前提是设计视图在功能上是完备的,也就是说,所有需要添加的对象和修改的属性都能在其中完成,虽然有前面所说的和代码视图的区别。此时省去代码视图有两种可能的原因。

当开发的对象是以代码的形式保存的,程序员在设计视图上的操作被开发工具自动转化为代码上的改动,每一次改动都能保证符合代码的规则。如果同时展现代码视图,不仅要保证设计视图和代码视图的双向同步,而且程序员有可能因为不了解或者无意在修改代码时违背了语法,这就又要增加一系列的设计时语法检查、错误提示等功能。这或许就是 Visual Basic 项目文件中代表表单的.frm 文件虽然是一个文本文件,记录着表单和上面所有控件的属性,本来可以在源代码视图中显示,但是 Visual Basic 只提供设计视图的原因。同样的例子还有 Linux 的桌面环境之一 Gnome 下的图形用户界面设计工具 glade,文件保存为 XML 形式,但是该软件也只有设计视图。

另一种原因则是设计的对象不是以文本,而是以二进制的形式保存在文件中。选择二进制又有很多可能的考量,例如专有技术为了保密、减少文件长度和提高读写速度。Lotus Notes 中的表单就是以专有的二进制格式保存的。

# 4.3　自定义控件 VS 复合控件

图形用户界面设计是应用程序开发中耗时又烦琐的一环,所以4.2节所介绍的设计视图最常见的形式和用途就是用户界面的设计器。我们也讨论了设计背后是代码形式的益处。接下来就来看看,从代码的角度出发,有哪些思路可以提高界面开发的速度。

我们知道代码重用是编程中最重要和普适的原则之一。在面向对象编程的语境中,代码重用的两大途径是继承和组合。这在图形用户界面开发中体现得淋漓尽致。

介绍面向对象编程的教材通常会用类似下面的例子来说明继承。首先有一个类:乐器,它有一个方法:发出乐音。以它为基类创造出铜管乐器、木管乐器和弦乐器三个子类,它们都继承了发出乐音的方法,又增加了类别、发音原理和音色三个属性。再以铜管乐器为基类创造出小号、圆号、长号等类,以木管乐器为基类创造出双簧管、单簧管、长笛等类,以弦乐器为基类创造出小提琴、中提琴、大提琴、低音提琴等类。每个具体的乐器类继承了父类的所有属性和方法,发音原理和音色属性覆盖了父类的值,实现了发出乐音的方法,有些还增加了一些特殊的方法,如双音和和弦。

当然,这些教材一般会画出这些类的类图,十有八九会用英文标出它们的属性和方法名称。本书之所以没有这样做,真的不是因为偷懒和免俗,而是由于这样想象出来的例子最多只能用来抽象地说明继承的概念,与实际的世界相差太远。我们谁见过一个乐器工匠先造出一个乐器,再在它的基础上做出一个更具体一些的弦乐器,最后把这个弦乐器修改修改增加一些功能变成一把小提琴。或者中途改变主意,从一个乐器加工出一根长笛。显然这些都是不可能的。一个做长笛的工匠一开始用的材料图纸就和做小提琴的不一样,以后的工序直到制成都完全不同。小提琴和长笛没有继承自什么共同的基类。实际上上面提到的乐器如此不同,一个从没见过它们的人根本不会把它们划为同一类东西。所谓都属于乐器,类别、发音原理、音色这些属性与其说是它们的共同特征,不如说是人类的大脑为了方便记忆和认识它们而赋予的。

真正能实际说明面向对象编程的继承和多态性概念的例子当然有,各种图形用户界面的编程框架都是很好的范例。例如我们看微软.NET 的 Windows Forms 框架,Button、CheckBox 和 RadioButton 三个控件继承自 ButtonBase 基类,ButtonBase 则和 Label、ListBox、ScrollBar 等大量控件一道继承自 Control。假设最初没有设计这样的控件层次,让一个程序员从零开始写按钮、复选框和单选按钮,他会发现这三个单击触发状态变化的控件的很多方法、属性和事件代码都是重复的,可以将这些代码提取到一个公共的基类 ButtonBase 中。如果让他继续写标签、滚动条和列表框等其他控件,他又会继续发现 ButtonBase 和这些控件有很多代码是可以共用的,于是将它们集中到一个更高的父类 Control。也就是说,这样的类层次,无论在概念上还是代码实现上都是成立和有用的。正是因为这样的原因,Java 图形用户界面的 Swing 和 SWT 框架、Web 用户界面的 ASP.NET Web Forms、JavaServer Faces (JSF)的组件模型,无不构建了各自的控件层次。

　　一般情况下,我们选择的图形用户界面框架提供的控件集合都能满足实际开发的需要。万一没有一个现成控件的显示或功能能满足需求,我们就必须自己开发新的控件。设想这个新控件的名称为 ToggleButton,是能够通过单击在两个状态之间切换的按钮,类似于墙壁上的电灯开关,两种状态的显示也有直观的区别。一个控件包含的属性、方法和事件是相当多的,只要看看 Button 的所有成员列表就能明白,因此从头开始写将会是一个巨大的工程。幸运的是,构建系统控件集合的代码重用方法我们也可以使用。最简单的办法就是让新类 ToggleButton 继承 ButtonBase,这样就只需实现 ToggleButton 异于其他按钮类控件的行为。我们把这样用户开发的继承自某个控件基类的控件称为自定义控件。

　　在实际开发中,更多的情况下设计一个用户界面的窗体或表单时,只是选择系统提供的控件,添加到表单上。我们可以创建一个很复杂的用户界面,但是没有新增一个类。这条代码重用的途径就是组合。我们还可以进一步重用组合出来的用户界面。比如说,在设计一个界面时添加了搜索功能,外观上包括一个文本框用于输入要搜索的信息,一个搜索按钮,一个清空按钮。接下来发现其他用户界面也需要添加搜索功能,每次都添加这几个控件并设置属性、调整外观很麻烦,复制粘贴也好不了多少,而且一旦要调整就要重复多次。自然的想法就是将这些控件作为一个整体,像系统控件一样可以方便地添加,在某个源头修改这个控件组合,所有使用它的地方就会自动更新。我们把这种控件称为复合控件。许多图形用户界面框架和相应的开发工具都能轻松地创建复合控件,并且在设计视图上显示它实际运行时的外观。不难看出,创建复合控件比自定义控件容易很多,能用上它的机会也比后者多得多。

总而言之,自定义控件和复合控件分别以继承和组合的方式实现用户界面的代码重用。稍微值得说明一下的是,虽然支持这两种控件的技术有很多,但是使用的术语经常不同甚至有冲突,两种控件中的任何一种,有的称为用户控件,有的称为自定义控件,有的称为复合控件。

# 4.4　命令式语言 VS 声明式语言

直接使用 Java 或 C♯编写桌面应用程序的用户界面,上百行代码才对应一个极简单的窗体,工作量大且枯燥。采用图形界面设计器自然就成了加快速度的必经之路。然而即使用 GUI 设计器开发界面,让 IDE 替我们自动生成代码,如前所述源代码视图仍然有独特的作用,用更简洁高效的代码来表达用户界面仍然是大有裨益的。图 4.1 显示的是用 Visual Studio 开发的一个很简单的窗体,在一个作为容器的 Panel 控件里只有一个文本框和按钮。

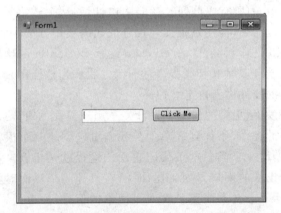

图 4.1　用 Visual Studio 开发的一个很简单的窗体

下面是 Visual Studio 为它生成的代码。

```
///CSharpWindowsApplication1.Form1
namespace CSharpWindowsApplication1
```

```
{
    partial class Form1
    {
        /// <summary>
        ///必需的设计器变量
        /// </summary>
        private System.ComponentModel.IContainer components = null;

        /// <summary>
        ///清理所有正在使用的资源
        /// </summary>
        /// <param name = "disposing">如果应释放托管资源,为 true; 否则为
false。</param>
        protected override void Dispose(bool disposing)
        {
            if (disposing && (components != null))
            {
                components.Dispose();
            }
            base.Dispose(disposing);
        }

        #region Windows 窗体设计器生成的代码

        /// <summary>
        ///设计器支持所需的方法 - 不要
        ///使用代码编辑器修改此方法的内容
        /// </summary>
        private void InitializeComponent()
        {
            this.panel1 = new System.Windows.Forms.Panel();
            this.button1 = new System.Windows.Forms.Button();
            this.textBox1 = new System.Windows.Forms.TextBox();
            this.panel1.SuspendLayout();
            this.SuspendLayout();
            //
            //panel1
            //
            this.panel1.Controls.Add(this.button1);
            this.panel1.Controls.Add(this.textBox1);
            this.panel1.Dock = System.Windows.Forms.DockStyle.Fill;
            this.panel1.Location = new System.Drawing.Point(0, 0);
            this.panel1.Name = "panel1";
```

```csharp
            this.panel1.Size = new System.Drawing.Size(389, 262);
            this.panel1.TabIndex = 2;
            //
            //button1
            //
            this.button1.Location = new System.Drawing.Point(214, 119);
            this.button1.Name = "button1";
            this.button1.Size = new System.Drawing.Size(75, 23);
            this.button1.TabIndex = 3;
            this.button1.Text = "Click Me";
            this.button1.UseVisualStyleBackColor = true;
            this.button1.Click += new System.EventHandler(this.clickMe);
            //
            //textBox1
            //
            this.textBox1.Location = new System.Drawing.Point(99, 122);
            this.textBox1.Name = "textBox1";
            this.textBox1.Size = new System.Drawing.Size(100, 21);
            this.textBox1.TabIndex = 2;
            //
            //Form1
            //
            this.AutoScaleDimensions = new System.Drawing.SizeF(6F, 12F);
            this.AutoScaleMode = System.Windows.Forms.AutoScaleMode.Font;
            this.ClientSize = new System.Drawing.Size(389, 262);
            this.Controls.Add(this.panel1);
            this.Name = "Form1";
            this.Text = "Form1";
            this.panel1.ResumeLayout(false);
            this.panel1.PerformLayout();
            this.ResumeLayout(false);

        }

        #endregion

        private System.Windows.Forms.Panel panel1;
        private System.Windows.Forms.Button button1;
        public System.Windows.Forms.TextBox textBox1;
    }
}
///>
```

这一大段代码有两个特点。一是好懂,对象的属性和方法名称大部分清晰得不需要文档说明。二是乏味,几乎全部是为控件设置属性。而冗长则是最大的问题。能否以更简洁的形式表达这些逻辑呢? 在 VB. NET 中,可以用 With 语句在给控件设置属性时,省去反复书写控件变量;在 C♯ 3 中,能够用对象初始化器(Object initializer)特性取得类似的效果。然而,真正给予我们启发的是 Web 开发。从网页诞生的那一天起,各种复杂精致的页面都是用一种截然不同的语言——编写的 HTML。如果以那样的风格来重写上面的例子,会是这样的代码。

```
< Window x:Class = "WPFApplication1.MainWindow"
        xmlns = "http://schemas.microsoft.com/winfx/2006/xaml/presentation"
        xmlns:x = "http://schemas.microsoft.com/winfx/2006/xaml"
        Title = "MainWindow" Height = "350" Width = "525">
    < Grid >
    <! -- 注意此时控件添加事件处理程序是以 XML 元件的属性的方式.对应的控制器代码中包含名称为该属性值的事件处理方法. -->
        < Button Content = "Click Me" Height = "23" Name = "button1" Width =
"75" Margin = "0,147,118,141" HorizontalAlignment = "Right" Click = "Submit"/>
        < TextBox Height = "23" Name = "textBox1" Margin = "116,147,257,141" />
    </Grid >
</Window >
```

实际上这就是微软的 Windows Presentation Foundation 采用的方案。运行效果如图 4.2 所示。

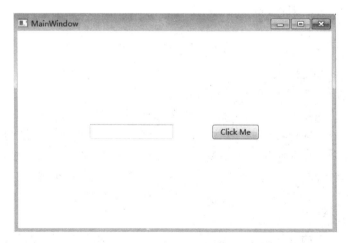

图 4.2　用 WPF 框架开发的与上面类似的窗体

终于,代码的简洁可以与实际界面相比。控件和属性一目了然,而且原来的C♯代码中不明显的控件包含关系也显示得很清楚。究其原因,这里所使用的XML是一种与C♯理念上完全不同的语言。C♯、Java等都属于命令式语言,顾名思义,包含的是程序应该怎么做的一条条指令;XML属于声明式语言,只列出了程序要达成的目标。简单来说,声明式语言说的是做什么,命令式语言不仅如此,还要指出怎么做。两者各有擅长。具体到设计用户界面的场合,命令式语言所用的指令大多数是创建对象、设置属性,没有特别的算法,这样的信息用XML完全能表达。而XML的语法使得每个控件的声明和属性集中简明,所以格外适宜。正因如此,各种图形用户界面框架都积极采纳XML来定义界面。微软有XAML,Java有官方推出的JavaFX和其他许多第三方的语言,Mozilla浏览器的界面采用XUL,所以整个浏览器的界面都和网页一样可定制,Android的用户界面设计最容易的方式也是凭借XML文件。

## 4.5　内容与外观的分离

将上述桌面和移动端GUI技术下定义界面的XML文件与网页相比,就会发现少了一类文件——CSS。以XAML(Extensible Application Markup Language)为例,一个控件的所有属性都定义在其对应的XML节点里,包括定义控件外观的属性,例如字体、颜色、与边框之间的填充空白。而网页则通常遵循内容和外观的分离。内容或者说结构定义在HTML文件中,外观则由独立的CSS负责。这样做的好处是很明显的。从大的角度说,它符合计算机科学通行的关注点分离(Separation of concerns)的原则。程序员可以专注于网页的内容,将外观交给更擅长于此的设计师。将一套CSS应用到一个网站的几十成百个网页上,比在同样多的表单上修改一堆控件的外观属性方便快捷得多。一个公司能够很好地统一旗下所有网站的风格,强调外观和个性化的网站能够根据用户的喜好更换皮肤和主题。或者可以反过来说,假如没有CSS,互联网其他方面不会受太大影响,但绝不会像现在这样美。丰富多彩、令人眼花缭乱的网页正是得益于CSS让设计师进入了网页开发的领域。

一个自然的想法就是在桌面端GUI中引入类似的技术。这里说的不是市面上已有的诸多用HTML 5、CSS和JavaScript开发跨平台应用程序的技术,而是在现有的 GUI 框架中实现内容和外观定义文件的分离。JavaFX 对 CSS 的支持就是一个很好的范例。

## 4.6 基于请求的框架 VS 基于组件的框架

前面谈到图形用户界面开发时,无论是使用系统提供的控件还是开发自定义控件,采用可重复使用的组件都是当然之选,通过高质量的代码重用,既提高了开发效率,又保证了质量。然而,这个似乎放之四海皆准的原则在 Web 开发领域却不那么适用。

服务器端的 Web 框架可以分为基于请求的(Request-based)和基于组件的(Component-based)两大阵营。前者的代表有 Struts 和 Spring MVC 等,后者的成员则有 JSF、Tapestry、ASP. NET Forms 等等。基于请求的框架用于描述一个 Web 应用程序结构的概念和传统的静态 Internet 站点一样,只是将其机制扩展到动态内容。对一个提供 HTML 和图片等静态内容的网站,网络另一端的浏览器发出以 URI 形式指定的资源的请求,Web 服务器解读请求,检查该资源是否存在于本地,如果是则返回该静态内容,否则通知浏览器没有找到。Web 应用升级到动态内容领域后,这个模型只需要做一点修改。那就是 Web 服务器收到一个 URL 请求(相较于静态情况下的资源,动态情况下更接近于对一种服务的调用)后,判断该请求的类型,如果是静态资源,则照上面所述处理;如果是动态内容,则通过某种机制(CGI、调用常驻内存的模块、递送给另一个进程如 Java 容器)运行该动态内容对应的程序,最后由程序给出响应,返回浏览器。在这样一个直接与 Web 底层机制交流的模型中,服务器端程序要收集客户端以 GET 或 POST 方式提交的数据,转换,校验,然后以这些数据作为输入,运行业务逻辑后生成动态的内容。

基于组件的框架采取了另一种思路,它把长久以来软件开发应用的组件思想引入到 Web 开发。原本文档形式的网页被视为由一个个可独立工作、重复使用的组件嵌套而成的树结构。服务器端程序所做的数据收集、转换、校验的工作都被下放给各个组件。每个组件都能接受用户的输入,负责自己的显示。现代 Web 框架基本上都采用了模型、视图、控制器相分离的 MVC 架构,两大分类框架最主要的区别在视图部分。基于请求的框架仍然把视图也就是网页看作是一个文档整体,程序员要用 HTML、JavaScript 和

CSS 这些底层的代码来写"文档"，而基于组件的框架则把视图看作由"积木"一样的构件拼成，"积木"的显示不用程序员操心（当然它们也是由另一些程序员开发出来的），只要设置好它绑定的数据和调整它的属性，把程序员从编写 HTML、JavaScript 和 CSS 这些界面的工作中解放出来。

　　两种类型的框架的优劣似乎很明显——基于组件的框架封装了基于请求的框架在视图方面的细节，节省了程序员的精力和时间，是一种进步。正如在桌面应用程序的开发中，基于界面组件（控件）的框架是各种技术的共同点，Visual C++、Delphi、PowerBuilder、Java 等等都是如此，没有人会想去用底层的 GUI 接口自己去画一个个窗体、菜单、树目录。但是 Web 应用的界面开发却有很大不同。在过去近 20 年时间里，Web 应用开发是最热门的领域，技术演变速度很快，浏览器端的技术更新毫不夸张地说是日新月异。从前端开发的角度看，浏览器的竞争和升级、HTML、JavaScript、CSS 等前端技术和编程模式的进化使得任何基于它们的程序的更新周期大大短于桌面应用程序的图形用户框架。Chrome 浏览器每隔六周发布新版，各种 JavaScript 库更新频密不用说，整个库的生命都只有短短几年时间，谁还记得当年火热的 Prototype、script. aculo. us、Ext JS、MooTools 和 YUI？一个控件库要支持当前主流的四五种浏览器的至少两个版本，要及时修补 bug，要不断增加功能，要跟上新技术和外观审美的趋势，要获得足够的流行程度和社区支持，才能在后浪推前浪的局势中生存得久一点。

　　在这种情况下，基于请求的框架由于让程序员直接编写视图代码，更能跟上浏览器端快速变化的节奏。在基于组件的框架中，页面被抽象成组件树，HTML 只是组件的特定方法（不妨称之为 Render）输出的字符串。由于多了这一层包装，在 Render 方法里编写 HTML、CSS 和 JavaScript 比在文本文件里编写更复杂冗长。对于一次性编写、反复使用的组件，这还不是大问题。关键在于作为成果的前端代码频繁需要更改和升级，一个 Visual Basic 的控件可以稳定使用很多年，一个 JSF 的服务器端组件则需要靠打修复包和版本升级来延长生命。对于组件的用户，一旦发现有 bug，即使选择的是开源的技术，想要自己修复就比基于请求的框架的情况下难得多。

　　以上对比进一步发展的结果就是，近年来出现的页面不经过服务器端生成，完全由静态的 HTML、CSS 和 JavaScript 构成，动态的部分和与服务器端运行的逻辑之间的交互依靠 Ajax 调用 RESTful 服务然后运行 JavaScript 修改页面完成。

　　由此可见，基于组件的框架虽然可以提高界面开发的效率，但组件的质量难以长期保证。采用对于基于请求的框架,程序员要多写一些代码,不过也因此可以更精细地控制最终决定界面的 HTML、CSS 和 JavaScript,特别是如果要在界面上有创新,尝试新的视觉效果和用户操作,必然选择基于请求的框架。

　　基于以上的原因,表面上看起来省时省力的基于组件的框架竞争不过它的对手——基于请求的框架。JSF 虽然是 Java 官方的 Web 开发技术,但在市场上从来没有成为过主流,最受欢迎的一直是 Spring 这样的基于请求的框架。微软最初基于组件的 ASP. NET 也没有复制 Visual Studio 在桌面领域取得的成功,最终转变为基于请求的 ASP. NET MVC。其他 Web 开发技术也莫不如此,例如 Python 的 Django。

## 4.7　极简主义

　　至今我还清楚地记得 1999 年上大二时,开始一项那时刚刚兴起不久的时髦活动——上网。去遍地开花的网吧上一趟网,现在回想起来感觉就像女孩子上街逛一趟商场。点开桌面上蓝色的字母 e(IE 浏览器)图标,就打开了传说中神秘的四通八达的互联网的大门。对我这样刚熟悉浏览器用法的新人,互联网也就意味着彼时颇为热门的几家大网站,其中之一是雅虎——集门户网站和搜索引擎于一身的网络巨头。我有时会用它首页上的搜索功能,因此注意到搜索界面边上有一行字:Powered by Google! 凭借庞大的词汇量和对语法的深刻把握,我理解这句话的含义,好奇雅虎这样一个著名的大网站,搜索功能竟然是由另一家公司提供的,于是点击该行文字的链接。打开的页面更让我大吃一惊,对,就是 Google 十八年前的主页。现代人如果穿越回去,在所有的网站中,最不会感到陌生的应该就是 Google 了,它和现在的主页几乎没什么两样,在 Google 彩色字母下,有一个长长的文本框和两个搜索按钮,其余几乎是一片空白。虽然当时不知道搜索引擎于互联网的重要性和 Google 在搜索领域的革命性突破,但这样一个极简的界面给我留下了深刻的印象。它不同于其他网站用文字和图片占满整个页面,而是清晰和强烈地告诉你,它只做一件事——搜索。Google 作为当时新兴的搜索引擎公司,突出地强调自己领先同行的服务,也是唯一的服务,它的网站如此设计或许有这样充分和实用的理由,不过在 Web 发展了近二十年之后再回顾,Google 网站无疑成为 Web 领域极简主义设计的先驱。

极简主义在计算机技术中并不是新生事物。早期的计算机硬件资源十分有限。最早一批的个人计算机配备的 8 位（8-bit）CPU，整个地址空间只有 64KB，8KB 或 16KB 的内存司空见惯，最常见的外部存储介质 5.25 英寸软盘的空间约为 100KB；著名的 GNU Emacs 文本编辑器因为要占用 8MB 左右的内存而被当时的人视为庞然大物。可想而知，在这样的环境下，程序员要如何尽力追求代码的简短和可执行文件的细小，简洁自然成为那个时代程序的风格，并且影响了包括 UNIX 和 GNU 系列软件的设计理念。经历了个人计算机的廉价硬件和强大功能后，智能手机、平板电脑、上网本等移动计算设备刚出现时，CPU、图形芯片、内存、电池等硬件资源不如 PC，再次让俭省程序的功能和界面成为必要。以上讨论的极简主义多多少少都源于硬件的局限，是为满足硬件的状况"被迫"采取的风格，接下来详细讨论的另一类极简主义却有着完全不同的驱动力和内涵。

## 4.7.1　用户界面上的极简主义

极简主义（Minimalism）是最近十余年来软件和 Web 设计领域最显著的潮流。极简主义的设计可以被描述成减少界面上用户当前不需要的内容、功能和元素，以达成的一种简洁、实用和美观的风格。对于风格的描述，抽象的定义往往不如直观的印象让人感受鲜明。现在极简主义的网站和软件随处可见，那些让人眼前一亮的外观上简洁美观、操作上直观方便的应用在设计时都有意无意地采用了极简主义的理念。对用户来说，极简主义主要是体现为一种简洁的感受，而简洁与其他一切比较性质的形容词一样，都有相对的另一极。简洁对应的就是繁杂，极简主义对应的是有时被称为极繁主义（Maximalism）的风格。实际上，如果没有见识过网站发展初期的普遍风格，对现在的极简主义体会也就不会那么深。彼时的网页通常被链接、文字、静态图片、动态图片、漂浮图片、Flash 挤得满满当当，还不时有弹出窗口和动画，页面用色大胆而喧闹，各种亮色调争奇斗艳，将中国传统的菜市场和香港闹市夜间摩肩接踵的霓虹灯箱糅合在一起就与这种风格相差不远。网页的设计者似乎觉得要在一个屏幕上将尽可能多的信息呈现给访客才算负责，同时他们和广告商又想一展十八般武艺，用各种吸引眼球的手段来争取访客的注意力。不知不觉间，风潮开始转变。也许网民对拥挤、嘈杂和侵入性的风格之反应和不满传递到设计者那里，也许经历了初时的兴奋后网页的设计者开始像其他领域的设计者一样注意到简约带来的美感，也许是极简主义的先驱者的示范作用,也许移动计算设备的小屏幕对传统的设计不堪重负……网站、Web 应用、软件、操作系统都开始跟随新的潮流。

作为一种外观上的风格,软件用户界面的极简主义设计源于第二次世界大战后首先在美术、建筑和工业设计等领域兴起的风潮。各种形式的作品显示出一些共同的特点:单色调、几何图形、规则的布局等等。建筑师 Ludwig Mies van der Rohe 直截了当的口号"Less is more"大概是极简主义最有名的宣言。但比起这种禅宗式的格言,一个更具操作性的实践原则是"Subtract it till it breaks",即一直删减下去,直到出问题;换句话说,除非一样东西不在时会导致整体出问题,否则就应该把它去掉。

## 4.7.2　删减的对象

现在我们可以把极简主义的定义展开,详细讨论它的内涵和应用。用户界面上可删减的对象分三个层次来分析。

### 1. 内容和功能

内容和功能就是网页或软件在界面上展现给用户的信息和可操作的元件。按照极简主义的风格,页面上的信息要避免繁杂和拥挤。分类有规律,信息有层次,文字之间、栏目之间有填充空白,主体内容清晰突出。同时展示大量无关的信息,增加了用户的理解难度。页面信息密度过高,看似充分利用空间,实际上降低了所有信息给用户的印象。类似的道理同样适用于功能之呈现,与其在一个界面上列出大量功能,不如没有干扰地突出展示少数用户当前最需要或关心的功能。例如 Google 网站的搜索、开源项目网站醒目的下载链接、旅行网站首页突出的订票选项。

### 2. Chrome

Chrome 原意指铬合金,这种亮闪闪的金属常用来做边框、把手、翼条等引人注目的部件。移植到软件的用户界面设计领域,就指与内容相对的用户可操作的或提供相关信息的界面元件。这里的内容指的是我们在网页和软件中阅读的文字、图表等信息和工作的对象,如文字处理软件中的文档、图像编辑软件中的图像。比如曾经一个桌面应用程序标准的用户界面包括顶部自上而下的标题栏、菜单栏、工具栏、中间的工作区和底部的状态栏。工作区内还可能有特定于某个程序的导航框、元件框、属性框等区域。这套组合深入人心,以至于 Web 应用发展初期还有不少公司将页面模仿该风格来设计。这些区域除了呈现工作对象的工作区,都属于 Chrome。一个传统的网站页面的经典布局则包括标志栏(容纳公司或组织的标志、标语和背景图片)、水平导航栏、内容区和页脚。内容区还可能包含路径导航栏、垂直导航栏、相关信息链接、底部分组信息链接等。这些区域除了显示主体信息的内容区,都属于 Chrome;伴随信息的背景图片、链接采用的不同颜色和下画线、表格的边框等等装饰性或功能性的元素也属于 Chrome。

Chrome 给用户提供了与当前内容相关的功能和信息,某种情况下都是有用的,但问题是它们和内容分享屏幕空间,当占据的空间太大时,就会影响用户对内容的关注和工作效率。程序员都知道在一个不够大的显示屏上使用某种集成开发环境时,各种工具窗口蚕食屏幕空间,设计或代码窗口有时就过于狭小,不便于查看,需要最大化窗口。类似地,人们在阅读和浏览文档和图像时,有时也会觉得内容以外的软件界面占据了过多空间或分散了注意力,就会使用软件的全屏功能。随便到一个新闻或论坛网站,分别打开首页和一个链接,按照内容和 Chrome 的标准来检查两者占据的空间,你会吃惊地发现大多数页面的内容(首页的文章标题链接、内页的文章正文)自上而下超过了页面高度的一半甚至到 70% 才开始;也就是说,如果读者不向下翻页,第一屏的空间基本上被网站的各种标志、功能链接、相关信息、阅读人数、分享工具等五花八门的 Chrome 消耗了。Chrome 会累加。我们在 Windows 下打开一个浏览器,桌面底部的任务栏是操作系统的 Chrome。用浏览器打开论坛的一条帖子,标签栏、地址栏等区域是浏览器的 Chrome。再加上帖子页面上的 Chrome,第一屏正文占据的空间可能只有整个显示屏的 20%。

针对上述例子所暴露的问题,极简主义的理念是提高内容对 Chrome 的比例。用户浏览或工作于内容时,与当前任务无关的 Chrome 都可以除去。Google 的 Chrome 浏览器(名称上颇为巧合)再次成为践行这一理念的先行者。曾经的浏览器用户界面自上而下分别是标题栏、菜单栏、工具栏、地址栏、页面区、状态栏,到 Chrome 浏览器变为标签栏和标题栏合一,地址栏和工具栏合一,页面区、菜单栏和状态栏被除去,页面占据的空间比例大大提高,整个用户界面看上去也更清爽。

### 3. 元素

极简主义不但提倡减少 Chrome 的比例,还要降低它们的华丽程度。在此之前,Web和软件的用户界面设计大量运用高亮、阴影、渐变色、丰富的色彩、纹理、模仿真实世界的图像等手段,以达到三维、拟物化和现实化的效果。极简主义则代之以简单的色彩、抽象和二维的扁平化设计。Google、微软和苹果这些大公司的标志、网站和产品风格的转变都是这股潮流的明证。

## 4.7.3 方法和特征

对上一节描述的对象运用极简主义的理念,已经形成一些典型的方法和特征。

### 1. 减少内容和功能

最大化负空间。负空间(Negative space)就是指界面上除了内容和功能以外的空白。空白作为背景,突出了剩余的内容和功能。与内容密集的布局相比,大面积的空白能有效地将用户的注意力集中到设计者所希望的地方,降低他们理解和使用所需的脑力水平,并且获得一种简洁的美感。

### 2. 减少 Chrome

1) 折叠菜单

跟随 Chrome 浏览器的潮流,许多应用程序都省去了菜单栏。当用户需要访问菜单时,需要单击一个菜单按钮。它现在经常被标准化成一个汉堡包按钮,第一次看见这个名词的读者朋友千万不要被它高度学术化的外表吓到,等你在浏览器、App 或网页上找到这个看上去像数学全等符号和少先队大队长标志的三条杠,你一定不会怀疑它命名者的吃货本色。有些软件如 Chrome 浏览器更进一步,将三条杠简化成三个点。这种将菜单折叠进一个按钮的方式实际上是菜单本身的延伸——菜单栏里的每个项目就包含了一系列的子项。类似的方法还包括将与当前内容有关的菜单项中一部分较不常用的折叠到一个"更多"项里。

2) 召唤菜单

菜单被彻底隐藏到连汉堡包按钮都没有时,让它显示就需要用户进行某个操作。比如 Firefox 浏览器中按下 Alt 键以及 App 里无处不在的长按屏幕显示上下文菜单。

3) 动态上下文菜单

与某个内容有关的菜单只有当用户以某种形式选中它时才显示。例如

Gmail 在邮件列表里选中某行邮件后，才会出现对该邮件可以施加的操作菜单；Web 应用中常见的鼠标悬浮于链接或图片等对象上时出现的动态菜单；触摸屏上的图像类 App 轻触当前图像时显示的功能菜单。

可以看出，这些关于菜单的手段并不是极简主义潮流兴起后才诞生的，传统的程序用户界面设计已经运用了很多道理相同的方法。Windows 的开始按钮可以看作操作系统的汉堡包按钮。鼠标右键快捷菜单就是被召唤出的上下文菜单。选中对象后出现的上下文菜单在操作系统和应用程序中也很普遍。只是传统上它们是用户交互的一种设计，到了极简主义中就有了减少 Chrome 的诉求。

### 3. 减少元素

**1）简单的配色**

极简主义在使用色彩上十分节省和克制。一种常见的方案是基本使用两种颜色的组合：某种灰黑色加上另一种代表网站或软件风格特征的颜色，如绿色、蓝色、橙色。另一种更极端的则几乎使用单色调——浓淡不同的灰色，仅仅在少数为了增添效果和给用户已操作提示的地方，如鼠标悬浮于可点击的项目上，才使用另一种鲜明的颜色。

**2）扁平化设计**

扁平化设计出现前，软件和网站用户界面设计流行的是立体化、拟物化和现实化的风格。立体化利用透视法和光影的手段使屏幕上的元件呈现三维的效果，以给用户提供这些元件的状态信息和功能提示。例如选中的标签呈现突出的效果、按钮凸起、输入框凹陷。拟物化使某种数字产品的外观模拟真实世界的对应物，以让用户根据过去的经验了解该数字产品的用途和用法。例如，很多电子书软件都曾有一个模拟书架的界面。现实化在手法上与拟物化类似，不过其目的不是为了给用户某种提示，而仅仅是为了美观。例如，牛奶网站上的牧场和奶牛的图片，客栈网站上木质小屋的背景。这些风格在实现其各自目的的同时，有着视觉上过于醒目逼人、分散用户注意力的缺点。扁平化设计是对这些风格的反动，它采用抽象的平面图案，避免华丽的效果，让 Chrome 变得低调，界面从而显得干净清爽。两种风格的转换或许反映了时代的演变。拟物化和现实化可以看作人类刚进入数字化环境时，还希望看到熟悉的现实世界的某种反映；等到已经习惯数字化环境，便不再需要把其中的物件看成现实中某种物件的类比，而是能舒服地接受数字化环境是一个独立的世界，其中的物件外观有自身的标准。

## 4.7.4　防止过度

可以看出,上面讨论的用户界面设计上的极简主义与本节开始时介绍的由于硬件的限制而力求程序的精简有很大的不同。界面设计的极简主义不是以机器为导向,而是以人为导向的,是为了改善用户体验——获取信息时更舒适,使用功能时更轻松,在实用之外还追求一种简洁之美。而正是最后这点美学上的追求如果趋于片面和极端,也会反过来给界面所属的系统的可用性带来负面影响。

### 1. 可操作元件的辨识性降低

软件用户界面上的各种可操作元件在历史上已经形成了一套用户熟悉的规范。例如,链接的蓝色文字和下画线、按钮与周围背景可区分的外观、界面顶部的菜单栏等等。当极简主义改变这些可操作元件的外观时,用户辨识和找到它们就会有困难。比如有些网站上的链接和普通文字使用同样的字体、大小和颜色,用户要将鼠标逐个悬浮才能辨别哪些是链接;又有所谓幽灵按钮(Ghost button)除了一个矩形的边框围绕着标题,按钮内外的显示毫无区别,也只有鼠标悬浮于其上甚至点击,用户才能获知那是按钮。因此好的设计尽管可以不像传统的立体化那样营造突出的、华丽的效果,但也要注意给用户提供足够的视觉提示,并且要创造一致的标准的风格,以便用户能熟悉,而不是每到一个系统里就要摸索学习设计者的发明。

移动网络的重要性让有些网站的设计者采用移动优先(Mobile first)的策略,把手机的小屏幕作为网页针对的首要显示环境。自适应网页设计(Responsive web design)又让他们为大小不同的屏幕设计同一套网页。这样一来,有些在手机上合适的 Web 设计就被他们带到了大屏幕上,导致水土不服。例如前面提及的汉堡包按钮,在手机上恰当,是因为手机的小屏幕使得显示空间寸土寸金,菜单项全部显现会大大挤占内容的可用空间,将菜单折叠到一个汉堡包按钮里,可以有效地提高内容对 Chrome 的比例;然而在个人计算机等设备的大屏幕上,将一行菜单压缩进一个汉堡包按钮,节省的空间对于提升内容对 Chrome 的比例帮助不大。另一方面,在小屏幕上按钮相对较大,不容易被忽视;在大屏幕上,用户对顶部导航菜单的习惯,以及小小的按钮容易被忽略,都降低了系统的可用性。所以在减少 Chrome 时要注意其目标不是越少越好,而是要达至合理的比例。

### 2. 操作步骤增加

减少 Chrome 所采用的隐藏、召唤和动态菜单不仅增加了用户发现程序功能的难度,而且即使在他们掌握后,还是会增加使用某一功能所需的操作步骤。原来不论你看或不看,菜单都静静地躺在那里。现在用户必须首先耗费一两步操作令菜单显示,才能开始实质性的操作。这样隐藏菜单是否值得就取决于它带来的提升内容对 Chrome 的比例之好处与操作成本的增加之坏处相比,何者更大。如果在一个应用程序的典型使用场景中,用户很少会使用菜单里的功能,那某种形式的隐藏菜单就是正当的。例如浏览器,大部分网民上网时无须使用其菜单中的功能。而倘若用户在正常使用一个系统时需要经常访问其菜单,就应该让它一直显现。例如,大部分网站的导航、文字处理软件的工具栏、IDE 的菜单。

### 3. 简洁之美的主观性和适用范围

美有很多种,不仅囿于简洁一种风格。空山新月是美,枫林尽染也是美。不同的人对美的偏好不同,即使都钟情简洁,对简洁到什么程度才算美也会有分歧。审美的主观性就让极简主义没有统一的标准。国外有许多艺术家的网站,简洁到只用灰色和黑色,首页上只有寥寥几个单词,欣赏喜欢的人有,觉得冷清枯燥的人肯定也有。实际上,为了抵消极简主义前述方法可能引致的单调乏味的效果,设计者有时也会在其他方面加入繁华的元素,例如在文字上使用变化的字体和颜色、使用大幅或满屏的图片和视频。再者,网站和程序的性质和目标用户也决定了其各有适合的风格。针对年轻人的音乐、时尚和消费品网站在用色上就可能活泼丰富一些。追求尽可能逼真和生动的电子游戏也不会青睐扁平化设计。

# 第 5 章

# 数　据　库

　　数据库是为了存储和查询大量现实的或虚拟的数据而建立的软件系统。为此首先要将形形色色的数据对象抽象成统一的模型。使用最广泛的是实体-关系(Entity-Relationship)模型,实体对应的就是日常所说的物体、对象,关系则刻画它们之间的联系【注:表达和理解这类最基本的概念,适宜的方式是举例和诉诸直觉,而很难以分析的语言用其他概念来定义,不过我相信读者朋友对这些基本概念都很熟悉,无须赘述】。数据库必须以某种形式表达实体和关系,并实现对其的存储和查询。选用不同的形式和相应的理念,就构成数据库不同的模型。长期以来,关系型数据库以其成熟的理论和实现、诸多优良的特性,几乎是数据库的代名词。然而从 20 世纪末开始,NoSQL 成了数据库领域的热词。这对关系型数据库一统江山的局势构成挑战者的大家族,八仙过海,各显神通。按数据模型,主要可以分为以下几种:

　　(1) 文档型——MongoDB、Apache CouchDB、Couchbase、Lotus Notes。

　　(2) 宽列型——Cassandra、HBase、BigTable。

　　(3) 键值型——Redis、Couchbase【注:Couchbase 的设计同时包含文档和键值】、MemcacheDB。

　　(4) 图型——MarkLogic、Neo4J。

　　以上列举当然没有穷尽 NoSQL 数据库,之所以选择它们,或是因为市场占有率较高,或是因为出自 Google、Facebook 这样的互联网巨头。这其中最成功的是文档型数据库 MongoDB,根据 DB-Engines 按照数据库流行程度的排名,MongoDB 自 2014 年来就稳居前五名(2017 年,又攀升到了第四名),而其他四名都是历史悠久的关系型数据库——Oracle、MySQL、Microsoft SQL Server 和 PostgreSQL。MongoDB 成功进入被关系型数据库垄断的第一阵营,在占有率上被它们远远甩在后面的其他竞争者中,若只比较 NoSQL,另两种文档型数据库 Apache CouchDB 和 Couchbase 也名列前茅。

随着这股潮流出现的便是一系列关于文档型数据库的问题:文档型数据库有何优点? 它和关系型数据库有哪些差别? 这些差别会怎样影响到使用它们的应用程序? 关系型数据库会式微吗? 本章就将从数据库的本质出发,全面分析和比较两类数据库的理念和设计,通过这些分析不仅能回答以上问题,还可以让读者对抽象的数据库理论有更透彻的理解。

## 5.1　多值与复合属性

关系型数据库用来代表实体和关系的形式之单元是记录,文档型数据库的单元是文档。记录依托的是关系代数中的关系概念,通常被描述成表格中的行那样的一维结构。【注:为了更具体和有针对性,以后的讨论都使用关系型数据库的术语(如表、记录),而不是用关系代数的对应术语(如关系、元组)。】文档则可以容纳集合的和层次的数据,就像通用的文档格式 XML 和 JSON 做的那样。将一个实体保存到关系型数据库中时,常常要将它拆成多条记录,记录之间以外键联系。反观用文档型数据库保存实体时,经常用一个文档就能对应一个实体。探究造成此差别的因素,结构上的原因正是关系型数据库中字段值一般是简单的、单值的,而能够容纳多值和复合属性是文档型数据库的标志之一(冗余和效率等其他影响设计的因素以后也会被提及)。关系型数据库真的不能采用多值和复合数据类型吗? 如果不能,为什么长久以来遵循这样的原则? 两种数据库模型在处理属性上的差异值得详细讨论。

实体被映射成记录,用于描述实体的属性对应记录的字段(列)。实体之间的关系依照其间的映射基数(Mapping cardinalities)即一对一、一对多和多对多的种类分别用实体记录的字段或专门的记录来表达。源于其背后的关系代数,关系型数据库在建模刻画数据时,表现出数学的严格性——所有要被建模的数据都被包含,并且尽量减少数据的冗余——一分不多,一分不少。前者很好理解,后者则是为了两个目的:一是减少冗余数据所导致的存储空间浪费;二是避免重复可能带来的数据不一致。冗余意味着同样的数据出现在两个或更多的地方,当这些数据被更新时就必须在它们所在的每一处进行,这就导致了复杂性和成本增加,并且可能因为某一处更新失败令数据处于不一致的状态。为了实现上述建模的目标,主要是减少冗余,关系型数据库的设计引入了一系列的范式。改变表的模式以使其符合某个范式的过程称为正规化(Normalization)。我们以常用的前两个范式为例来分析它们的含义和影响。

## 5.1.1  关系型数据库模式的第一范式和第二范式

函数依赖(Functional dependency)是用来分析关系型数据冗余和约束的理论工具。函数依赖的思想很简单,为了简便,下面不采用其严格的定义,而只是用普通的语言讨论其内涵。我们常常会看到一个表中若干字段的数据像凝固成一个整体一样,以可操作的语言描述,就是某些字段的值决定了另一些字段的值。这里决定的意思是对于任意一条记录,前者取一定值时,后者必然取一个确定的值,也就是说,不可能出现两条记录,其中前者字段的值相同时,后者字段的值却不同。用数学的语言可以说后者字段的取值是前者字段取值的单值函数。我们不妨把前者字段称为被依赖字段,后者字段称为依赖字段。被依赖字段可以是单个,也可以是一个集合;单个时函数依赖现象很明显,集合时就不那么直观。例如表 5.1 由 a、b、c、d 四个字段组成,d 字段的值依赖于 a、c 字段的集合;b 字段则不然。

表 5.1  一个含有函数依赖字段的表

| a | b | c | d |
|---|---|---|---|
| 0 | 0 | 0 | 0 |
| 1 | 0 | 0 | 2 |
| 0 | 0 | 1 | 1 |
| 1 | 1 | 0 | 2 |

很显然被依赖字段集合本身及其任何子集都依赖于该集合。假如一个表的所有字段组成的集合依赖于其某个子集,该子集就能被用于唯一确定(Identify)表中任何一条记录(当然前提是,表中的记录组成一个集合,不存在两条完全相同的记录),即任意两条记录在该字段子集上的值都不完全相

同。这样的字段子集依照其作用就被称为表的超键（Superkey，或译为超码）。之所以称之为超键，是沿用集合论的术语，集合 a 是集合 b 的子集，则称集合 b 是集合 a 的超集，显然任何包括一个超键的更大的字段子集也能唯一确定表中任何一条记录。一个超键，如果再也不能减少字段，就被称为表的候选键（Candidate key）。候选键中被表的设计者选来区分记录的键被称为主键（Primary key）。一个表中包含的其他表的主键称为外键（Foreign key），主要用来维持表之间的关系。以后示例表中主键所在的列名称用大写字母标示。

假如一个字段集合只决定所属表的另一个字段子集，而不是所有字段，也就是说，不是表的超键，那些依赖字段集合的数据就形成冗余，因为两条记录的被依赖字段值如果相同，依赖字段的值就必然重复。如表 5.2 所示，a 字段是表的主键，c、d 字段依赖于 b，但 b 不是表的超键，c、d 字段的数据就有冗余。

表 5.2   一个由函数依赖导致数据冗余的表

| A | b | c | d |
| --- | --- | --- | --- |
| 1 | 0 | 橘子 | 黄色 |
| 2 | 1 | 苹果 | 红色 |
| 3 | 0 | 橘子 | 黄色 |
| 4 | 1 | 苹果 | 红色 |

为了消除这种冗余，关系型数据库有第二范式（Boyce-Codd 范式），它要求对于表中的所有函数依赖，要么被依赖字段是表的主键，要么依赖字段是被依赖字段的子集。容易看出，类似上面例子中的那种函数依赖不符合这两点要求，因而要被排除掉。排除的方法就是把表的字段拆为两部分：一部分是被依赖字段和依赖字段的并集，另一部分则是表的字段全集除去依赖字段对被依赖字段的差集。这种方法对具体的例子很直观，上面的表就会被拆成表 5.3 和表 5.4。

表 5.3   由表 5.2 的字段全集除去依赖字段对被依赖字段的差集得到的表

| A | b |
| --- | --- |
| 1 | 0 |
| 2 | 1 |
| 3 | 0 |
| 4 | 1 |

表 5.4  表 5.2 被依赖字段和依赖字段的并集组成的表

| B | c | d |
|---|---|---|
| 0 | 橘子 | 黄色 |
| 1 | 苹果 | 红色 |

现在再回头看关系型数据库模式的第一范式。实体的某个属性所能取的值的集合称为该属性的域(Domain),如果该域中的元素都是不可分的,我们就说这个域是原子的【注:Atomic 原子这个术语作为不可分的代名词,自从古希腊哲学家德谟克里特提出原子概念后,不仅在现代物理中被用来指称如今我们都知道的组成物质的粒子,而且在其他诸多科学领域中都被使用,例如,这里的原子域以及后面将讨论的数据库交易的原子性。】第一范式要求表所有字段的域都是原子的。属性值之不可分,用其反面的可分能更好地界定。一个属性值可分,有两种情况:第一种是属性值由多个值组成,这种属性称为多值属性,与其相对的称为单值属性;第二种是属性值像实体一样由若干成分属性组成,这种属性称为复合属性,每个成分属性本身又可能是复合属性,从而形成多层次的结构;与其相对的则是简单属性。

将实体映射为符合第一范式的表时,简单的单值属性直接对应一个字段;复合属性被拆分直至简单属性,这些成分属性如果是单值的就用一个字段表示;多值属性被映射为一个新的表,每个值转化为一条记录,字段除了容纳值本身所需的以外,还包括一个或多个字段容纳该属性所属实体对应的记录的主键。我们分别来看这两种额外工作的意义。

## 5.1.2  范式与复合、多值属性

复合属性由成分属性组成,从这一点看,它和实体没有区别,所以用一张单独的表来存储它自然也是一个选项。另一方面,复合属性由哪些属性组成并没有限制,在原本由简单属性组成的实体中,可以将若干属性组合成一个复合属性,很显然没有理由因为这样任意的选择就将它们剔除出实体、存放于一张新的表。将复合属性作为实体的一部分,和实体存放在一张表中,这样做是否恰当由实体与复合属性之间的映射基数来决定。

### 1. 一对一

当实体与复合属性之间一一对应时,复合属性独立于实体之外存在就

没有意义,实体内复合属性与其他属性之间的边界变得模糊,若把复合属性看成一个小结构,它就已经融入所属实体的大结构。下面例子中的表5.5容纳一系列国家的记录,名称字段是一个复合属性,包含中文名、英文名和域名三个部分,因为与所属的国家记录一一对应,名称复合属性应该和记录保存在一起。

表5.5　一个实体与其中的复合属性一一对应的表

| ID | name | capital |
|----|------|---------|
| 1 | {chinese：中国，english：China } | 北京 |
| 2 | {chinese：法国，english：France } | 巴黎 |
| 3 | {chinese：德国，english：Germany } | 柏林 |

### 2. 多对一

此时复合属性的数据有冗余,可以为其创建单独的表。选择复合属性的某个成分属性集合作为复合属性的超键,复合属性的整体就依赖于该超键,而由于多对一的关系,该成分属性集合又并不是实体的超键,所以依据第二范式可以将复合属性划分出去、创建新实体,实体内原复合属性变为容纳新实体的主键、以保持两者间的关系。不用函数依赖的判别方法,复合属性的值相同的多条记录,在该属性上的数据有重复,这一点也是很明显的。我们的国家表增加了一个所在洲的复合属性,如表5.6所示,可以看出法国和德国因为同属欧洲,该字段的数据有冗余,因而被拆分成表5.7和表5.8。

表5.6　一个实体与其中的复合属性多对一的表

| ID | name | capital | continent |
|----|------|---------|-----------|
| 1 | {chinese：中国，english：China } | 北京 | {chinese：亚洲，english：Asia } |
| 2 | {chinese：法国，english：France } | 巴黎 | {chinese：欧洲，english：Europe } |
| 3 | {chinese：德国，english：Germany } | 柏林 | {chinese：欧洲，english：Europe } |

表5.7　表5.6将复合属性划分出去后形成的表

| ID | name | capital | continent |
|----|------|---------|-----------|
| 1 | {chinese：中国，english：China } | 北京 | Asia |
| 2 | {chinese：法国，english：France } | 巴黎 | Europe |
| 3 | {chinese：德国，english：Germany } | 柏林 | Europe |

表5.8 表5.6的复合属性独立成实体后形成的表

| NAME | name_in_chinese |
|---|---|
| Asia | 亚洲 |
| Europe | 欧洲 |

### 3. 一对多

此时复合属性同时又是多值属性,但数据并没有冗余,可以任其保留在实体中。实体与复合属性的一对多关系意味着没有两个实体拥有公共的复合属性。因此实体的主键就能唯一确定其复合属性多值组成的集合。或者反过来看,对复合属性的某个值,我们仍然可以选择其某个成分属性集合作为超键,该复合属性值就依赖于此键,但是此键也能唯一确定整个实体,实际上复合属性多值中的任何一个都是实体的超键,所以一对多关系中的复合属性没有违反第二范式。在关系型数据库中,传统上却是依据第一范式将该属性剥离出来,存放进单独的表。这样做以后,如何保持原实体和新的属性实体之间的关系,又有两个选项。若仍然遵循属性的原子性要求,属性实体将开辟字段容纳原实体的主键;若允许多值属性,则原实体将在某个字段内保留对应的多个属性实体的主键。这三种方案都做到了数据完备和没有冗余。我们把国家表的洲属性改为城市属性,表示这种一对多关系的三种方案分别由表5.9、表5.10与表5.11、表5.12与表5.13所示。

表5.9 一个实体与其中的复合属性一对多的表

| ID | name | capital | cities |
|---|---|---|---|
| 1 | {chinese: 中国, english: China } | 北京 | [{chinese: 上海, english: Shanghai}, {chinese: 香港, english: Hongkong}] |
| 2 | {chinese: 法国, english: France } | 巴黎 | [{ chinese: 尼斯, english: Nice }, {chinese: 马赛, english: Marseille}] |
| 3 | {chinese: 德国, english: Germany } | 柏林 | [{chinese: 莱比锡, english: Leipzig }, {chinese: 汉堡, english: Hamburg }] |

表5.10 表5.9将复合属性划分出去后形成的表,不包含外键

| ID | name | capital |
|---|---|---|
| 1 | {chinese: 中国, english: China } | 北京 |
| 2 | {chinese: 法国, english: France } | 巴黎 |
| 3 | {chinese: 德国, english: Germany } | 柏林 |

表 5.11　表 5.9 的复合属性独立成实体后形成的表,包含外键

| NAME | name_in_chinese | country |
| --- | --- | --- |
| Shanghai | 上海 | 1 |
| Hongkong | 香港 | 1 |
| Nice | 尼斯 | 2 |
| Marseille | 马赛 | 2 |
| Leipzig | 莱比锡 | 3 |
| Hamburg | 汉堡 | 3 |

表 5.12　表 5.9 将复合属性划分出去后形成的表,包含外键

| ID | name | capital | cities |
| --- | --- | --- | --- |
| 1 | {chinese:中国, english:China } | 北京 | Shanghai, Hongkong |
| 2 | {chinese:法国, english:France } | 巴黎 | Nice, Marseille |
| 3 | {chinese:德国, english:Germany } | 柏林 | Leipzig, Hamburg |

表 5.13　表 5.9 的复合属性独立成实体后形成的表,不包含外键

| NAME | name_in_chinese | NAME | name_in_chinese |
| --- | --- | --- | --- |
| Shanghai | 上海 | Marseille | 马赛 |
| Hongkong | 香港 | Leipzig | 莱比锡 |
| Nice | 尼斯 | Hamburg | 汉堡 |

　　由于两种实体间的一对多和多对一关系仅仅是因为视角的不同,所以前面讨论的实体与复合属性多对一的情况也可以反过来用本节的方法处理。其中一种最突出的反差就是实体和复合属性保存在一个表中,不过"多"的实体变成了复合属性,"一"的复合属性被视为实体,这样反客为主的结果是表 5.14。

表 5.14　表 5.6 实体和复合属性地位对调后形成的表

| NAME | name_in_chinese | countries |
| --- | --- | --- |
| Asia | 亚洲 | {chinese:中国, english:China } |
| Europe | 欧洲 | [{chinese:法国, english:France }, {chinese:德国, english:Germany}] |

　　这种方法的局限性是多值属性的"多"数量上不能太大,否则在使用时就很不方便。例如一个银行的账户、一条主帖的回复,就不适宜把一对多的

双方放在一个表里。

### 4. 多对多

此时和多对一类似,将复合属性保留在实体内会导致数据冗余。这种情况下,复合属性仍然是多值属性,但是多个实体的复合属性多值构成的集合有交集,复合属性内部的函数依赖不能扩展到整个实体,因此违背了第二范式。为消除冗余,复合属性将被剥离出来,形成独立实体。原实体和新的属性实体之间的关系如何保持,有三个选项。关系型数据库的传统做法是创建一个单独的表来记录两者的关系,字段包括两者的主键。假如允许多值属性,因为原实体和属性实体在关系上的对称性,另一个选项是选择其一开辟字段记录对应的另一方的多个主键。我们用一个国家内拥有的交通种类来演示多对多的各种表现形式,分别由表 5.15～表 5.20 表示。

表 5.15　一个实体与其中复合属性多对多的表

| ID | name | capital | transportation |
|---|---|---|---|
| 1 | {chinese:中国,english:China} | 北京 | [{name:铁路,vehicle:火车},{name:公路,vehicle:汽车},{name:航空,vehicle:飞机}] |
| 2 | {chinese:法国,english:France} | 巴黎 | [{name:铁路,vehicle:火车},{name:公路,vehicle:汽车},{name:航空,vehicle:飞机}] |

表 5.16　表 5.15 的实体将复合属性划分出去后形成的表

| ID | name | capital |
|---|---|---|
| 1 | {chinese:中国,english:China} | 北京 |
| 2 | {chinese:法国,english:France} | 巴黎 |

表 5.17　表 5.15 的复合属性独立出来形成的表

| NAME | vehicle |
|---|---|
| 铁路 | 火车 |
| 公路 | 汽车 |
| 航空 | 飞机 |

表 5.18　记录表 5.16 和表 5.17 之间关系的表，字段值都是原子的

| COUNTRY_ID | TRANSPORTATION |
|---|---|
| 1 | 铁路 |
| 1 | 公路 |
| 1 | 航空 |
| 2 | 铁路 |
| 2 | 公路 |
| 2 | 航空 |

表 5.19　表 5.16 通过多值外键记录其与表 5.17 的关系

| ID | name | capital | transportation |
|---|---|---|---|
| 1 | ｛chinese：中国，english：China ｝ | 北京 | 铁路、公路、航空 |
| 2 | ｛chinese：法国，english：France ｝ | 巴黎 | 铁路、公路、航空 |

表 5.20　表 5.17 通过多值外键记录其与表 5.16 的关系

| NAME | vehicle | countries |
|---|---|---|
| 铁路 | 火车 | 中国,法国 |
| 公路 | 汽车 | 中国,法国 |
| 航空 | 飞机 | 中国,法国 |

　　使用简单的多值属性是否恰当之分析，实际已经包含在上面的一对多和多对多情况的讨论中。实体和属性值存在一对多关系时，多值属性包含在实体内不会导致冗余。相反为属性建立单独的表，只包括属性值和原实体的主键两个字段，增加了数据库设计和读写时的复杂性。实体和属性值的关系为多对多关系时，虽然表面上看构成冗余，但重复的仅仅是简单值，只要该值没有重命名的可能，就和两个实体多对多时一方包含另一方的主键一样。相反为属性和实体属性间的关系分别建立一个表，数据库设计和读写都变得不直观，却没有带来特别的好处。

## 5.1.3　关系型数据库中的多值和复杂数据类型

　　从以上情况的讨论可以看出，多值属性和复合属性并不必定会导致冗余。更进一步地说，一个属性是否多值、复合，与其数据是否会冗余，是无关的。以上出现冗余的场合，只要遵循第二范式就能消除。多值属性对于实

体来说很常见,特别是值都是简单的情况,像电话号码、关键字、用户名、测量值,将这些多值与实体保存在一起是十分自然的。类比于编程语言,除了原始数据类型,各种语言首先具备的就是某种容纳多值的类型:数组、列表、集合等。复合属性能为相关属性提供逻辑上的组织,方便数据用户的读写。例如,一个由省、市、区、街道、楼宇、门牌号多级信息组成的复合属性,程序在读取和写入时都只需将所有数据作为一个整体地址对象,使用时按需访问该对象的属性;而假如由多个分立的简单属性表示,读写时麻烦,可能还要和程序中使用时的整体地址做转换。很多时候如果刻意避免多值或复合属性,只会为数据引入多余的复杂性。关系型数据库模式第一范式要求的属性值原子性,既苛刻也是不必要的。结果就是 SQL 1999 及其之后的标准引入了复杂数据类型,允许关系型数据库在设计模式时定义复合(TYPE)和多值(ARRAY 和 MULTISET)字段。在这些标准发布前,有些数据库的开发商就已经在其产品中加入对复杂数据类型的支持。然而遗憾的是,这么多年过去后,关系型数据库对复杂数据类型的支持仍然不是普遍的,例如,至 2017 年 1 月最新的 5.7 版本为止,MySQL 仍然不支持上述标准中的复杂数据类型【注:虽然 MySQL 具备一些偏离和变通的方法,如 SET、JSON 类型和手动序列化反序列化 ARRAY】。另一方面,即使在支持的产品中,所用的术语和语法也常常不同于标准,如 Oracle 数据库的 ARRAY 类型名称就是 VARRAY。缺乏统一可用的语法、第一范式的影响以及长久以来的传统,都使得在关系型数据库中多值和复合属性的应用远远不如文档型数据库那样充分和有效。

## 5.2　数据库模式

　　数据库的模式(Schema)指的是数据库内各种对象的逻辑设计,一个很好的类比是面向对象编程语言中的类型定义。关系型数据库有严格精确的模式,如用 SQL 对表做的定义,而文档型数据库通常被称为是无模式的(Schemaless)。本节就来看看这种对比的含义。
　　关系型数据库在对要存储的实体建模时,认为可以将它们按类别划分,每一类实体具有相同的结构——相同的字段序列,每个字段又有特定的数据类型和取值上的约束。这些共同的结构被事先清晰地定义成表,以容纳同一类型的数据——记录。一个表一旦定义好,其中记录的结构就固定了,如要变动必须使用 SQL 语句修改表结构。

　　实体的属性取值往往有某种要求,例如,一个用户的姓名不能为空、长度不超过某个数值,年龄必须为数字,身份证号唯一,民族的值位于一个集合内,电子邮箱地址符合一定规则等。对这些要求的校验,既可以发生在写入数据库之前的应用程序部分,也可以包含在数据库里。关系型数据库的模式就能显式地包含这些要求。字段数据类型的划分十分精细,以机器为取向,在 SQL 标准规定的类型之外,一个数据库产品往往还有自己的扩展。例如,在 MySQL 中,数字类型被细分为 TINYINT、SMALLINT、MEDIUMINT、INT、BIGINT、DECIMAL、FLOAT、DOUBLE、BIT 等,字符串类型被细分为 CHAR、VARCHAR、BINARY、VARBINARY、TINYBLOB、BLOB、MEDIUMBLOB、LONGBLOB、TINYTEXT、TEXT、MEDIUMTEXT、LONGTEXT、ENUM、SET 等,日期时间类型被细分为 DATE、TIME、DATETIME、TIMESTAMP、YEAR 等。除了字段的数据类型和字符串的长度,属性取值的种种要求被统称为数据的完整性约束(Integrity constraints),它们又可以被分为仅限于一个实体的属性值的实体完整性,和涉及多个实体的参照完整性。常用的完整性约束包括非空(Not null)、唯一(Unique)、取值限定于另一个表的某列值等。理论上任何能用 SQL 语句表达的要求(谓词 Predicate)都能以 check 从句的形式实施。

　　关系型数据库的模式精确地规定了记录的结构和字段取值的要求。换用文档来表示同样的实体时,当然也可以用某种模式来规定文档的结构和属性取值的要求。XML 模式(XML Schema)就被广泛用来校验 XML 文档。虽然不那么常用,也可以为 JSON 文档创建模式,并且和 XML 模式一样,JSON 作为通用的数据格式,其模式本身也采用 JSON。我们先用 JSON 来表达 5.1 节一对多关系中的一条记录:

```
{
  "id": 1,
  "name": {
    "chinese": "中国",
    "english": "China"
  },
  "capital": "北京",
  "cities": [
    {
      "chinese": "上海",
      "english": "Shanghai"
```

```
    },
    {
      "chinese": "香港",
      "english": "Hongkong"
    }
  ]
}
```

它的模式是：

```
{
  "$schema": "http://json-schema.org/draft-04/schema#",
  "type": "object",
  "properties": {
    "id": {
      "type": "integer"
    },
    "name": {
      "type": "object",
      "properties": {
        "chinese": {
          "type": "string"
        },
        "english": {
          "type": "string"
        }
      }
    },
    "capital": {
      "type": "string"
    },
    "cities": {
      "type": "array",
      "items": {
        "type": "object",
        "properties": {
          "chinese": {
            "type": "string"
          },
          "english": {
            "type": "string"
          }
        }
```

```
      }
    }
  },
  "required": [
    "id",
    "name"
  ]
}
```

　　如果采用以上模式,对 JSON 文档也能施加一些关系型数据库的完整性约束。JSON 模式能够表达单个文档范围内的对属性值的约束,如数据类型、非空、取值范围,还可以用正则表达式设定属性值的规则(XML 模式也类似);但是对涉及多个文档的约束就无能为力,如某个属性在同一种多个文档中取值唯一,或者涉及多种文档的参照完整性。但是,文档型数据库从理念上选择不通过模式对其中的文档施加一致的严格的规定。通常所谓的文档型数据库的无模式就是指数据库理念和设计上的这种选择,而不是说文档本身没有模式。无模式的设计会带来两个结果。首先是数据库里的任何两个文档都不必有同样的结构,不再有表这样的严格的容器。其次是一个文档的结构也不是固定的,随时可以修改。例如程序读取一个文档,添加一个属性,删除一个属性,再保存回数据库。

　　在属性的数据类型上,文档型数据库也不像关系型数据库那样有严格的区分,而是更多地以人为取向。例如,Lotus Notes 数据库数字类型不区分 INT、DECIMAL、FLOAT、DOUBLE 等,只有一个 NUMBERS;字符串类型不区分 CHAR、VARCHAR、BINARY、TEXT 等,只有一个 TEXT;日期时间类型不区分 DATE、TIME、DATETIME 等,只有一个 DATETIMES。以 JSON 作为文档格式的 CouchDB 支持的 JSON 在数据类型也同样简单。MongoDB 采用的 BSON 格式基于效率的考虑,数据类型略多,稍微接近一些关系型数据库。属性值的数据类型只反映当前的情况,并不像表格的字段那样固定不变,例如一个文档的某个文本属性,可以随时写入数字或者日期值。

　　无模式的设计意味数据库对写入的文档不会施加任何校验。值得注意的是,这只是默认的状况。具体的文档型数据库产品仍然可以设计各自的校验机制。最宽松的如 Notes 在数据库层面没有校验机制,完全依靠应用程序负责。MongoDB 在 3.2 版本中新增了文档校验的功能,覆盖范围与文档模式类似,涉及单个文档范围内的属性取值约束。CouchDB 在文档校验上符合其一贯的简单灵活的理念,让用户直接用 JavaScript 写校验函数,相当于把应用程序的做法移植进数据库。

关系型数据库与文档型数据库对世界的看法之差异在于：前者认为每个实体都有一个模板，遵循同一模板的成千上万个实体只是模板的实例，模板先于实体，所以数据库的模式是必需的，对记录的结构和字段取值的要求是先天的；后者认为每个实体都是独特的，不应该对实体有任何约束，如果一组实体确实遵循共同的模式，也可以对它们施加校验。类比于编程语言的类型体系，关系型数据库相当于静态强类型，变量值是一条记录，每个变量在被使用前都必须声明为某种类型；文档型数据库相当于动态弱类型，变量值是一个文档，变量在使用前无须定义为特定的类型，在使用过程中变量值（对象）的结构也可以发生变化。CouchDB 的图标曾经长期是一个人歪歪斜斜地躺坐在沙发上（现在被改成了一张空空的沙发），它的创始人 Damien Katz 博客网站上的标语 Just Relax. Nothing is Under Control.（放松，一切尽在控制外）恰可以作为文档型数据库理念的一个比喻。

宽松的好处是能快速适应实体的变化，这在开发中由于需求增加、设计变化或者修补 bug 是不时会发生的。文档结构可以随时改变，关系型数据库则每次变动都需要手工修改表结构，而有些修改是很麻烦的，如 ALTER TABLE ADD COLUMN 之类的语句往往很耗时，尤其是当表里的记录数较多时，开发人员不得不采用创建新表删除旧表，或是先将表里的数据导出再修改之类的替代手段。因而采用关系型数据库时，应尽量预先确定程序涉及的实体的需求细节，避免表结构的频繁改动。文档型数据库则适用于那些项目开始时实体的结构很难确定或随时间容易变化的情况。当然，灵活性的另一面是缺乏强制检查而可能犯的错误。没有特意设置校验时，文档对任何修改都来者不拒，增加了开发人员犯错和失误酿成不良后果的可能性。

## 5.3 数据建模

无论使用哪种类型的数据库，数据建模（Data modeling）都是重要的必不可少的。数据建模可以在抽象的和针对某个具体数据库的两个层次上进行，下面分别进行讨论。

### 5.3.1 抽象的数据建模

抽象的数据建模使用某种与具体实现无关的模型来表达关于数据的需求。这里继续运用实体-关系模型,于是建模就变成根据需求抽象出实体及其间的关系,核心问题就是如何界定实体,以及如何表达它们之间的关系。因为同样的需求可以设计多套不同的实体和关系方案,换个角度说,一组实体和关系可以用许多其他等价的实体和关系来表达。

具体地说,任何实体,只要不是只有一个属性的简单实体,都可以拆分成两个或两个以上的实体,每个新实体包含老实体的部分属性,新实体间保持一一对应的关系。包含多值复合属性的实体可以被拆分成由其他属性组成的父实体,和由每个复合属性值构成的子实体,父实体和子实体间保持一对多的关系。反过来,相互间有某种关系的两类实体也可以被合并成一类实体。具一对一关系的两类实体很自然地能被合并成一个更大的实体。具多对一和一对多关系的两类实体合并后,"多"的一方成为新实体的多值复合属性。具多对多关系的两类实体也能够合并,只不过必有一方的数据在新实体中会有冗余。综上所述,数据建模有两种对立的方向——分与合,我们把分的方式称为正规化(Normalize),合的方式称为去正规化(Denormalize)【注:这两个术语的含义与单纯关系型数据库语境下的不完全相同,那里正规化的标准是遵循设计范式,这里强调的是分成更小的实体,主要体现在文档型数据库和关系型数据库建模的差别中。】当多类实体间存在二元关系时,在哪两者间建立直接的关系也有很大自由度。

为了说明抽象数据建模中的这种任意性,我们来看下面的例子。A、B、C、D四类实体间的关系如图 5.1 所示。

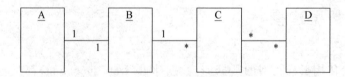

图 5.1 A、B、C、D 四类实体间的关系

可以去正规化,即合并某些实体,并调整二元关系的参与者,图 5.2 分别演示了众多可能性中的两个。

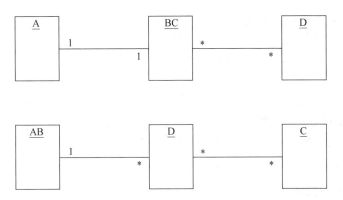

图 5.2　对图 5.1 表达的实体和关系去正规化的两种可能方案

当然,这些自由选择不应该走极端。我们不可能把所有实体都拆分到只包含单个属性,相反将所有实体合并成一个巨无霸也毫无意义。依据实体的意义和在需求中的自然联系做出的选择较为恰当。

## 5.3.2　针对具体数据库的建模

针对具体数据库建模,就是将抽象建模得到的实体和关系转化成所用数据库具体的载体和方式。这时抽象的实体和关系的多种表示就不再是等价的,具体数据库的特点和限制使得只有部分设计方案能满足使用上的需求,并且根据特定的情况和需求这些方案在效率上存在显著的差异。所以针对具体数据库的建模要考虑的因素比抽象建模多,以求得到较好的设计。

关系型数据库的载体是表和记录,文档型数据库的载体是文档。虽然有许多理念和细节上的差异,两种载体总体上功能是对等的,都可以用来表达实体及其间的关系。表达实体很直接,实体的属性分别映射到表的字段和文档的属性。表达关系时,总体上可分为两种方式:一种是将相互间有关系的实体包含在单一的表或文档里;另一种则是用外键【注:文档型数据库通常不能保证一类文档用于引用另一类文档的属性,取值限定于被引用文档的属性值集合,只能靠数据库以外的程序去确保这种约束,所以严格地说不能称为是外键,但是在功能上是一样的。】来关联分开保存的实体。这又可以分为两种情况:其一是外键位于某个实体内;其二是实体本身不包含外键,由另一个单独的表来记录指向参与关系的实体的外键。因此理论上,可以将记录用结构相同的文档来表示,从而把关系型数据库中建立的模型移植到文档型数据库；反过来，也可以把文档型数据库里建立的模型用关系型数据库来反映。然而实际上使用这两种数据库建模时，思路和结果都有相当的差异，我们接下来就要分析这些差异。

从5.3.1节可见，数据建模的关键是选择何时正规化（或者说去正规化）。选择的主要标准是满足程序使用数据时的需要，同时也不可避免地会受到数据库特点和限制等影响。所有影响设计的因素性质上可分为两类：一类是因为数据库的限制导致只能选择某种设计，另一类是在多种可行的设计中，存在效率上的优劣之分。

### 1. 限制因素

（1）多值与复合属性。当所用的关系型数据库不支持多值或复合属性时，该属性值就只能被正规化成单独的表。

（2）事务的原子性要求。数据库中，一系列逻辑上相关的写操作组成一个事务。关系型数据库能保证事务具有原子性（Atomicity），意思是构成事务的一系列操作像一个整体一样，在任何情况下造成的结果都不可分，也就是说，或者都成功，一旦有一个操作失败，数据库就会回滚到所有操作之前的状态，像一切都没有发生一样。文档型数据库一般不具备事务的原子性，只能保证单个文档更新时的原子性，即文档或者更新成功，或者失败保持最初状态，不会居于两者之间的状态，例如某些属性被修改、其他未被改变。这样当若干文档的更新有外在的原子性要求时，就只能将它们去正规化成单个文档。

（3）文档的大小限制。当多种实体用一个文档表达时，文档的体积容易膨胀。特别当用多值复合属性表示的子文档本身较大或数量较多时。文档的体积超出预先分配的空间时，数据库就要安排新的空间并移动文档。文档过大也会影响读写的性能。当这些情况可能发生时，文档就应该被去正规化。

### 2. 效率因素

效率是从使用数据库的应用程序的角度来评价的。完成某一业务逻辑对应的数据库操作需要多少时间、存储同样的实体和关系占据多少空间，这些都属于数据库的效率范畴。

1）JOIN 操作

在关系型数据库中，可以通过 JOIN 操作将多个表中的信息组合在一起。也正是因为有这种能力,关系型数据库能够将一个实体正规化成多个表。JOIN 操作功能强大,但成本高昂,往往是 SQL 语句中的性能瓶颈。文档型数据库一般缺乏 JOIN 文档的能力,因此查询相关文档时不能一次性完成,而需要对不同类别的文档分别进行查询,再由程序手动组合其信息。文档型数据库对此问题的解决方法是将相关文档合并成一个,这样对它们的读写就能一次性完成,并且无须费用高昂的 JOIN 操作。当然这样的去正规化,最好是发生在参与文档原本就适宜合并的情况下,如一对一和一对多,在多对多的场合,嵌套文档就会有数据重复的代价。例如,考虑学生和课程两种实体之间的关系,一个学生可以选多门课程,一门课程通常有一名以上的学生。如果想要根据学生的姓名或者课程名称一次查询就获得相关的学生和课程的信息,就必须既将课程文档嵌套在学生文档里,又将学生文档嵌套在课程文档里,这样不仅会增大数据量,还难以保证两套数据的一致性。所以文档型数据库也努力引入 JOIN 的能力,如 Couchbase 的 N1QL 语言的 JOIN 从句和 MongoDB 的 $lookup 操作符。下面用 MongoDB 来演示。

```
//学生和课程的文档
Student1: { "_id": 1, name: "Tom", age: 20, courses: ["Physics", "Chemistry",
"Math"]}
Student2: {"_id": 2, name: "Mary", age: 20, courses: ["Physics", "Chemistry",
"Biology"]}
Student3: {"_id": 3, name: "Jerry", age: 21, courses: ["Physics", "Math",
"English"]}
Course1: {"_id": 4, name: "Math", teacher: "Alex", credit: 3}
Course2: {"_id": 5, name: "Physics", teacher: "Florence", credit: 2.5}
Course3: {"_id": 6, name: "Chemistry", teacher: "Gates", credit: 2.5}
//从学生的文档根据课名连接课程信息
db.students.aggregate([
    {
      $lookup:
       {
         from: "courses",
         localField: "courses",
         foreignField: "name",
         as: "courses_info"
       }
    }
])
//该操作的结果会像下面这样
Student1: {
```

```
"_id": 1, name: "Tom", age: 20, courses_info: [
    {"_id": 5, name: "Physics", teacher: "Florence", credit: 2.5},
    {"_id": 6, name: "Chemistry", teacher: "Gates", credit: 2.5},
    {"_id": 4, name: "Math", teacher: "Alex", credit: 3}
]
}
```

### 2）冗余

如前所述，数据冗余有两个不利后果：耗费更多的存储空间，以及很多时候更有害的数据不一致的风险。为了保证重复的数据处于一致的状态，系统至少要消耗更多的资源更新数据的所有副本。但有时候，冗余也能带来效率上的好处。设想大学的课程要求学生已经上过某些预备课程，例如，电动力学需要普通物理和微积分作为基础知识。在显示这些预备课程的时候，最好能同时列出它们的基本信息以方便学生了解。在关系型数据库中，我们可以用一张表记录课程的信息，另一张表记录课程与预备课程之间的关系（如两列分别对应的课程 id）。应用程序在展示这些信息时，对于某门课程，先要查询出它的预备课程，再到课程表读取它们的基本信息。这样的正规化设计完全没有冗余，但多次查询影响了程序的性能，一种可能的改善是扩展预备课程表，在其中保留每门预备课程的基本信息。这样应用程序只需一次查询，就能获得所需的全部数据。代价则是课程的信息每次变动时，除了课程表本身，还要更新预备课程表。因为课程信息较稳定，比起用户经常使用的阅读预备课程信息的性能提升，这个代价是可以接受的。一般地说，冗余有利于相关数据读的性能，不利于写的性能。一个应用场景，如果读的次数远多于写，则可以考虑接受一定程度的冗余；反之，写的次数较高时，冗余就得不偿失了。

## 5.4　视图

视图并不是关系型数据库必不可少的模式，但在某些文档型数据库中，视图就是查询数据得以进行的唯一途径，并且还发挥创建索引、维护文档关系和显示数据等核心功能。比较视图在两种数据库中的不同角色，就是探索和展现两种设计理念的绝好机会。

## 5.4.1 索引

数据库的用处是方便快速地管理大量数据,"管理"从技术上说就是增添、查询、修改和删除四种操作。数据量的庞大令操作的效率尤为重要。无论是查询还是更新,根据条件迅速找到目标数据都是性能的关键。以关系型数据库的术语为例来说明,查询条件由记录的一个或多个字段值的表达式构成,如

```
SELECT title, price FROM books WHERE price > 80
```

语句中价格的表达式。用作查询条件的字段称为搜索键(Search key)。一般情况下,books 表中记录的排列顺序与价格字段的值无关,要找到符合条件的记录,就必须逐条检查记录搜索键的值。这样做的速度显然是无法接受的。好一点的情况下,记录按照价格排序存储于表中,这时对价格条件的查找就有更高效的方法。首先,逐条检查找到第一条价格大于 80 的记录,按升序的方向排在其后的就是所有符合条件的记录。其次,我们可以采取二分搜索算法,更快速地定位到价格开始高于 80 的记录。利用排序列,虽然可以进行二分搜索,但仍然要在存储记录的硬盘内反复定位搜索涉及的中间记录并读取其搜索键的值。

为了进一步地优化,我们可以提取所有记录的价格字段值,建立一个索引。索引的想法很简单,就是从搜索键的值指向它们所在记录位置的映射。我们每个人查字典时所用的拼音和部首检字法,就是分别利用字典前面的拼音和部首索引。根据其原理,索引可以分为两类。第一类有序索引,最简单的形式就是将记录中搜索键的值提取出来排序, 个值和它所在记录的位置,构成一个索引条目。这样的索引有些像按搜索键顺序排列的表本身,区别在于索引条目只包括一个或少数几个字段值,而表的每行记录则包含所有的字段,因此前者的读取和检索速度比后者快。为了便于进行二分搜索,数据库经常使用更精致的 B 树或 B+树索引,搜索键的值被组织成 B 或 B+树数据结构。凭借它,查询记录所需的时间稳定在记录数的对数级别。

第二类哈希(Hash)索引。哈希函数的定义域是搜索键所有可能取值的集合,值域则是一个元素数量较小的集合,因此多个搜索键的值对应一个哈希值。前者到后者的映射,具有平均和随机的特性。也就是对于任意一个搜索键值的序列,得到每个哈希值的次数大致相等。哈希索引的原理是为

被索引的字段找到一个合适的哈希函数,每个哈希值分配一个桶(Bucket),桶内保存具有同样哈希值的记录的索引条目。哈希函数取值的平均性和随机性,确保每个桶内索引条目的数量大致相等。查找具有某个字段值的记录,分为几步:先用哈希函数计算出记录对应的索引条目所在的桶,再在桶内找到该索引条目,最后由条目包含的位置定位到记录。因为哈希函数求值所需的时间为常数,每个桶内存储的索引条目数量不会超过一个设定值,所以凭借哈希索引查询记录所需的时间不会超过一个最大值。

当搜索键超过一个时,仅使用单个字段值的索引就不敷应用了。例如,考虑"SELECT title, price FROM books WHERE category = "arts" AND price > 80"查询。在类别和价格字段上都分别建立了索引。应对复合查询时有两种思路:根据某个索引找出满足单个条件的记录,再逐条检查是否符合另一个条件;抑或两个索引都用上,找出分别满足两个条件的记录,再求出它们的交集。两者都存在索引无法发挥效力的步骤,速度缓慢。解决的方法是创建对应搜索键的包含多个字段的复合索引,索引值为被包含的字段值组成的有序元组。如在本例中,复合索引由类别和价格两个字段组成,("arts", 80) < ("arts", 100) < ("history", 60)就是升序排列的几个索引值。有了复合索引,多个查询条件就能像单个查询条件一样被高效处理。

有时候,索引条目除了搜索键的值,还包含记录的其他字段值。这样当某个查询选择的字段全部位于搜索键所用的索引内时,数据库就能在索引里找到被查询的条目后,直接读取其内容返回,不必再去读取条目指向的记录,性能得以大大提高。如此的索引称为覆盖索引(Covering indices)。继续看"SELECT title, price FROM books WHERE category = "arts" AND price > 80"的例子,假如索引在类别和价格搜索键外还包括标题字段,执行这条查询就只需读取索引。

一个表上可以建立多个索引。如果表中记录的存储依据某组字段排序,在该组字段上又建立了索引,我们就称该索引为表的聚集索引(Clustering index)或主索引(Primary index),其他索引则称为非聚集索引(Nonclustering index)或次索引(Secondary index)。

索引带来的好处不是没有代价的。索引文件本身要占据空间。记录更新(新增、修改和删除)时,索引自然也要随着更新。新增记录时,更新索引单纯是性能上的开销。修改和删除时,除非是对所有记录,否则都有选择条件,此时搜索键上的索引正起到与查询时同样的作用,而修改和删除后更新索引则是开销。总的说来,在数据库查询和更新中经常用到的搜索键上建立索引,是有明显的性能收益的。对其他字段上的索引就要谨慎建立,以避免存储和更新索引的开销过大。

以上关于索引的讨论对任何类型的数据库都是适用的,只需把关系型数据库的术语和技术转换成我们关心的那种数据库对应的术语和技术。例如,Lotus Notes 和 MongoDB 两种文档型数据库尽管差别很大,但都建立了 B 树结构的索引,以提高查询文档的性能。

## 5.4.2　关系型数据库中的视图

在关系型数据库中,定义了表的模式,就可以对其容纳的记录进行各种操作。在进行查询时,出于安全或者方便的原因,有时会希望能将某个查询结果当成一个"虚拟表"重复使用,例如下面的语句查询出 books 表中教材类型的书籍。

```
SELECT title, authors, publisher, price FROM books WHERE category = 'textbook'
```

程序中若要经常查询教材记录,每次都重写这段语句就显得麻烦,解决办法是将上面这个查询作为对源表的"视图"(View)保存在数据库中。

```
CREATE VIEW textbooks AS
SELECT title, authors, publisher, price FROM books WHERE category = 'textbook'
```

这样以后就可以直接用视图名称来代替对应的查询。

```
SELECT title, price FROM textbooks WHERE price > 80
```

为了保持数据最新,视图没有保存查询的结果,而是像函数调用一样,在被引用时临时执行查询。上面的查询相当于:

```
SELECT title, price FROM (SELECT title, authors, publisher, price FROM books
WHERE category = 'textbook')
WHERE price > 80
```

视图的定义中可以包含任何查询语句,包括对多个表中记录的连接。但也因此,对视图的更新就变得十分棘手。例如,对一个多表查询组成的视图,插入一条记录时,记录中的字段必须被拆分保存到各个源表,而这些零碎的字段值很可能不满足表的完整性约束。所以关系型数据库通常不允许,或者仅仅当视图的定义满足一系列严格的条件时才允许对视图进行更新操作。于是,视图的功能实际上就像工作、购物等网站上用户可以自定义和保存的查询条件。视图不能定义索引,对其的查询只能依赖源表的索引。

假如一个视图被频繁使用,它对应的查询结果又很少变化,将结果保存起来就能够节省每次执行查询的开销,这样的视图称为物化视图(Materialized view)。

回过头看,视图这个名称可谓再贴切不过,它很好地反映了它所指称的模式的本质和功能。视图不代表独立的数据,而是对现有数据的一种 View。它的只读限制也可被看作隐含于视图的含义。

## 5.4.3　文档型数据库中的视图

关系型数据库中的视图是建立在表的基础上的,文档型数据库没有表的概念,不过却有功能上与前者部分一致的视图。不同的文档型数据库衍生出视图是分别出于两种迥然相异的逻辑,背后对应的则是两种看待文档的理念。

如前所述,文档没有先天的表模式的限制,数据库中的任何两个文档都可以有差异。不过在实际应用中,数据库中的文档不可能每个都是独一无二的,还是会根据它们所代表的实体形成类别,例如人员、车辆、报销单。程序在查询文档时,首要的条件也是它们的类别。所以数据库必须提供某种机制,依照类别来组织文档。

为此,MongoDB 在文档与数据库之间引入一个集合(Collection)的层次,一个集合内的文档都表示某个类型的实体,具有相同的语义和基本一致的结构。集合充当了关系型数据库中表的角色。在此之上定义的视图也就与关系型数据库中的视图具有几乎一样的性质:视图可以从一个或多个集合中选择文档、提取属性、计算聚合值;视图是只读的;视图是即时计算的;视图不能定义索引,只能利用集合的索引。

与 MongoDB 对立的另一个阵营,彻底遵循文档没有模式的理念,不给文档添加任何容器的约束。所有文档不区分类别地存储于数据库中。数据库就像一个大杂烩的容器,又像一个没有分门别类的书架,其中的文档没有任何外在的类别标记和存储上的区隔。Lotus Notes 是这种数据库的代表,后来由它曾经的开发人员之一 Damien Katz 创造的 CouchDB 继承了这方面的设计,这个影响又被带入到与 CouchDB 有关的一系列数据库,如 Couchbase 中。在这些数据库中,视图不再是辅助性的模式,而是必不可少的对象,读取文档、创建索引、建立文档之间的关系等关键的任务都要依赖视图。接下来就以 Lotus

Notes 为例,讨论这种独特的理念导致的逻辑发展。

## 1. 选择文档子集

虽然文档在数据库中的存储没有任何区隔,但是数据库仍然必须为它的用户提供某种按类别组织文档的机制。根据 Lotus Notes(以后简称 Notes)数据库的理念,类别不是文档的先天属性,只是利用普通的字段值做人为的区分,例如我们可以在文档内添加 Type、Category 或是名称上毫不相干的 Level、Source、Form 字段【注:Lotus Notes 以 Form 字段保存打开文档所用的表单,于是它也经常被用来区分文档的类别】。接下来使用该字段的值,选择出数据库中文档的一个子集,如 SELECT Form = "Person"选择出 Form 字段的值为 Person 的所有文档。这种机制具有很大的灵活性,用途不限于依据文档所代表的实体给它们分类。指定选择条件的语句使用的是 Notes 的公式语言,可以基于文档的属性和字段值写出复杂的条件,类似 SQL 查询中的 WHERE 从句。我们不妨把它称为选择公式。

选择公式和 SQL 的 SELECT 语句有很大的差异。明显的是前者仅仅选择了文档,没有指定字段。更微妙的地方与索引有关。我们已经看到,为了提高查询文档的效率,可以为搜索键创建索引。但这样做隐含的前提是建立索引的文档集合属于同一类别,都包含搜索键。而 Notes 数据库中的文档是没有先天类别地存储的,如果在数据库层级上为所有文档建立索引,那必然有很多目标类别以外的文档不包含搜索键,将这些无关文档的空值纳入索引浪费空间、影响使用索引的性能、完全没有意义。简单说就是,选择文档子集需要索引的帮助,建立索引必须针对某一类别的文档,类别通过选择文档子集建立。从这个死循环可见,在 Notes 数据库用选择公式查找文档时,无法利用索引,剩下的办法只有逐个文档应用公式中的条件,结果为真的就被选中。这种原始的做法注定选择文档子集很难满足应用程序按需动态查询文档的需求。

无法指定字段和利用索引提高查询效率,Notes 数据库设计带来的两个问题,用它的另一项设计——视图——解决了。视图依然用选择公式找出满足条件的文档集合,不同的是它将这个结果保存下来,以后数据库有文档新增、修改和删除发生时,视图只需将这些更新反映到文档集合上。视图不只是文档集合,它还定义一组列,列的值可以来自文档的某个字段,也可以由公式计算得出,或者取多个文档字段的聚合值,如总和、平均数。这样,集合中的每一个文档都对应一行由若干列组成的视图条目,整个集合在视图中看起来就像关系型数据库的一个表。准确地说,视图保存的是条目的集合。依据选择公式包含的文档有变动时,数据库就会更新对应的视图条目。对于选择文档子集无法利用索引的问题,视图通过将选中的文档集合以条目的形式保存下来、以后只进行增量更新解决了。选择公式没有指定字段的问题,视图通过定义列解决了。从这个角度看,Notes 视图类似于关系型数据库中的物化视图。

视图对于选择的文档和字段都是采取静态的方式,即预先定义和保存结果。视图通常用设计器(Domino Designer,Notes 应用程序的开发环境)创建,程序中查询文档时只会利用现有的视图,而不会临时创建,因为通过代码来设定视图的选择公式和列是一个烦琐的过程,并且视图初次建立时计算所有的条目很耗时,而且一旦建立就会保存在数据库中,如果以后不需要就必须在这次用完后删除,所以只有在极特殊的情况下——如通过代码来修改应用程序或者视图的设计在开发阶段无法预知——才会用代码动态创建视图。

### 2. 创建索引

由于其静态之本性,视图不能也不是用来在程序中对文档进行动态查询的,而是为查询提供了基础。我们用一个配置文档的视图的例子来分析。Notes 应用程序常用类似图 5.3 所示的文档来保存关键字-值形式的通用设置。关键字和值分别保存在 Keyword 和 Values 字段中,Status 用于标记该设置的状态,Category 和 Remark 提供额外的类别和说明。文档用一个名为 Keyword 的表单打开。

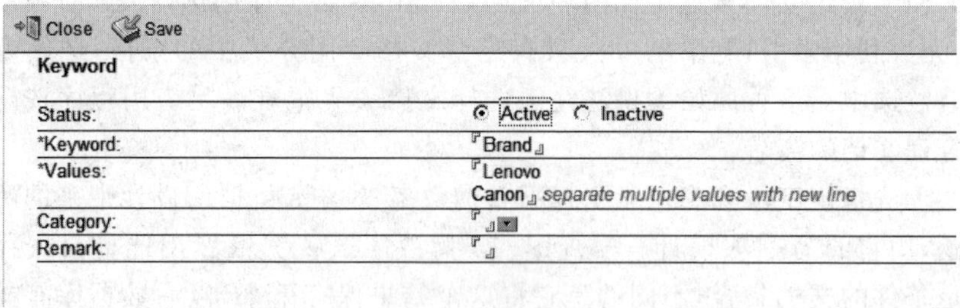

图 5.3  一个保存关键字-值形式的通用设置的文档,用名为 Keyword 的表单打开

在设计器中创建一个选择这类配置文档的视图。从图 5.4 可以看到,配置文档所用的表单名为 Keyword。

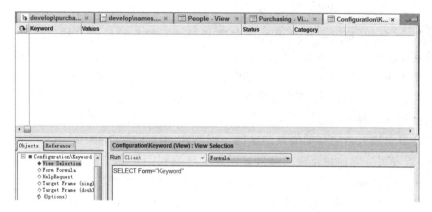

图 5.4 在设计器中创建选择关键字配置文档的视图

视图的列则采用文档对应的字段值,如图 5.5 所示。

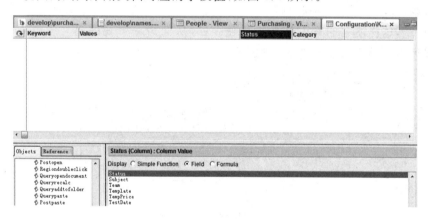

图 5.5 视图的列采用文档对应的字段值

保存视图后,数据库根据选择公式和列值的计算公式得到的视图条目,图 5.6 展示的是视图在客户端中的样貌。

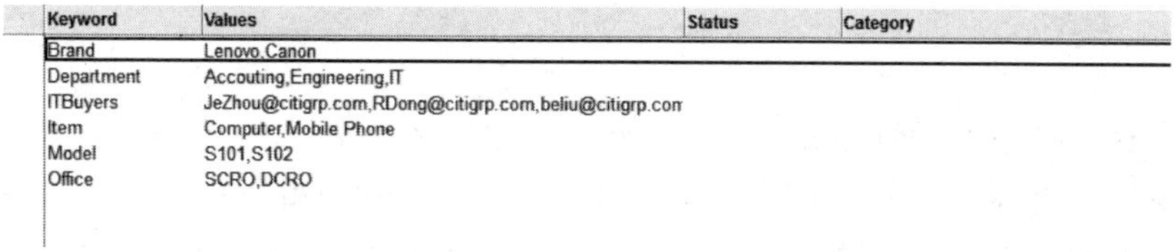

| Keyword | Values | Status | Category |
|---|---|---|---|
| Brand | Lenovo,Canon | | |
| Department | Accouting,Engineering,IT | | |
| ITBuyers | JeZhou@citigrp.com,RDong@citigrp.com,beliu@citigrp.com | | |
| Item | Computer,Mobile Phone | | |
| Model | S101,S102 | | |
| Office | SCRO,DCRO | | |

图 5.6 视图在客户端中打开的样貌

程序访问视图中的文档,有两种情况。第一种是遍历视图中所有文档的集合,例如,定时程序批量处理库存文档。更普遍的是第二种,程序只需访问视图中的某个或某些特定文档。这就要求能够根据这些文档的特征从视图中快速查找到它们。我们回想起索引的用途正在于此。视图建立起某个类别的文档集合,前面提到的在 Notes 数据库层次创建索引的障碍在视图内已消除。视图的索引不是直接针对其中文档的某个字段建立的,而是在设计器中通过指定列的属性建立的。视图在 Notes 客户端中显示为文档列表,或者更准确地说是视图条目的列表。在某列上建立了索引后,视图就可以按该列排序或分类显示。因此,在设计器中为某列建立索引时,Notes 没有使用索引的字眼,而是以设定该列为排序或分类的形式。可以设定多个列排序或分类,视图显示时就按照它们的顺序,先在第一列上排序(分类),再在第二列上排序(分类),以此类推,这就相当于建立了多个列组成的复合索引。除了这些自动按其排序显示的列,还可以设定某个列为"点击列标题排序",这样建立的索引就是相互独立的,从而为一个视图建立多个索引。设计器中设置列排序的界面如图 5.7 所示。

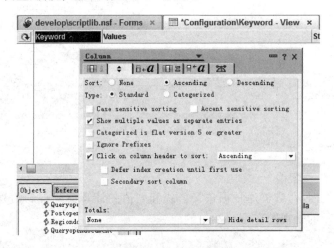

图 5.7　为视图设置排序列

有了排序列,就可以用它们对应的字段作搜索键,向视图查询文档。本例中用代码 View.GetAllDocumentsByKey("Brand")就可以获得配置文档视图中所有第一个排序列(对应 Keyword 字段)的值为 Brand 的文档。

视图除了包括对应搜索键的排序列,通常数量上更多的是提取和计算普通字段值得出的列(如本例中的 Values、Status 和 Category 列)。这些普通列与排序列一起，可以看作组成了覆盖索引，前面提到的视图条目就相当于覆盖索引的条目。与查询文档一样，从视图也能遍历所有条目或根据搜索键查找条目，读取视图条目中保存的文档字段值因为省去了打开文档的开销，速度更快。排序列和普通列的值都保存在视图的索引中。与关系型数据库不同的是，覆盖索引中的普通字段值是由该索引独占的，假如多个覆盖索引包含同样的普通字段，它们的值就会重复于每一个索引中。Notes 视图的普通列则是由排序列共享的，利用"点击列标题排序"设置建立多组排序列时，普通列无须任何改动，之后视图依据任何一组排序列排序显示或者查找条目时，普通列保存的数据都能被同样读取。

在通过排序列创建的索引之外，视图还隐含其他一些索引。首先，在没有定义任何排序列的情况下，视图中的文档会按照它们的 Notes ID 排序，这背后就是视图的默认索引。Notes 为一对多的关系提供了一种现成的实现，一个主文档可以对应多个响应文档，响应文档在特殊的 $REF 字段中保存主文档的 UNID。在视图中，主文档和响应文档可以显示为层次结构，视图也会为它们之间的关系建立索引。

### 3. 建立文档之间的关系

如同关系型数据库用主键和外键建立表之间的关系，Notes 数据库借助文档的 UNID 和视图索引建立文档之间的关系。Notes 和其他文档型数据库一样倾向于在建模时去正规化，用单个文档包含尽可能大的实体，所以一对一的实体关系一般不会用两个文档表达。但是因为 Notes 不支持在文档中嵌入子文档，面对一对多的实体关系时，要么将"多"方的文档以字段的形式拆分保存在"一"方的文档里，用字段名称中的数字后缀区分所属的文档，如 Name_1、Status_1、Body_1 属于第一个文档，Name_2、Status_2、Body_2 属于第二个文档，这样读写这些文档都需要额外的程序，既不自然也不方便；要么就是用两类文档分别代表两种实体，并在其中一类文档中保存另一类文档的 UNID。例如一个 A1 文档对应多个文档 B1、B2、B3，就可以在这些 B 文档里用一个字段 AID 记录 A1 的 UNID。这样从 B 自然可以很方便地获取到 A。下面用类似 JSON 的格式列举了一些这样的文档。

```
A1: {UNID: "007", field1: "value1", field2: "value2"}
B1: {UNID: "002", aid: "007", field1: "value1", field2: "value2"}
B2: {UNID: "003", aid: "007", field1: "value1", field2: "value2"}
B3: {UNID: "004", aid: "007", field1: "value1", field2: "value2"}
```

```
B4: {UNID: "005", aid: "005", field1: "value1", field2: "value2"}
B5: {UNID: "006", aid: "009", field1: "value1", field2: "value2"}
```

要反过来从 A 获得对应的 B 只需要在包含 B 文档的视图的 AID 列建立索引,就可以快速地根据某个 A 文档的 UNID 查找到存储了该值的 B 文档,如表 5.21 所示。

表 5.21　包含 B 文档的视图的示意列表

| 文　　档 | 建立了索引的列一 | 列　　二 | 列　　三 |
|---|---|---|---|
| 后面各列的列值 | aid | field1 | field2 |
| B4 | 005 | value1 | value2 |
| B1 | 007 | value1 | value2 |
| B2 | 007 | value1 | value2 |
| B3 | 007 | value1 | value2 |
| B5 | 009 | value1 | value2 |

使用 View.GetDocumentsByKey("007") 语句就可以获得包括 B1、B2、B3 三个文档的集合。换一种方式,在 A 文档中以一个字段保存 B 文档的 UNID 列表,然后在包括 A 文档的视图上该字段对应的列建立索引,也能在两类文档间建立同样的关系。

多对多的关系可以借助多值字段和视图索引来维护。例如 A1、A2 文档分别都对应 B1、B2、B3 文档,可以任意选一类文档保存另一类文档的 UNID,不妨设 B 文档里有一个字段 AID 记录了多个 A 文档的 UNID。从 B 文档获取对应的 A 文档仍然很直接。

```
A1: {UNID: "007", field1: "value1", field2: "value2"}
A2: {UNID: "008", field1: "value1", field2: "value2"}
B1: {UNID: "002", aid: ["007", "008"], field1: "value1", field2: "value2"}
B2: {UNID: "003", aid: ["007", "008"], field1: "value1", field2: "value2"}
B3: {UNID: "004", aid: ["007", "008"], field1: "value1", field2: "value2"}
B4: {UNID: "005", aid: "005", field1: "value1", field2: "value2"}
B5: {UNID: "006", aid: "009", field1: "value1", field2: "value2"}
```

同样地,在包含 B 文档的视图的 AID 列建立索引,这时的多值列会被当成具有多个单值的 AID 的 B 文档那样处理,如表 5.22 所示。用某个 A 文档的 UNID 来查询时就可以获得所有包含该值的 B 文档,如:

```
View.GetDocumentsByKey("007") -> B1, B2, B3,View.GetDocumentsByKey("008") ->
B1, B2, B3
```

表 5.22　新的包含 B 文档的视图的示意列表

| 文　　　档 | 建立了索引的列一 | 列　　　二 | 列　　　三 |
|---|---|---|---|
| 后面各列的列值 | aid | field1 | field2 |
| B4 | 005 | value1 | value2 |
| B1 | 007 | value1 | value2 |
| B2 | 007 | value1 | value2 |
| B3 | 007 | value1 | value2 |
| B1 | 008 | value1 | value2 |
| B2 | 008 | value1 | value2 |
| B3 | 008 | value1 | value2 |
| B5 | 009 | value1 | value2 |

### 4. 列表展现文档

　　前面都是从使用数据库的程序的角度分析视图的功能：选择文档子集、创建索引以帮助查询、建立文档之间的关系。Notes 视图的重要性不仅体现在程序开发中，它还直接作为应用程序界面必不可少的组成部分暴露给用户。在各种应用程序、特别是以数据为中心的应用程序中，普遍有展现数据实体的列表界面。在一般的程序开发中，列表的图形界面和为它展现的数据是分离的。本机 GUI 应用程序环境里，列表都是由 GUI 框架提供的控件；Web 开发中，列表既可能是服务器端或浏览器端的控件，也可以由程序员用两端的开发语言加 HTML 临时自行拼接。列表展现的数据则由程序从数据库读取。Notes 视图则集提供数据和展现它们两种功能于一身。视图的选择公式定义了它包括的文档集合，列值的定义规定了每条文档对应的视图条目由哪些数据项目组成，这两者合起来确定的索引外观上就像一个表格形式的数据集合，这一点上它像物化视图。在用户界面方面，视图的设置包括了列和列标题的字体、颜色、宽度，视图条目的背景色、网格线等显示上的各种细节，这一点上它又像列表控件。作为一种设计元件，视图这两方面的设置都以文档的形式保存在 Notes 数据库中，客户端打开某个视图时，读取它对应的索引，应用它包含的显示设置，呈现在用户眼前的就是一个展现文档的列表，双击列表的每一行都会打开它对应的文档（那些仅仅展现分类的行则会在折叠和展开状态间切换）。以 Web 的方式访问视图，过程也类似。

　　除了以列表的形式展现文档，视图的排序、分类、计算列以及基于分类定义的总计、平均等统计列，还承担了部分 SQL 查询从句的功能，是在 Notes 应用程序中自动进行简单报表的唯一途径（否则就只能写代码，逐条读取、计算数据并最终展现）。

### 5. CouchDB 数据库的视图和 MapReduce

前面提到 CouchDB 的创建者 Damien Katz 曾经是 Notes 的开发人员。CouchDB 显然是他不满意 Notes 而开发的，这在 CouchDB 的设计理念和技术选择的多方面都可以看到。不过有趣的是，Notes 开发人员如果学习 CouchDB 又会发现很多地方十分熟悉。CouchDB 仍然从 Notes 数据库继承了一些核心思想。

CouchDB 里的文档也和 Notes 文档一样，直接存放在数据库里，没有任何类似表的概念。视图同样是数据库的重要功能组件——甚至更加必不可少，因为它是从 CouchDB 数据库查询文档的唯一渠道。

CouchDB 官方文档对视图作用的如下描述可以一点不差地移到 Notes 数据库上。

- 过滤数据库的文档以满足特定应用的需要。
- 从文档中提取数据，并排序展现。
- 建立索引以便查找文档。
- 利用索引建立文档之间的关系。
- 根据文档中的数据计算聚合值，如总和。

然而，到了视图的建立和通过它的搜索，两者就大为不同了。

一个 CouchDB 视图从"外观"上或者说查询它所返回的结果是一行行的数据，内部则是以 B 树的数据结构保存。每一行由键和值两部分组成，键可以是单值也可以是数组，视图的数据就根据来它们排序，相当于 Notes 视图里的排序列；值同样也可以是单个或者数组，相当于 Notes 视图里的其他数据列。区别在于，视图文档的选择和列的定义不是分别由选择公式和列的值公式设置，而是由两个自定义的函数 Map 和 Reduce 生成。

Map 函数的参数就是文档，函数体内可以编写过滤逻辑，被选中的文档则被用于生成键和值，调用 emit 函数返回。例如，对存储在数据库中的博客文档，下面这个 Map 函数检查文档是否具备标题和创建日期，然后对合格的文档，以日期为键，标题为值生成视图数据。这个视图实际上就是以日期排序的标题列表。

```
function(doc) {
    if(doc.date && doc.title) {
        emit(doc.date, doc.title);
    }
}
```

我们也可以添加更多的排序列和数据列：

```
function(doc) {
    if(doc.date && doc.title) {
        emit([doc.author, doc.date], [doc.title, doc.tags.join(', ')]);
    }
}
```

视图就先按作者排序，同一个作者的博客再按日期排序，另外还有两列分别是博客的标题和标签列表。

上面的例子都没有用到 Reduce 函数，它确实不是必需的，在需要计算多行数据的聚合值时就要用到它。参数分别为 Map 函数计算所得的键和值列表，还有一个可选的 rereduce 标记是否进行额外的 reduce。如下面这个例子，Map 筛选出类型为 post 的文档，然后对它的每个标签生成一行只有一个常数值 1 的数据。Reduce 函数就计算出每个标签对应的文档总数。

```
function(doc) {
    if (doc.type === 'post' && doc.tags && Array.isArray(doc.tags)) {
        doc.tags.forEach(function(tag) {
            emit(tag.toLowerCase(), 1);
        });
    }
}
function(keys, values) {
    return sum(values);
}
```

和 Notes 视图一样，初次建立时要在数据库的所有文档上应用 Map 和 Reduce 函数，以后就只需对更新的文档运行。

有了视图的排序列之后，CouchDB 的查询就可以高效进行。CouchDB 是为 Internet 应用而开发的，所以它不仅采纳了 Web 应用流行的 RESTful 模式作为接口，而且激进地以此为唯一数据接口。所以对其的查询也不是通过传统的 API，而是指定一个 URL 地址。对我们之前所建的按创建日期排序的博客视图,下面这个 URL 对应的 GET 请求就可以获得指定日期间隔内的所有博客标题。

```
http://server/database/_design/designdocname/_view/viewname? startkey =
"2009/01/30"&endkey = "2010/02/01"
```

从这个简单例子已经可以看出,CouchDB 在数据查询上要比 Notes 灵活和强大一些,如可以对某个字段进行范围查询,返回的结果只包含视图定义的列。

### 6. 视图索引的更新

展现文档集合、使用户能够快速查找文档,这些用途都要求索引的数据是最新的,也就是与它所基于的文档的数据是一致的。理论上更新索引在时间上有三种方案:一是文档变动(新增、修改和删除)后立即进行,二是延迟至索引被读取时才检查是否需要更新,三是定时更新。方案一保证了索引与文档始终是一致的,但是加大了文档变动时数据库的负担。方案二也能保证每次读取的索引是最新的。与方案一相比优点是,在索引被读取前,相关的文档可能已经过多次修改。不同用户修改不同文档,单个用户多次修改某个文档,等等,各种情况都会发生。采用第一种方案时每次修改索引都需要更新,而方案二使得对索引两次被读取之间的所有修改(如果有),只需进行一次批量更新,从而减少开销。缺点是如果读取时发现索引需要更新,就增加了等待时间。第三种方案也是批量更新,并且更新的次数得到控制,因而所需的开销最小,代价则是被读取时索引的数据有可能是过时的。方案三可以作为方案二的补充,在保证索引数据最新的前提下,减少更新的次数和用户读取时的等待时间。

关系型数据库对表索引的更新一般采用方案一,对物化视图的索引则选择三种方案的都有。文档型数据库也是选择各异。MongoDB 采用方案一,CouchDB 采用方案二,Notes 则混合使用方案二和三。下面就来看看Notes 数据库为了兼顾资源消耗和用户体验的索引更新过程。

1) 定时更新

定时更新由服务器运行的 Update 和 Updall 两个任务来完成。两者的运行时间都可以在 notes. ini 里设置,默认情况下 Update 持续运行,Updall则在每天凌晨两点运行一次。Update 维护两个队列(queue):一个是即时队列(immediate queue),另一个是延迟队列(deferred queue)。队列里保存的是一条条某个数据库索引需更新的请求。请求的来源有几类：复制器（replicator）复制后如果某个副本的文档有变动，就会发送一条请求到队列。邮件路由器（router）将新消息派送到某个邮箱后也会发送一条请求。最频繁的则是一个用户在某个数据库里创建、修改或删除了文档，当他退出该数据库时，会发送一条请求到队列。复制和用户修改产生的请求都被发送到延迟队列，特殊的例如触发数据库全文索引及时更新的操作会发送一条请求到即时队列。Update 每隔 5 秒（可以通过 notes. ini 的 UPDATE_IDLE_TIME 和 UPDATE_IDLE_TIME_MS 设置修改此默认值，下同）检查两个队列，对即时队列里的请求马上处理，对延迟队列里的则会比较同一个数据库的请求，最先到达的请求之后的 15 分钟（Update_Suppression_Time）内所有的请求都会被忽略，这样做还是为了减少资源的消耗，15 分钟以内对某个数据库的修改只会触发 Update 更新其索引一次。

请求只记录数据库的路径，Update 在处理时先要判断对那些视图的索引进行更新。此时 Notes 再次显示了尽量节省资源的特性。首先过去 7 天（UPDATE_ACCESS_FREQUENCY）内未被打开过的视图被忽略。接着根据索引上次更新时间和视图的选择条件搜索最近发生更改过的并且包含在该视图中的文档，如果数量少于 20（UPDATE_NOTE_MINIMUM），也不做更新。

Updall 任务因为是在凌晨进行，Notes 显得大方一些。它不管队列，而是检查所有数据库的所有视图，需要更新的更新，需要重建的重建。

2）打开时更新

定时更新不能保证索引被访问时数据是最新的，只能尽最大限度地减少那时更新的负担。用户通过客户端界面或程序访问视图时，会调用 Notes API 的 NIFOpenCollection（）函数打开索引（NIF 意为 Notes Indexing Facility，就是 Notes 索引部分的组件），如果索引数据不是最新的，NIFOpenCollection（）就会调用 NIFUpdateCollection（）更新索引。我们每次在客户端里打开一个视图时，都会发生这个过程（除非以下说明的特殊情况）。如果距离上次 Update 更新该视图索引，发生更改的文档不多，这个过程就很快能完成。而如果这期间有大量文档发生改动，甚至该视图的索引不存在，就需要等待很长时间。自版本 7 后，Notes 会在单独的后台线程中进行索引更新，用户界面因而不会被卡住，用户还能进行其他操作。

为了提高视图打开的速度，或者说最大限度地减少索引更新的次数，Notes 视图里还有控制打开时是否更新的选项，如图 5.8 所示。

图 5.8　视图更新的选项

　　可选的视图更新选项有：1.自动，初次使用后（Auto，after first use）。2.自动（Automatic）。3.手动（Manual）。4.自动，最多每 n 小时更新一次（Auto，at most every nhours）。手动意为打开视图时索引不自动更新，需按F9 键更新。三种自动的区别在于，设为 1 或 4 时，如果一个视图未被打开过没有索引，Update 和 Updall 运行时不会创建索引；设为 2 时则会；设为 4时，如果索引在设置的最近 n 小时内被更新过，表现得就和设为 3 时一样。

　　索引在数据库里占据的空间不可小觑，数据库里如果视图多且复杂（列多，分类和排序多），索引占据的空间甚至会超过文档的空间。所以视图里又有丢弃索引的设置，可以设为数据库关闭后或者未被访问超过一定天数后丢弃。如果符合设置的条件，Updall 任务负责删除索引。

## 5.5　可伸缩性

　　一个计算机系统应对增长的工作量的能力，或者被扩充以应对增长的工作量的潜力称为可伸缩性（Scalability）。面对增长的负荷，可伸缩性良好的系统处理时间变化不大，或者能够通过某种扩充的方式有效提高吞吐量。对于任何可能面临工作量大幅增长的系统，可伸缩性都是一项重要的评判指标。数据库就是这样一种典型的系统，它面对的企业数据量和事务执行频率有巨大的弹性。因此良好的可伸缩性对数据库来说至关重要。

一般地说,按照系统被扩充的方式,可伸缩性分为两类。

- 垂直可伸缩性(Vertical scalability)。通过给单个节点添加更多的资源(如 CPU、内存),提高系统的性能,称为垂直伸张(Scale up),反之是垂直收缩(Scale down)。
- 水平可伸缩性(Horizontal scalability)。通过增加并行的系统数量(如运行某程序的计算机),来分担负荷,提高系统的吞吐量,称为水平伸张(Scale out),反之是水平收缩(Scale in)。

垂直伸张很直接,简单说就是硬件升级带来的性能提升,电脑、手机用户对这项技能都不陌生。尽管硬件性能升级和成本下降的速度都很快,但是归功于分布式系统和虚拟化技术的进展,通过增加计算机的数量来扩展系统,变得相对来说成本更低、更方便,从而越来越流行和重要。实际上 CPU 本身硬件性能的提升,也从传统的提高内核的运算速度——垂直伸张,转变为增加内核的数量——水平伸张。

两种伸张方式都可以被应用到数据库系统上。垂直伸张受硬件性能提升的限制,水平伸张凭借的数量扩展潜力更大,其中最主要的途径是数据库划分。划分(Partition)将数据库分割成若干部分,各部分的数据互不相同,组合起来构成完整的数据集合。划分又有两种方向。

- 垂直划分(Vertical partitioning)将数据库完整存储的实体分割成较小的部分,每个部分保存于一个划分中。把数据库中的实体想象成平放在地上的一捆柴火,垂直划分就像用铡刀把它分成几截。垂直划分有些类似数据的正规化,但后者拆分实体是为了符合一系列范式,前者则是为了提升数据库的处理能力。以关系型数据库为例,在表已经正规化的状况下,垂直划分继续将表拆分。这样做有两方面的好处。当一个表有很多列,记录数量庞大时,表和它的索引占据的空间很大。将该表拆分成若干各包含其部分字段的较小的表,分散保存到位于不同计算机的划分里,使得数据库能容纳更大数量的记录。就查询的执行速度而言,将表中经常读取和很少用到的、频繁更新和基本不变的、短小的和很宽的列划分到不同的表,有助于提高查询的效率。当需要多个划分中的数据时,可以用 JOIN 查询或预先建立一个跨表的视图。总的来说,垂直划分适用于其字段使用有差异的表,还需要数据库有将拆分的表联合起来的能力。这就使它的可用性不如水平划分。
- 水平划分(Horizontal partitioning)将数据库中同一类实体的集合分

成几个部分,每个部分保存于一个划分中。沿用上面的比喻,水平划分就像把柴火分成几小捆。水平划分的想法较之垂直划分更直观。一个人背不动一大捆柴,就分成几捆由几个人来背。一个 Excel 文件行数太多、速度太慢,就以某种标准拆分成几个文件。对数据库也是如此,水平划分可以收到容量和速度两方面的好处。而且因为每个划分中的记录都保持完整,就没有垂直划分面临的限制。以文档型数据库为例,某种类型的文档数量庞大时,文档和索引占用的空间都很大,读写的性能也受到影响。根据某个属性的取值,将文档划分成几个较小的集合,由该属性值可以决定容纳它的文档位于哪个划分。例如,根据车牌号的第一个字将全国所有汽车信息划分到省、直辖市、自治区。数据库划分被置于不同计算机。当一个查询可以被事先判断仅关系到某个划分中的数据时,查询只在容纳该划分的计算机上执行。如要查询合肥市某辆车的文档,就只需在安徽省的划分内进行。当一个查询涉及多个划分中的数据或者不确定哪个划分时,查询被广播到相关的计算机上,各自执行完成后,再将结果汇总。例如根据目击者的回忆,要查找车牌号尾号为 168 的某辆车,查询就被发送到各个省的数据库划分,每个划分得到的结果最后再被汇总。通过增加划分,数据库的负荷能有效地被更多的计算机分担。关系型数据库因为正规化的设计,实体分散在多个相关的表中,其间有参照完整性约束。这就意味着水平划分时,每个划分要保持同样的一套模式,相关的记录要保存在同一个划分里以便读写,对被划分的表还要能维持与其他表之间的参照完整性。而文档型数据库中,文档倾向于容纳更完整更大的实体,不同类文档间也没有参照完整性约束,所以水平划分时只需简单将某类文档集合拆分,存放在分离的计算机上。实际上,水平划分或者叫分片(Sharding)是许多文档型数据库的基本功能,由此带来的高可伸缩性也是它相对于关系型数据库最主要的优势。

## 5.6　可得性与 BASE

划分是分布式数据库的一种形式。分布式数据库的数据和程序分散在通过网络相连的多个节点上,每个节点上的数据库既有一定的独立性、能够独自承担某些工作,需要时也能够合作。分布式数据库的另一种形式是复制。互为副本的数据库中数据相同,部署在网络的不同节点上,通过复制来确保彼此数据的一致性。

复制的首要意义是提高数据库的可得性(Availability)。某个节点宕机时,用户能够访问其他工作的节点。这对那些对服务的连续性和稳定性有较高要求的系统,是必不可少的。在对数据库的访问主要是读的场景里,每个副本都能独立提供服务,多个副本自然提高了总的吞吐量,相当于数据库的水平伸张。但是这样的性能提升有相应的代价,当数据被写入时,它必须被传播到所有副本,并保证更新的结果一致,这就提高了数据库系统的复杂性、增加了写入数据的成本、带来了副本间数据不一致的风险。

为了平衡可得性和一致性,人们为分布式数据库设计了许多机制。最简单的是主从(Master-slave)模式,多个副本中只有一个主(Master)副本,能接受数据写入,其他从(Slave)副本的数据只能被读取。主副本中的更新被即时或定时传播到各从副本,以保持数据的一致。主从模式提高了数据库被读时的可得性和吞吐量,但对于写则和集中式数据库没有区别、一旦主副本宕机就不能提供服务。与主从模式相对的是更复杂的多主(Multi-master)模式,每个副本都能处理读写请求,因此全面提高了数据库的可得性。多主模式处理并发写请求的策略有两类。第一类同步复制将某个副本收到的写请求即时更新到所有副本,这就要求数据库采取锁定、时间戳等并发机制,防止冲突产生。这类策略不仅实现起来复杂,而且要求副本之间时刻保持连通,一旦网络割裂,就可能发生用户虽然能连接到某个副本、但无法写入的状况。牺牲了可得性,成就了一致性。第二类异步复制允许副本先本地写入,再将更新延迟传播到其他副本。这样当多个副本中的同一条数据各自被修改时,就会产生冲突,因此异步复制必须提供解决冲突的机制,如依据修改的时间较新的版本替代较旧的版本、区分实体不同属性的更新以合并冲突、保留多个版本。没有一种方法能完美地解决所有的冲突,必要时数据库只能通知用户产生了复制冲突,由他们根据具体的应用场景来人工解决冲突。牺牲了一致性,成就了可得性。

由以上讨论可见,分布式数据库的可得性和一致性存在内在的矛盾。实际上,依照 CAP 定理,分布式数据库最多只能拥有以下三个性质中的两个:

- 一致性(Consistency)。
- 可得性(Availability)。

- 分隔容忍性(Partition-tolerance)。

这里的一致性包含两层含义。首先是所有副本的数据保持相同。其次是对于数据库各副本的一系列写入,某个副本的状态始终和这些操作全部按照同样的时间顺序发生在本地一样。这两点合起来的效果就是,数据库的分布式对用户是透明的,用户无论访问哪个副本,都像访问唯一的集中式数据库一样。可得性就是指数据库能够被使用。分隔容忍性指的是分布式数据库所跨越的网络出现割裂,也就是某些副本之间无法通信或者有副本所在的计算机发生宕机时,副本仍然能为各自连通的用户服务的特性。对大规模的分布式系统,网络始终没有分隔是无法做到的。因此在保证分隔容忍性的前提下,就不得不在一致性和可得性之间做选择。传统上,关系型数据库视一致性为优先,因为它的使用者多是对一致性有很高要求的财务、金融、生产系统等。随互联网兴起的许多针对普通用户的网站(如社交应用、内容网站)对数据的一致性没有那么严格的要求,相反为了给全球各地的用户提供时刻可用的服务,可得性更为重要。在这些领域,关系型数据库的 ACID 特性被新的 BASE 要求取代。

ACID 是关系型数据库处理事务的一组特性,即原子性(Atomicity)、一致性(Consistency)、隔离性(Isolation)、持久性(Durability)。原子性指构成数据库事务的一系列操作的结果不可分,也就是或者都成功完成,或者就像都没有发生一样。一致性指数据库在任何状态下都符合预设的完整性约束,如非空、唯一、外键和各种自定义的约束(注意和前面一致性含义的差别)。隔离性指多个事务并发执行的结果和它们串行执行一样,而不会由于交叉执行导致结果的不确定。持久性指事务一旦执行完成,结果就永久保存,而不会因为断电等故障而丢失。

文档型数据库不能保证事务的原子性,而只能确保单个文档单次更新的原子性,也就是说,对某个文档的一次更新或者成功,或者像没有发生一样,文档的状态不会居于两者之间。因为不存在关系型数据库那样的完整性约束,涉及文档的事务自然也就没有一致性。当数据只有一份时(不存在多个副本),文档型数据库也能做到事务并发执行的结果唯一;但存在多个副本时,因为对可得性的优先,就可能不满足隔离性。持久性作为保存数据的基本要求,无论什么类型的数据库都应该满足,文档型数据库也不例外。可见,用关系型数据库的 ACID 属性作为标准,文档型数据库天然就是不合格的,所以它要建立新的招牌 BASE。

BASE 意为如下一组特性:基本可使用(Basically available)、软状态

(Soft state)和最终一致(Eventually consistent)。基本可使用强调的是可得性,即使在副本之间的网络出现分隔时,数据库也要能完成读写操作。软状态指的是网络分隔时的写操作造成的副本间数据的不一致。最终一致则要求当分隔消除时,副本通过复制最终达成数据一致,包括可能需要人工介入的消除冲突。与关系型数据库不同,文档型数据库通常在可得性和一致性间偏向前者,因此 BASE 就成为文档型数据库的典型特性。

## 5.7　编程接口

设计模式、读写数据,对数据库的使用通常是透过某种编程接口进行的。以关系代数为理论基础的关系型数据库有一套标准、通用的 SQL 语言,文档型数据库则因为模式的松散灵活、具体数据库内部实现和功能上的巨大差异,没有公共的编程接口,而是提供各自独特的查询语言。总的来说,这些语言在表达能力和简洁程度上都不如 SQL。以下分别是 MongoDB、CouchDB 和 Couchbase 查询一段时间内的博客标题的代码样例。

```
//MongoDB 在查询本身包含在一个 JSON 样式的文档里
db.blogs.find(
    { $and: [
        { created: { $gte: new Date("2009 - 01 - 30") } },
        { created: { $lte: new Date("2010 - 02 - 1") } }
    ] },
    { title: 1}
)
```

```
//CouchDB 在查询采取 HTTP RESTful 的方式
http://server/database/_design/designdocname/_view/blogs?startkey = "2009/
01/30"&endkey = "2010/02/01"
```

```
//Couchbase 既可以采用和 CouchDB 同样的方式,也可以使用一种类似 SQL 的 N1QL
//声明式语言
SELECT title FROM blogs WHERE created > = MILLIS("2009/01/30") AND created < =
MILLIS("2010/02/01")
```

使用面向对象的编程语言搭配关系型数据库开发时的一大麻烦是,对象和记录不能互相匹配。对象内的字段可以容纳多值、对其他对象的引用,这样的层次结构在关系型数据库中被分散到多个依靠主键和外键关联的表。当程序将对象存储到数据库,和从数据库读取对象时,就必须在数据的两种表达模式之间进行不轻松的转换,即所谓的对象关系映射(Object Relational Mapping,ORM)。而使用文档型数据库建模时,能够容纳层次数据的文档,与对象在结构上更接近,因此在开发时两者之间的转换也更容易。

## 5.8　总结

文档型数据库和关系型数据库各有所长,各自有适宜的应用场景。两者间某一特性和能力上的优劣对比,并非设计上高下有别,而是不同理念的必然结果。就像我们不能说大货车比小汽车耗油是它的缺陷,小汽车比大货车载货量少是它的不足。一种设计在某些方面追求了最佳,在其他方面就可能不如对手。

关系型数据库中的记录遵循严格的模式;倾向于通过正规化保存简单的实体并尽量避免冗余;事务具有 ACID 特性;更多地采用垂直伸张;副本之间一般更强调一致性;拥有统一的强大的查询语言 SQL;关系模型与编程语言中的对象需要相互转换。

文档型数据库中的文档无须服从统一的模式;倾向于用一个文档表达相关的实体,必要时用冗余来换取读的速度;易于采用水平伸张提升性能;多个副本时更强调可得性;满足 BASE 要求;查询语言不统一;编程语言中的对象从数据库读写时更容易。

两者的这些特点使得关系型数据库适宜数据结构化、实体多且关系复杂、在 ACID 方面要求严苛的场合,例如传统的金融、商务、生产等领域;文档型数据库则适宜数据半结构化、实体较少关系简单、强调可得性和可伸缩性的场景,例如搜索引擎、社交应用、内容管理等。

最后,关系型数据库和文档型数据库不是水油不溶的,彼此都在相互借鉴,界限也变得模糊。例如,许多关系型数据库也支持 XML 或 JSON 等形式的半结构化数据,加强水平划分的能力;而文档型数据库则一直在操作的原子性、写入文档时的校验、JOIN 功能、更强大和方便的查询语言等方面借鉴关系型数据库。

# 第6章

# 权　　限

　　闲人莫入、机关重地,非请勿入、神剧里文件袋上的机密绝密标签、物业小区的来访登记,出入示证、政府大院的警卫、女生宿舍楼下的阿姨、公司办公室的门禁……这些美妙的标语和人物都提醒我们世界上有些地方不是任何人都可以进的,有些事情是要有相应的权限才能做的。信息世界是对现实世界的模拟和扩展,自然也有和上述事物对应的概念。一个信息系统的使用只要不是无限制无差别的,就会有权限的需要。有选择地限制某个资源的存取/访问(Access)——存取/访问控制(Access control),就是信息系统针对这个问题的做法的统称。存取控制涉及的主体可能是一个人、一只狗、一辆汽车、一个程序,在下面的叙述中,如果是对所有类型都适用的一般论述,就沿用主体之术语,如果主要是针对人(例如使用网站输入用户名和密码的主体),就用用户这个词。存取控制中的资源也是一个范围很广的概念,它不仅指文件、网页、端口这样实在的对象,在业务系统里更多地指用户执行的命令、操作、动作。Access 则是一个中文中没有与之完全对应概念的词,主体对资源任何形式的“使用”都在其范围内:阅读、修改某个文件,使用某个端口,单击某个按钮,运行某个程序,执行某个动作……

　　我们先来看两次网络聊天的真实案例。美女许天仙在上网聊天。慕名已久的王二狗邀她见面,为了防止到时认错人,二狗开通了视频。天仙看到二狗的真面目后说:“我只和帅哥见面。”张三风听闻此事,也去约天仙见面,他发了一张照片过去。天仙还是拒绝了。三风不解："你不是喜欢帅哥吗?"天仙答曰："你竟然想用我的男神竹野内丰(读者如认为他不是帅哥可自行换成金秀贤,在下十分好奇"美男""帅哥"之类的概念外延有多大,长相差异如此大的俩人怎么能被划定为一类人)的照片骗我?"上面的场景用存取控制的术语来解读就是:许天仙仅仅授权帅哥和他见面。王二狗身份验证没问题,存取审批失败。张三风存取审批会成功,如果验证不失败。痛定思痛,王二狗和张三风决定学习一些存取控制的知识。

完整的存取控制包括身份验证(Authentication)、授权(Authorization)、存取审批(Access approval)和审计(Audit)四个过程。身份验证指的是校验一个主体具有某个身份(Identity)之声明是否属实。授权指的是为主体设置对资源的存取权限。存取审批指的是根据主体的身份和权限,实际批准或驳回主体对资源的存取。审计指的是记录存取控制中的各种动作,以供检视和评估。本章将介绍身份验证的理论、Web应用中本地和第三方验证的机制,然后分析现实中应用最广泛的基于角色的存取控制,并由它的局限性引出另一种基于属性的存取控制。

# 6.1  身份验证

身份验证是整个存取控制过程的起点,也是后续进行授权和审批的基础。我们先来看看身份验证涉及的一些概念。

## 6.1.1  验证类型

我们在日常生活中对身份验证并不陌生。设想有一天你被宇宙正义联盟选中,去X行星和联盟的地下工作人员接头。进了红玫瑰酒吧,你找到在吧台前坐着的身穿黑色风衣、领口插着一片枫叶的A君,凑到他跟前。A君快速打量了一下你,说道:"牛郎会织女。"你连忙说:"天若有情天亦老。"支线剧情一,A君热烈地抱住你:"同志,我终于等到你了。"支线剧情二,A君漠无表情地转回头去。你正在着急,旁边一位一直在暗中观察你们的中年人走过来说,"A君,没错,他就是联盟派来的B同志,我以前在地球总部见过他。"于是A君热烈地把你抱住。

在上面这段每个人都可能有的平凡经历中,在两条支线剧情中,你最终都通过了身份验证,不过类型不同。第一类是将被验证者的某些有判别能力的属性与他所声称具有的身份的属性做比较,我们不妨把这种类型称为直接验证。A君用于验证你身份的属性就是是否知道正确的接头暗号。第二类是有一个具有公信力的第三方证明被验证者的身份,可以被称为间接验证。支线剧情二中,A君就是因为他信得过的中年人的话,确认了你的身份。间接类型相当于把验证的工作转交给第三方,此第三方可能是直接验证过主体,也可能是通过另一个第三方,但终究要由某个验证者进行直接验证。所以验证的关键还是直接验证中的有判别能力的属性。

## 6.1.2　验证属性

所谓有判别能力,就是说对于该属性,只有某个身份对应的主体才能出具该身份的属性值。理论上这又分两种情况。第一种验证属性的值和身份一一对应,被验证的主体出示某个属性值时,能够被匹配到唯一的身份,例如身份证、指纹。第二种多个身份可能具有相同的属性值,因此校验者单凭主体出具的属性值无法匹配到唯一的身份,而是检查主体声称所具有的身份的属性值是否和他提供的属性值一致。最典型的例子就是密码。一般情况下,用户都有设置和修改账号密码的自由,所以出现多个账号的密码相同的情况是不可避免的,必须同时出具账号和密码才能确定用户的身份。依据验证属性的本质,它们可以分为三类,即三种验证要素(Factor)。

- 知识要素:即主体所知道的,如密码、身份证号、安全问题的答案。
- 拥有要素:即主体所拥有的,如身份证、ID卡、某个号码的手机、USB-KEY、安全令牌等。
- 内在要素:即主体所是或有特征的所为,前者如面孔、嗓音、指纹、视网膜、基因序列,后者如签名。

采用某种属性验证身份时,最重要的就是防止冒用身份。从冒用者的角度考虑,要伪造某个特定或任意的身份的属性值,能否得逞取决于几个因素。首先是伪造或盗用属性值的难度。输入密码显然比伪造身份证或银行卡容易,反过来银行卡被人窃取却又比其密码被人窃知更有可能发生。某个主体所知道的可能被其他主体有意无意知道,某个主体所拥有的也可能被其他主体占据和使用。相较于这两类要素,内在要素,特别是主体所是的生物性的要素,是三者中最不易被冒用的。其次是属性值的集合大小,也就是属性有多少个可能的值。假如集合不大,冒用者就可以将所有的值尝试一遍,即暴力破解。所谓的密码强度,就是以其长度和所用字符种类来衡量,两者的数量越大,所有可能的密码数量就越大,冒用者尝试成功的可能性就越小。再次是验证失败时再度验证的难度。身份所有者也有可能失误,导致验证失败。因此系统必须允许用户多次尝试。不过对此更加渴望的是冒用者,他们最需要的就是能不加限制地反复尝试。所以系统最好区分这两种需要。最常用的方式是限制失败时尝试的次数,超过时锁定该账户。有些系统如 Lotus Notes 则指数式地延长每次尝试前需等待的时间,这样既给了粗心的用户机会,又有效地防止了冒用者的无穷尝试。

使用的难度和成本也会影响一种验证要素的应用。采用知识要素的验证是最易实现的,也是信息系统最早和最广泛使用的。拥有要素是日常生活中用得最多的——身份证。从用户的角度说,内在要素是最友好的。用户既不需要费心想一个和记住密码,也不用携带 USB-KEY,自身的属性就能用于验证。不过利用内在要素验证的技术要求和成本也最高,应用场合不如前两者多。

上面讨论的都是仅仅使用某一类验证要素。一个提高安全性的简单有效的方法就是同时使用两类或三类验证要素,这被称为多要素验证,最常见的是使用知识和拥有要素的双要素验证(Two-factor authentication)。我们从 ATM 机取款就是一个典型的例子,验证账号主人身份需要银行卡和密码的组合。其他金融系统的例子有网上银行所用的 USB-KEY、财务使用的安全令牌。比起这些专用的拥有要素,手机因为随身携带和使用便捷,现在被广泛用于各种场合的双要素验证。系统将验证码发到用户绑定号码的手机上,用户提交验证码以确认是该手机的主人。

## 6.1.3　知识要素验证

以抽象的过程来描述,任何验证都有以下几个步骤:

(1) 主体声明具有某个身份,或要求访问某个需要一定权限的资源。

(2) 验证者提出问题。

(3) 主体回答。

(4) 验证者根据答案判断主体是否具有声称的身份。

上面的第(2)步和第(3)步,在信息技术中通常被称为挑战(Challenge)和回应(Response)。挑战和回应的性质决定使用的是哪种验证要素。比如验证者要主体提供指纹,利用的就是内在要素。不过验证要素分成三类,是从要素的本质衡量。对我们关心的信息系统来说，无论采用哪种要素，都要被转换成数据发送给校验者，然后凭借某种算法和已知的数据得出判断，因此从校验者的角度看，它们都可以被看作知识要素的某种形式。

最简单的挑战回应当然就是问主体一个口令，主体输入口令，验证者检查口令是否正确。这样的验证系统开发起来就像一项平凡的业务功能，只需读取一条数据库记录。安全一点可以加密保存用户的口令，得到某个用户提交的口令后，不是直接比较，而是以同样的算法加密，再与保存的值比较。这种简单实现的前提是主题与验证者之间传递口令的通道是安全的。否则恶意用户可以在传递过程中窃取口令。于是问题变成如何不直接传递口令，而又让验证者确信主体知道口令。有很多种聪明的方法可以做到这一点。例如双方把口令当作加密键使用，验证者加密一个随机整数发送给主体作为挑战，主体用口令解密得出该数，加一后再加密发送给验证者作回应，验证者解密回应，和原随机数做比较，就能确定主体知道口令。

从信息技术的角度看，当主体和验证者不在本地而分处网络两端时，验证过程涉及主体和验证者两个系统以及居于其间的信息通道。可以为身份验证设计专门的协议，如 Kerberos、NTLM，也可以在通用的应用协议（如 HTTP）上开发。主体和验证者的地位也不是绝对的，当主体需要验证对方的身份时，两者的角色就对调了。网络中计算机之间的相互验证，用户和网站之间的双向验证，都是这种状况的例子。

## 6.2　Web 应用的验证

这里所说的 Web 应用包括所有通信基于 HTTP 协议的客户端服务器应用，浏览器访问网站和大量使用 HTTP 协议的 App 都属于此类。Web 应用是目前最流行和活跃的应用程序，它们的身份验证有许多共同的特点和技术。

### 6.2.1　验证与会话

HTTP 协议是无状态的，意味着每一次请求和回应双对都与其他双对无关。也就是说，同一个浏览器先后发出的请求，在服务器看来并没有什么联系，每一个请求都是全新的，与其他客户端发来的请求混杂，与历史无关，也与来源无关。这种情况就像一个没有噪音分辨能力的人隔着幕布同时与多人交谈。这样的设计令得实现简单,可伸缩性好,很契合互联网中服务器响应请求的特点。但是,开发 Web 应用时,无状态是不可以的。应用程序必须能分辨出哪些请求来自同一用户,以便做出特定的回应,例如显示他的邮件。继续上面的比喻就是,一个正常人与多人交谈,别人对他说的每一句话,他都知道是谁说的,也能有针对性地回答。借用这个比喻,Web 会话(Session)指的是与同一用户有关的一系列 HTTP 请求和回应。用户可以是匿名的,如我们浏览很多网站没有登录。此时 Web 会话(以后简称会话)仍旧是有意义的,网站可以返回定制化的内容,例如用户选择的语言和显示风格。更多时候,会话用于验证过的用户,系统根据其身份和权限返回特定的内容。

为了在无状态的 HTTP 请求回应上建立有用户状态的会话,就需要给来自同一用户的请求加上标记——会话 ID。匿名用户初次访问系统或用户登录后,系统为该用户生成唯一的会话 ID,包含在给客户端的回应中。此后客户端在每次请求中都附加该 ID,系统借此得知发送请求的用户身份。同时为保持用户的状态,服务器端的系统为每个会话维护一个对象,记录用户名、到期时间、客户端类型、用户权限、IP 地址等或多或少的会话信息,并且能根据每个会话 ID 匹配到对应的对象。这样在用户验证身份后,会话 ID 就成为他的验证属性值,每次请求系统都相当于利用会话 ID 再次进行身份验证。理论上,会话 ID 可以多种机制包含在 HTTP 请求中,如 Cookies、URL 参数、POST 数据中的隐藏字段。但实际上绝大多数情况下都采用Cookies,因为它有许多安全上的好处:不直接暴露在 URL 中,可以设置到期时间和只通过 HTTPS 协议发送。为了防止冒用身份和泄露信息,会话 ID 有一些安全上的要求:要有足够的长度和随机性,以免被暴力破解。不要包含任何用户信息,仅仅作为验证属性值。

HTTP 协议的无状态使得服务器端的系统无法得知用户的哪一次请求是最后一次,之后就关闭浏览器、下班或者睡觉去了。所以系统必须主动结束会话,策略是设定一个空闲时间的标准,当用户的最近一次请求距现在超过该时间时,会话就被结束——会话 ID 失效,会话对象被清除。会话到时结束也是对用户安全的一种保护。它使得恶意用户即使在某次会话中冒用了他人的身份,一段时间后也会无效。因此除了空闲结束,系统往往还会设定会话的最长时限,无论最近是否活跃,会话自建立起历时超过该时限就会被结束。

## 6.2.2 第三方身份验证

身份验证功能对大部分 Web 应用都是必不可少的。Web 应用为用户提供服务，提高对用户的黏性，都离不开一套用户身份验证机制。因为实现简单和与用户个人身份无关，大部分身份验证采用的还是账号加密码的组合。虽然开发这样一个功能并不困难，但站在用户的角度，为所有想访问的网站和 App 注册账号，记住一大堆用户名密码和在哪个地方用哪一组，实在是不小的负担。用户希望的是有现实中那样的"一卡通"。假如有一个 Web 应用和用户都信任和能够访问的第三方身份验证系统，Web 应用需要用户验证身份时，转交给此第三方来完成，那不仅 Web 应用省去了这方面的重复建设，用户更能够享受到单一账号的方便。从这个思想出发，业界已经开发出许多或开放或专有的技术。OpenID 和 OpenID Connect 是开放的身份验证标准，Facebook Connect 是 Facebook 公司取代其原有的 OpenID 实现之后的专有第三方身份验证技术，SAML（Security Assertion Markup Language 安全断言标记语言）是交换验证和授权信息的开放数据格式标准。这些技术虽然不断此消彼长，但背后的原理是共通的。通常第三方身份验证系统被称为身份提供者（Identity provider），Web 应用被称为服务提供者（Service provider）。以访问某个网站为例，图 6.1 演示了验证的整个流程。

图中的应用服务器（服务提供者）在收到用户发来的安全令牌后，还需要和验证服务器（身份提供者）通信以校验，我们称这种服务提供者是无状态的。另一种有状态的服务提供者会提前与身份提供者通信，获得某种可以独立校验安全令牌的信息，此后每次收到用户验证身份的令牌后，就不再需要发送到身份提供者。不管哪种情况，用户都需要直接访问身份提供者进行验证，这是最常见的第三方身份验证的流程，在另一种模式中，用户将账号和密码提交给服务提供者，再由其发送到身份提供者验证，如图 6.2 所示。

服务提供者虽然可以不开发身份验证的功能，但依然要维护一套用户数据，包括服务提供者需要或感兴趣的用户信息、用户的偏好和权限设置等，这些特定于服务的数据都是身份提供者不可能具备的。服务提供者可以同时与多家身份提供者合作，合作关系和身份提供者的服务都可能出现变化。这些因素都使得服务提供者有必要维护一套本地的身份信息，即使在界面上不显式地提供本地账号的注册和登录。服务提供者在最初的身份

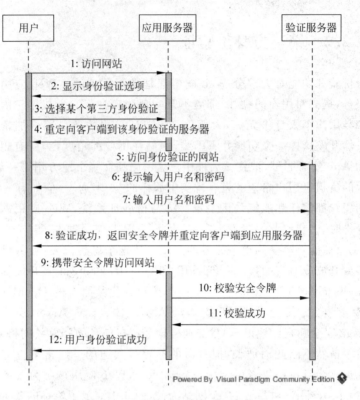

图 6.1　Web 第三方身份验证的流程

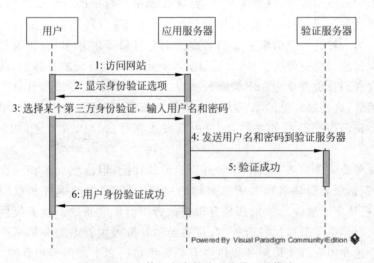

图 6.2　Web 第三方身份验证的另一种模式

验证阶段认可身份提供者出具的身份后,就将其映射到本地身份,此后与用户有关的业务逻辑都是与本地身份打交道。

当社交网站和工具成为现代人生活的一部分,这些应用的账号也就变成人们的第二第三身份。其他 Web 应用接受用户的社交账号作为身份,就远比提供一套新的身份,更有吸引力。另一方面,社交网站提供自己账号的验证服务,也是巩固和推广自身地位的好机会。于是国外的 Facebook、Google,国内的微博、微信和 QQ 等,就迅速成为市场上流行的身份提供者。这时对于 Web 应用来说,这些社交应用有价值的就不仅仅是它们的账号,它们积累的用户信息、偏好和关系以及作为推广的市场都对其他应用有巨大的吸引力。应用程序因而想以用户的身份使用社交应用——获取用户信息,发布自身的内容。这些活动对社交应用也是有利的,将它们作为平台丰富其内容。剩下只需要用户的授权。总结来说,就是 Web 应用获得授权以用户的身份有限地使用其他 Web 应用。OAuth 1 和 OAuth 2 授权框架就是在这个背景下发展起来的。与第三方身份验证的场景相比,可以看作身份提供者又多了一个资源提供者的角色,因为服务提供者在获得用户对资源提供者的授权同时,也就可以利用资源提供者验证的身份。所以 Google 和微博等网站都是以 OAuth 的形式提供它们的身份验证服务,前面提到的 OpenID Connect 也是建立在 OAuth 基础上。利用 OAuth 进行授权和身份验证最典型的流程如图 6.3 所示。从用户身份验证的角度来说,和前面介绍的机制在流程上没什么差别,只是多了授权服务器让用户确认是否授权的环节。

企业的内网 IT 系统往往由多个应用组成,大的互联网公司也会为用户提供一系列服务,虽然这些应用在诞生时间、开发所用技术和基于平台等方面可能有巨大的差异,但对用户来说,最理想的感觉是他们只是在访问一个巨大系统的不同部分,因而只应该有一组账户密码,只需要登录一次。这就是单点登录(Single Sign-On,SSO)的理念。不同 IT 系统借以实现单点登录的技术差别很大,对 Web 应用而言,关键在于多个应用共用同一个用于验证的会话 ID,或者叫安全令牌。单点登录与第三方身份验证的差别有:单点登录涉及的应用有一定的相关性,一般同属于一个企业。用户从统一的入口登录后,可以同一身份访问多个系统。第三方身份验证的服务提供者没有任何先天的关联,通常用户在访问时被重定向到身份提供者进行登录,访问每个服务提供者都要重复一次,如果用户首先在身份提供者处进行了验证,也不能以该身份自由访问各个服务提供者。

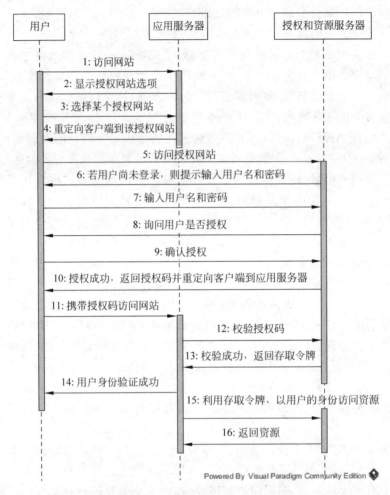

图 6.3 OAuth 授权和身份验证的流程

## 6.3 授权

在存取控制包含的四个过程中：身份验证、授权、存取审批和审计，前三者在概念和实现上都是紧密相关的，是一个系统的存取控制功能必备的部分。授权是建立在验证过的身份的基础上的，在不严格区分的情况下，可以包含上面的授权和存取审批两个步骤合起来的含义，我们平常说到存取控制、权限控制,基本上指的都是授权过程中做的事。

不同环境的特点和对存取控制的要求不一样,因应这些环境发展出来的存取控制模型的授权机制也有很大差异。自主存取控制(Discretionary access control)和强制存取控制(Mandatory access control)是操作系统常用的两种模型。在自主存取控制中,系统根据主体的身份或所属的群组决定它对资源的存取权限,对资源有某种权限的主体可以自主地赋予其他主体不高于自身所有的权限。例如 UNIX 系统中传统的文件权限(UNIX file mode),一个文件的主人可以将对文件的读写和运行的权限赋予其他用户。强制存取控制通常被作为自主存取控制的对照,主体对资源的权限不能自由转移,而是由系统统一制定。主体和资源都有一组安全属性(敏感标签),主体访问资源时,系统依据它们的安全属性和统一的授权规则决定主体是否有权限。很多 Linux 操作系统的版本就是采用这个机制控制进程对文件、端口、内存等资源的存取。一个现实中形象的例子是情报机构内文件有普通、机密、绝密等级,只有具备相应安全级别的人员才能查看。虽然自主和强制存取控制作为术语,常常意味着历史上特定的实现机制,但它们本质的差别在于前者的权限可以由某种主体自主转移,后者则不能。从这个角度看,这两个名词就不限于指两种特定的存取控制模型,而是用于区分存取控制的两个类型。

对于一个资源及其多种存取方式的权限控制,存取控制列表(Access control list,ACL)是一种有效的模型。包括类 UNIX 和 Windows 的操作系统、数据库管理系统大多采用它来管理对象的权限(如文件的读写、表的创建和读写)。存取控制列表是资源的权限列表,每个资源有若干存取控制条目(Access control entry),每个条目包含一个主体(用户或群组)及它所拥有的权限。图 6.4 和图 6.5 分别显示了 Windows 7 操作系统中一个文件和 Lotus Notes 中一个数据库的存取控制列表。

这两个存取控制列表中,具有最高权限的条目对应的用户都能够修改存取控制列表,因而也就能修改他人的权限,依照上一段扩展的观点,这两个存取控制列表也属于自主存取控制。上述存取控制模型都是基于用户身份的,对其他特定环境适用的模型还有基于动机的、责任的等,但是对于一般的业务系统,应用最广泛的还是基于角色的存取控制(Role-based access control)。

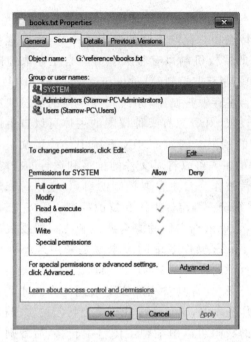

图 6.4 Windows 7 操作系统中一个文件的存取控制列表

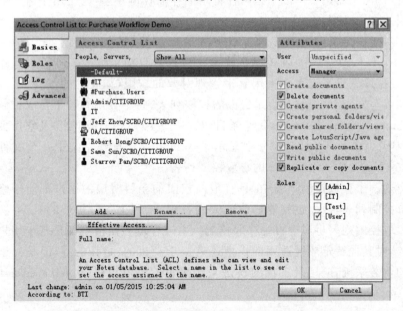

图 6.5 Lotus Notes 数据库的存取控制列表

## 6.4 基于角色的存取控制

无论是使用 IT 系统现有的功能，还是开发新的应用程序，基于角色的存取控制模型都是最常遇到和采用的存取控制模型，因为它能有效地解决各种授权的需要。本节就从授权的源头来逐步分析这种模型。

### 6.4.1 用户与权限

我们的分析从一个仅包括用户和权限两个概念的存取控制模型开始。用户只要在系统内执行操作的主体，权限只执行操作所需的许可，系统有任意数量的用户和权限。一个用户可能需要任意的权限。多个用户可能需要同样一个权限，所以用户和权限之间是多对多的关系，如图 6.6 所示。

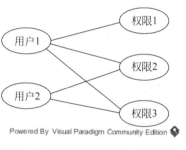

图 6.6 用户和权限的多对多关系

直接将权限赋予用户在实际应用中会有麻烦。假定系统管理员已经为所有用户设定好权限，其中某个用户甲有五项权限。此时公司新招来员工乙，做和甲一样的工作，因此需要和甲一样的权限。管理员必须为乙添加五项权限。甲被调去另一部门做和丙同样的工作。管理员必须首先删除甲的五项权限，再为他添加丙所具备的也许六项权限。公司的 IT 系统由许多应用组成，一个应用可能有成百上千的用户，需要配置的权限有几十项也很正常。维护权限将变成巨大、枯燥、易出错的工作。

### 6.4.2 群组与角色

用户和权限直接关联最大的问题它们之间关系（直观地反映为图 6.6 中用户和权限图形之间的连线）数量的庞大和重复，也就是说，每个用户都要和他具备的权限建立联系，大量具有同样权限的用户也必须重复建立这些联系。重复一段代码是程序员界不愿意做的事情之一，推己及人，管理员重复添加权限的动作当然也要尽量避免。解决这个问题的自然想法就是引入群组。群组取代用户被赋予权限，用户通过加入群组的方式获得该群组具备的权限。群组相当于需要相同权限的用户获得权限的模板，让一个用户获得另一个用户已有权限的"格式刷"。这样上面例子中甲调动的场景，管理员就只需将他移出原来的群组，再加入一个新的群组，工作量大大减少。一般地，$m$个用户都拥有$n$项权限的场合，用户和权限直接关联时，要建立$m \times n$个关系；用户通过群组获得权限时，只需用户和群组间的$m$个，加上群组和权限间的$n$个，总共$m+n$个关系。一旦有了群组，就会发现它的成员假如不限于用户，而是也能包含其他群组，可以适应更普遍的情况。例如一个公司的人事部和行政部的员工各有一定的权限，他们因为同属于后勤集团，有一部分权限是共同的。首先我们可以为人事部和行政部各建立一个群组。若群组的成员只能是用户，两个群组对应于后勤集团的权限就必须重复设置。若群组能包含群组，我们就可以简单再建立一个后勤集团群组，包含人事部、行政部和其他可能的部门，后勤集团群组的权限就只需设置一次。这样的群组，也被称为有层次的（Hierarchical）群组。

我们再从权限变动的方向考虑管理员的工作。系统上线后，权限变动的情况远不及用户调整的情况多，但是当系统改动时，还是有可能发生。如果用户直接和权限关联，权限变动时就会遇到类似用户调整时的麻烦。废弃的权限需要从所有具备的用户处删除，新增的权限要给所有需要的用户添加。解决问题的思路是引入角色。角色取代权限被添加给用户，权限通过被赋予角色的方式被添加到拥有角色的用户。与有层次的群组类似，角色拥有其他角色，也是角色拥有权限的自然扩展，被称为有层次的角色。被某个角色拥有的角色，称为该角色的父角色。

从两个方向出发，我们都打断了用户和权限的直接联系，分别引入了群组和角色。有的系统（如Lotus Notes）还真的同时具有群组和角色。它们的关系如何？怎样合作？有什么差别？图6.7列出了若干假想的用户、群组、角色和权限以及它们之间的关系。

群组作为用户的集合（所有用户组成的集合的子集），反映在图的左侧。角色作为权限的集合，反映在图的右侧。这两对关系都很清晰。从群组再向右，从角色再向左，关系就有些模糊了。群组要代表所包含的用户联系到权限，角色要代表所拥有的权限关联到用户。然而群组和角色都是有层次的，意味着图中群组的右边可能还是群组，角色的左边也许还是角色，两边

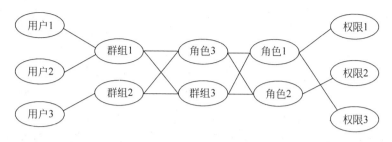

图 6.7　一个假想的用户、群组、角色和权限之间的关系

不确定的扩展何时接触? 考虑群组 1 和群组 2,它们都需要角色 1 和角色 2 的权限,因而为它们定义一个上级群组 3,再将两个角色赋予它。问题是当我们站在角色的角度考虑,角色 1 和角色 2 都需要被赋予群组 1 和群组 2,所以为它们定义一个上级角色 3,并将它赋予两个群组。两种方式看上去都是合理的,但群组 3 和角色 3 的作用显然是重叠的。这就启发我们思考:群组和角色是不是本质是相同的,仅仅是日常使用中联系的对象和针对的方向不同? 群组一般被作为用户的集合,角色更多时候与权限联系在一起。但是在存取控制的环境中,它们充当的都是用户和权限的中介,与用户和权限有着完全对应的关系。也就是说,我们可以将用户和权限之间的关系全部用群组来定义,也可以全部用角色来定义,所得的结构是完全一致的,这里群组和角色只是一种实体的两种名称、两个面向。以后除了需要强调时,我们就只使用角色之名称,不再用群组。

我们可以进一步地抽象用户、角色和权限之间的关系,如图 6.8 所示。

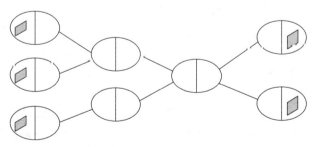

图 6.8　一组反映用户、角色和权限之间关系的节点

图中每个节点分左右两侧,两个节点之间的联系只能建立在一个的右侧和另一个的左侧之间。整个图的最左边和右边的节点比较特殊,它们没有更向一侧的节点,而是分别在左侧和右侧有一个值,不妨称为左值和右

值。每个节点,如果左侧没有节点,那它的左值就为自身包含的值,否则它的左值就等于它左侧连接的节点的左值的集合。依据这个递归的定义,所有节点的左值最终都成为最左边节点左值的集合。右值的情况完全类似。容易看出,用户和权限可以用图最两边的节点代表,角色则是中间的节点,左值和右值分别是角色关联的用户和权限,左右的关系是完全对称的。如果采用图论的语言,图6.8实际上是一个有向无环图,角色与用户、权限的关系完全由节点之间有向的连线描述。我们可以任意定义从左往右或从右往左是节点间连线的方向。依据这些连线,从一个节点可以获得它顺着方向指向的子节点,以及逆着方向源于的父节点,这对应着角色之间的关系。递归地使用这些关系,可以获得一个节点图形边界上的父节点和子节点,这些节点就对应着用户和权限。连线的方向和父子节点的关系都是左右对称的,所以从一个方向看,子角色具有父角色的权限;从另一个方向看,子群组包含父群组的用户。

## 6.4.3　权限与操作

至此,我们的存取控制模型包括用户、角色和权限三种实体和它们之间的关系,将它应用到实际还缺一环。在程序中,用户不会直接和抽象的权限打交道,而是要进行某个操作。操作是从程序的角度出发和权限发生关系的概念。绑定一个端口是操作,访问一个页面是操作,读取一个文档是操作,发送一封邮件是操作,提交一张订单也是操作。操作不仅是一个统一和易于理解讨论的概念,而且在代码中有实在的对应物,那就是业务逻辑对象的方法,所以要实现任何一个存取控制模型,都离不开具体把操作和权限联系起来。

在用户眼里,操作和权限似乎是一一对应的。张三有权限查看一份报告,查看报告的操作对应着一项权限;李四无权限审批一个流程,审批流程的操作也对应着一项权限;有多少项操作就需定义多少项权限。如果这样来设计权限,其数量就会和程序的功能项一样庞大,为角色赋予权限的工作量也相应增加。实际上,权限虽然是从用户能否执行某项操作抽象出来的对象,但不是操作的附属,可以与之有更灵活的关系。首先,多个操作可以要求同一项权限。例如在一个程序中,文章的读者都有权转发和收藏,那么读文章、转发、收藏这些操作就不必定义各自的权限,只需要求同一项读文章的权限。其次,即使考虑到上面的情况将操作和权限的关系设置为多对一,也仍旧太局限了,有些场合,将操作所需的权限看作若干基本权限的组合,更为适当。设想一个校对文档的操作,会涉及修改正文和添加注释的动作。假如操作只对应一项权限,就需要定义修改、注释和校对文档三种权限。而如果操作能够要求多项权限,就能省掉不必要的校对文档的权限。所以一般地说,操作和权限是多对多的关系,这样可以让权限定义原子化,有利于维护和使用。在这种设计中,所有的权限组成一个集合,一项操作要求的权限是其中的一个子集,某个用户通过角色具备的权限也是其中的一个子集,存取审批的过程就是分别计算出两个子集,然后看用户的权限集合是否包含操作的权限集合,是则审批通过用户有权进行操作,否则判定用户无权限。

在一个 MVC 架构的应用程序里,为操作要求权限在位置上有几种可能。以用户的角度,可以在控制器和视图里要求权限。操作最终是在模型中完成的,所以自然也能在其中要求权限。模型的同一个方法可能在控制器中多处调用,比如常见的执行一个命令在用户界面上有多种途径,因此相较于控制器,在模型的代码里要求权限更简单和容易维护。但是模型里的权限要求只有在用户做出动作后才能检查,假如在视图里设置权限,就能在操作前将当前用户无权访问的功能对应的视图元件隐藏或置为不可用状态,界面因而更简洁,对用户也更加友好——设想用户单击一个按钮后被告知没有权限,和他看不见该按钮两种场景。所以最佳方案是同时在视图和模型里设置权限,前者提供的是用户界面上的便利,后者则是权限真正发挥作用的地方。两者的关系就像传统的 Web 应用程序中浏览器和服务器端分别对用户输入做的校验,浏览器端提供的是即时的提示,服务器端的校验则是业务逻辑的一部分。

### 1. 在模型中设置权限

在模型中设置权限,代码上有多种方式。最原始的是在一段需要特定权限才能执行的代码前调用某个检查权限的方法,所需的权限作为参数传递给该方法,若要求未能满足,该方法抛出一个权限异常。如下面的 Python 代码所示。

```python
def read_document():
    """context 对象包含当前用户的信息,read.document 是权限的名称。
    为了下面两种方式代码的统一,check_permission 方法返回的是一个对象。
    若单纯使用这种方式,check_permission 就可以直接检查权限。"""
```

```
        context.check_permission("read.document").check()
        #...
        pass

    def read_document():
        """"在方法中要求权限的另一种形式,使用了 Python 的 with 语法,
            需要权限的代码显得更清楚。"""
        with context.check_permission("read.document"):
            #...
            pass
```

以这种方式,一个模型的方法内可以在多处设置权限,但将所有这些权限统一在方法前声明,不失为更清晰的风格。利用 Python 的 Decorator 语法,可以很容易地做到这一点,Java 和 C♯ 都没有类似的功能,所以才在这里选择用 Python 语言展示设置权限的多种风格。

```
    @context.check_permission("update.document")
    def update_document():
        #...
        pass
```

## 2. 在视图上设置权限

程序的视图如果是用传统的命令式语言开发的,设置权限的方式就与上面在模型中类似。需要为视图编写一个专门的方法,如 show(),在显示视图时调用,组成视图的各控件的 Visible 和 Enabled 等可以提示其可用性的属性在检查权限后设置。

```
    def show():
        """"check 方法的 throw_exception 可以令它在校验权限未通过时不抛出异常,
            只是用真假值来表达结果。"""
        btn_edit.enabled =
    context.check_permission("update.document").check(throw_exception = false)
        btn_delete.visible =
    context.check_permission("delete.document").check(throw_exception = false)
```

在前面的章节我们已经看到用某种声明式语言来定义视图的好处,这在设置权限时也能体现。只要该声明式语言在定义元件的属性时支持某种表达式语言,上面的权限要求就能简单地通过属性设置。Lotus Notes 的表单、Web 应用程序服务器端所用的模板语言等技术都支持这种方式。下面

是 Lotus Notes 表单上一个按钮的隐藏公式的样例,当前用户没有 Approvers 角色时按钮隐藏。隐藏公式的逻辑和普通的 Visible 属性正相反,公式运算结果为真时所属的元件被隐藏。

```
@IsNotMember("[Approvers]";@UserRoles)
```

这样在操作中声明用户所需的角色是对其权限所做要求的简化,相当于省略了对操作所需具体权限的显式定义,然后将该隐式的权限赋予指定的角色。省去两个步骤虽然看上去方便,但也随之丧失了对权限细粒度的控制。操作要求的角色不可能列举所有有权限做该操作的用户具备的角色的组合,所以只能是某个包含权限最少的元角色,需要执行该操作的用户将该角色添加作为他们某个已有角色的父角色。也就是说,元角色发挥的仍然是它所隐含的权限的作用。然而名义上作为角色又容易引起混乱。设想一个流程的审批权限 approve.workflow,连同其他权限被赋予 Approvers 和 Supervisors 角色。假如省去这两个步骤,在审批操作中要求角色。那么要么以或的组合列举两个角色,这样在程序中绑定角色不够灵活,若以后出现其他某个角色如 Agents 需要审批权限,就必须将 Approvers 或 Supervisors 添加作为 Agents 的父角色,而 Agents 角色的用户很可能不是 Approvers 或 Supervisors,不应该具备其权限;要么新增一个元角色 WorkflowApprovers,添加作为 Approvers 和 Supervisors 的父角色,这样原本的权限都变成角色,引起角色的膨胀和混乱。

## 6.4.4 实现

取决于所用的技术和具备的功能,我们的存取控制模型的实现非常多样化。比如在一个简单的实现中,角色的分配、权限的设置都在代码里完成,那么角色和权限两种实体可以不用定义类型,直接用字符串表示。这种实现只能用于演示和小型的系统,因为任何权限的初始化和改动都必须由程序员修改代码。对正式的大型业务系统,权限应该由管理员用户通过系统的功能来维护。因而与系统普通的业务功能对应的模型一样,用户、角色和权限这些实体也是具有若干属性和方法的,能够在程序和数据库之间往返的对象。图 6.9 展示的就是这些对象的一种类图。

每个对象的 id 是它的唯一标识,name 属性是用来称呼它们的名称,以适应可能出现的改名的情况。roles 属性容纳的是用户和权限对象直接关联

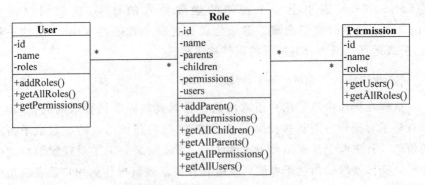

图 6.9　用户、角色和权限的类图

的角色。角色直接关联的对象的情况较多,父角色、子角色、权限和用户分别有对应的 parents、children、permissions 和 users 属性。至于各个对象的方法,添加关系的有 addXXX();根据属性递归地获得所有某类对象的有getXXX(),如 getPermissions();要区分直接关联的用户和属性时,方法名称为 getAllXXX(),如 getAllRoles()。当然添加关系可以由任何一端的对象负责,所以 addXXX()类方法还可以选择或添加对称的一组。获得关联对象的方法除了和权限相关的基本是为了管理员维护权限时能够了解这些对象之间的关系。

　　这些属性和方法只是列出一种可能,根据实际需要会有各种变化和扩展。getXXX()方法因为返回的对象数量可能很大,若编程语言支持,可以使用生成器(Generator)。这些对象连同它们的关系持久化在数据库中,获取一个用户的权限时,要多次读取数据库,建立起从该用户经过有层次的角色到达权限的对象图。为了避免重复的开销,已读取的用户、角色和权限对象可以和某个会话关联,一直保持在内存中。

# 6.5　基于属性的存取控制

　　基于角色的存取控制虽然有很强的表现力,能适应多种场合的需求,但也会遇到无能为力的场景。解决之道则是一种更具灵活性和适应性的存取控制模型。

## 6.5.1 资源与存取方式

设想系统里有某种文档,每个部门的用户只能看该部门的文档。若采用基于角色的存取控制模型,read.document 这样的权限就不能满足区分部门的要求。再比如一个多环节的审批流程,每个环节的审批者只有当流程处于特定的状态时才有权限审批,单纯为审批者赋予权限也没有包含状态的约束。探究这些失败的原因,就要回到本章开始时对存取控制概念的界定。简单来说就是,系统依据某种逻辑批准或拒绝用户对资源的存取。资源和存取都是抽象的概念,涵盖大量具体的形式。在之前的讨论中,存取资源实际上被合并成一个操作的概念,资源种类的集合和存取方式的集合,两者的笛卡儿积构成操作的集合。举例来说,文档、邮件是两种资源,读写删除是存取方式,这样存取资源的每一种组合:读文档、写文档、删除文档、读邮件、写邮件和删除邮件都成为一种操作。以操作为基础来定义和声明权限看上去与以存取资源为基础是等价的。但这种等价是有前提条件的。资源的存取方式必然是有限的,如上面的读写删除,但资源个体的数量是无限的,将资源分为若干类隐含的前提是每个类别内资源个体的差异对权限来说是透明的。但如若按照业务系统的需求,对于一种存取方式,某类资源内个体的权限是有差别的,就要按此差别将该类资源再细分为若干类。比如我们开始时说到的文档,一个部门的文档只能被该部门的用户看到,文档再作为一种资源就失效了,若要继续采用基于角色的存取控制模型,就必须区分不同部门的文档,权限的定义也就要包含部门。我们沿着这个思路来改写前两节中的代码。操作依旧映射到模型的方法,而且针对某一类资源,不可能区分部门这样的差别,所以在方法前用@Decorator 声明权限的方式不再有效了,权限必须在方法内获取了资源实例后才能检查。

```
def read_document():
    # 权限类型 Permission 的构造函数接受的两个参数分别是资源对象的类型和存取方式。
    # 对象初始化后可以通过 set()方法来进一步细分,第一个参数传递的是细分的类别,
    # 第二个参数是从其获取该类别值的对象,第三个参数是从对象上获取该类别值的属性名称。
    permission = Permission(Document, "read").set("department", doc, "doc_dept")
```

```
# 对应地,在给角色赋予权限时,也要以这种参数化的形式:
# permission = Permission(Document, "read").set("department", user,
"user_dept")
# role.add_permissions(permission)

# check_permission 方法被改写,接受一个权限对象作为参数,并直接检查。
context.check_permission(permission)
# ...
```

多环节审批流程的权限也可采用这种方案,操作中声明和用户角色添加的权限对象就可以分别是:

```
# 审批流程的权限对象除了指定资源类型和存取方式外,还要按当前状态细分
permission = Permission(Document, "approve").set("status", doc, "doc_status")
# 给角色添加的权限对象,在对 status 类别参数化时,因为用户对象本身和 status
# 值无关,所以传递给 set 方法的不是对象和属性名称,而是一个静态值
# 最终为不同环节的审批者分别创建一个角色,每个角色被赋予流程一个状态的
# 审批权限
permission = Permission(Document, "approve").set("status", "Waiting for HR
approval")
role_hr_approvers.add_permissions(permission)
```

以这种方式扩展后,基于角色的存取控制模型中各种对象及其间关系的维护对管理员来说就更有技术性了,他们在权限参数化时要准确地输入 set 方法接受的各项参数值。

## 6.5.2   从权限到属性

基于角色的存取控制模型除了角色的作用,与其他许多存取控制的实现机制一样,都是建立在分离的权限对象基础上。用户是否被批准执行某个操作,取决于他拥有的权限对象和操作要求的权限对象之间的比较。系统对存取资源的所有控制逻辑,都必须实体化为一个个可定义、可分配、可比较的权限对象。这在控制逻辑同质和涉及因素较少的情况下,是一种很好的模型。但是当控制逻辑异质和涉及较多因素时,权限实体和角色的组合就越来越难描述控制逻辑。比如用户登录时输入密码错误超过一定次数,账号就被锁定一段时间,控制逻辑就涉及距离锁定开始的时间;网络论坛上用户的权限随积分的增加而变化,虽然也可以为积分的不同区间设置

对应的角色,但那样会令得用户随积分的增长频繁改变角色,而且一旦积分和权限的对应规则变化,用户的角色就需要全面调整,控制逻辑直接使用积分的模型就灵活和自然得多;社交网站上用户内容的公开范围可以在自己、好友和所有人之间选择,若使用权限实体,因为资源要依据用户细分,权限实体也就要按照当前用户和好友来进行参数化,虽然能满足要求,但比起控制逻辑直接运用用户间的关系就显得累赘笨拙。这些困难都促使我们建立一个涵盖范围更广、更灵活的存取控制模型。

我们再返回存取控制的概念,从它的定义出发,可以得出核心的存取审批过程的一个数学表述:

```
Approval(user, resource, action, context)
```

Approval 函数得出布尔值的审批结果,真就是批准,假就是驳回。四个参数分别是用户、资源、动作(存取方式)和环境,包含了一切审批可能涉及的方面。用户、资源和动作实体我们都已熟悉,环境参数代表的是存取审批发生的时间、地点等等前三个实体以外的可能影响审批结果的因素的集合。基于角色的存取控制模型可以描述为这个函数的一种实现:

```
return permissionsOwned(user) includes permissionsRequired(resource, action)
```

这行伪代码中,permissionsOwned 和 permissionsRequired 分别获得用户和资源、动作关联的权限对象的集合,includes 操作符判断左边的集合是否包含右边的集合。这种实现方式没有利用环境参数,而且其他参数的使用方式也被限定。为了增强函数的表达力,我们可以设想另一种抽象的实现:

```
if (user, resource, action, context)meets grantingPolicy1 return true
if (user, resource, action, context)meets grantingPolicy2 return true
if (user, resource, action, context)meets grantingPolicy3 return true
...
return false

if (user, resource, action, context)meets denyingPolicy1 return false
if (user, resource, action, context)meets denyingPolicy1 return false
if (user, resource, action, context)meets denyingPolicy1 return false
...
return true
```

在第一段代码中,函数分别检查用户、资源、动作和环境的组合是否符合一系列授权规则(Granting policy),若符合,则授权通过;若全部不符合,则驳回用户的请求。第二段代码的逻辑相反,函数逐个检查参数组合是否满足一系列驳回规则(Denying policy),若满足,则用户请求被驳回;若全部不满足,则用户请求被批准。因为默认结果不同,两种规则不能混合使用。容易看出,这种实现方式中存取审批的关键是规则的内容,上面抽象的形式没有给规则的制定任何限制,任何利用用户、资源、动作和环境实体的属性得出的布尔值表达式都能行。比如下面这些例子:

```
//一个部门的文档,只有本部门的用户才能看到。以下的规则中,资源类型和动作
//在检查因为显而易见而省略,只列出核心的部分
resource.type == "document" and action == "read" and resource.department ==
user.department


//多环节流程审批的授权规则的其中两个
resource.status == "Waiting for HR approval" and user.getAllRoles() includes
"HRApprovers"
resource.status == "Waiting for IT approval" and user.getAllRoles() includes
"ITApprovers"


//用户登录时输入密码错误超过一定次数后就被锁定三天,对应的驳回规则
user.locked and (today - user.lockedTime) < 3


//论坛新用户发主帖需要积分超过三百
user.points > 300


//社交网站用户发布的内容只针对好友开放
user.friends includes resource.owner


//宿舍门禁系统实行的晚上开门的时限
context.time > 6:00 and context.time < 23:00
```

这个模型因为利用相关实体的属性建立审批规则,被称为基于属性的存取控制(Attribute-based access control)或者基于规则的存取控制(Police-based access control)。规则的灵活使得它可以满足涉及用户、资源、动作和环境因素的各种各样的存取控制要求。它可以结合用户的角色一起使用,不过这样做时决定存取审批结果的不再是决策和操作各自关联的权限实体,角色仅仅是作为用户的一个属性,如上面的例子所示。审批规则可以采用 XACML(eXtensible Access Control Markup Language,可扩展存取控制标记语言)来定义,也可以将上面的伪代码直接转换成编程所用的语言,所

谓的基于规则的程序控制就变成平凡的布尔值表达式和条件检查,所以即使我们从来没有听过基于属性的存取控制,在编写程序涉及权限时都很可能已经在应用它了。与基于角色的存取控制不同,基于属性的存取控制因为审批规则设定的技术性及其和代码的紧密结合,普通用户难以胜任维护权限的工作,只能由 IT 部门的人负责。而且就像我们已经看到的,负责存取控制的代码和其他业务逻辑的代码有时边界已经模糊。继续使用部门文档的例子,这次不是打开单个文档阅读,而是显示文档列表的功能。如果从存取控制的角度,程序应该从数据库读取一批文档,然后依照某种存取控制模型逐个文档检查,若当前用户有权限阅读(即用户和文档所属部门相同),就添加到一个列表中,若没有则跳过,最后将该列表显示在视图上。这种算法显然很慢,有效率的做法是从数据库读取文档时就附上部门字段值等于当前用户所属部门这个条件,而如此一来存取控制的要求就完全是以普通业务需求的形式实现的。

# 第 7 章

# 异　类

程序员通常关注和学习时下(和未来,如果能预测的话)热门的技术,一来这关系到大家的工作,二来和人类的任何活动领域一样,从众心理和行为对程序员也是适用的。流行的东西当然有它的道理,或许从功利的角度可以说,热门的技术就是好的技术,但是反过来说冷门的技术就是较差的,肯定是不能成立的。技术的流行与否与很多因素有关,许多小众的技术也能给我们以教益和启发,用它们不同寻常的理念和设计开拓我们的思路和视野。

本章要介绍的 Lotus Notes 就属于此类。Lotus Notes 在开发人员中的知名度显然不如 Java、Oracle 等主流的技术,但它也有过辉煌的时代。Lotus Notes 曾经是协作软件的代名词和我国 OA 软件的标准平台,它出现得比 Linux 和 Outlook 还早,至 2008 年就已卖出近 1.45 亿份许可,迄今仍有数千万应用在运行。在历史上它曾经长期是技术的创新和引领者,文档型数据库、双密钥安全体系、比浏览器更像浏览器的客户端、无与伦比的快速开发,即使它被广为诟病的用户界面,有些方面看上去仍然是 iPhone 和 iPad 的先驱。

在其超过三十年的历史里,Lotus Notes 发展出一整套独特的概念、技术和思维。这位软件领域的寿星在如今发展更新速度远超往日和技术愈趋公开互通的时代,尤显与众不同。在这里你能以无与伦比的速度开发出有高度安全性的、无须安装、自动更新和可以离线使用的客户端应用程序。但是你却不需要掌握数据结构、编译连接、关系型数据库设计和面向对象的思想,不需要了解 SQL 语言、XML。相反,你会遇上语法独特的公式语言,需要掌握表单、视图、代理等设计元件的概念,熟悉文档这样一个既是数据库存储单元又是编程中重要对象的东西,经常和隐藏公式、替换设计打交道。计算机专业毕业的人会发现和其他专业的人处于几乎相同的起跑线。于是,一个有趣的现象就是 Lotus Notes 的开发人员当中非科班背景的比例特别高,电子、材料、机械以至财会,文理不限,男女平等,还有从普通用户到熟练用户再到会写代码的用户、一步步从业务部门转到 IT 部门的励志(悲情)故事。

　　表面上看起来奇怪的自成一体、与通行的技术和标准的歧义往往源于后者诞生得较晚。比如 Lotus Notes 的表单是由被称为"复合数据"(Composite Data,CD)的二进制格式定义的。为什么不采用流行的 XML 呢?原因很简单,那时候还没有 XML。并且,Lotus Notes 的有些技术和理念还是后来流行者的先声,如用户界面和程序动态地从服务器上下载到客户端运行就远早于 Web 应用程序,表单呈现文档时与数据的紧密结合就体现了数据绑定的概念。以关系型数据库、Web 程序开发、MVC 架构这些 Lotus Notes 技术世界以外的标准和思想来比较和看待它,既能获得对后者更深入的理解,又常常能从其中获得启发。本章就以一个程序员的视角检视 Lotus Notes 的技术架构和程序开发,重点突出那些和主流开发技术不同但又值得借鉴的理念和设计。

# 7.1　快速开发

　　如果在大街上找一群人做抽样调查,让他们估计建一座大桥要多长时间,开发一个网站要多长时间?我想答案很可能是:建一座桥要几个月甚至一两年时间吧,做一个网站几天时间够了吧,再不然几个星期。人们对有形的物体的复杂程度、价值和所需劳动的估量往往超出无形的东西。君不见很多人为了买一台电脑愿意花几千元钱,而对让电脑区分于一个大铁箱的包括操作系统在内的各种软件,默认估价是免费——微软垄断的年代在哪个大城市的电脑市场附近不能碰上大量叫卖5块钱就能买一张 Windows 光盘的小贩呢,而且还能讨价还价。公司老板尤其是中小企业主对进销存、客户关系管理等各种软件的心理承受价位大概也就和一张老板椅差不多。

说回软件开发的速度,工程师和项目经理都知道随便一个业务系统的周期都是以月为单位的,这一点往往系统的用户在初次了解到时也很惊讶。当然,开发人员和用户在这一点上是心连心的,他们也希望尽量提高效率,早日完成项目。所以从方法论到工具,不断有加快软件开发的发明。

　　软件开发工程,最初是和桥梁建筑这些有形工程遵循一样的流程和方法论的,比如经典的瀑布模型,严格划分从需求、设计、实施、检验到维护的各个阶段。然而,将在建筑工程领域行之有效的流程移植到软件项目中却遇到了许多问题。时间长、风险和失败率高、用户对成品不满意。于是一系列以强调快速迭代、原型开发和与用户互动的新思想诞生并被广泛应用,就是所谓的 RAD(Rapid Application Development)快速应用程序开发。

　　许多语言、工具和平台都声明自己的快速开发特性。究竟能有多快呢?我多年前曾经工作的一家公司,快到中午时大家都要叫外卖,每个人根据外卖单将选中的饭菜发邮件给前台,前台汇总后统一订餐,提高配送的效率(不要奇怪为什么不用各种订外卖 App,因为那时候手机能上网的都不多)。有人开玩笑说,应该建一个系统,大家在里面订餐(当然最终还得靠前台打电话,不过在系统里订餐显得比用邮件更符合一家 IT 公司的风格)。有人附和,说那好办,一个上午就可以搞好。大家笑笑,也都不以为意。如前面所说,一个软件系统的开发不像外人想得那样简单,像订餐这样一个功能简单的应用程序,用一般的语言开发,时间至少也得以天为单位,如果不是以星期的话。然而,当时我们都知道那位说用一个上午的同事不是在吹牛,其他人也都能做到,原因就是我们用的开发平台——Lotus Notes。作为一个 RAD 平台,Lotus Notes 在它所适合开发的应用系统范围内,速度罕有匹敌。

　　Lotus Notes 在日常使用中有很多称呼,对于这个英语单词组成的名称,国内的开发人员一般简称为 Notes 或 Domino,普通用户则用 Lotus、Notes 指代这个他们平时使用的邮件和各种应用程序的平台。准确来说,Lotus 是早先包括 Lotus Notes 在内的许多软件的开发公司,Lotus 因而也就是这些软件的总品牌,Lotus Notes 是 Lotus Notes/Domino 系统中客户端的名称,Lotus Domino 则是指服务器。IBM 收购 Lotus 公司后,保留了 Lotus 品牌,后来又在 Lotus Notes 前加上了 IBM 的字样,最后 Lotus 品牌被放弃,旗下的产品和 IBM 其他一些软件组成协作软件部门,Lotus Notes/Domino 的名称变为 IBM Notes/Domino。抛开这些对读者无关紧要的品牌战略和技术细节,本书径以 Lotus Notes 来指称所有这些软件,有时也直呼 Notes,必要时才作更精细的区分。

## 7.2  Lotus Notes 是什么

或许 Lotus Notes 为最多人所知的身份是邮件系统。作为一个历史悠久、曾占据很大市场份额的邮件系统，Lotus Notes 具备邮件、日历、待办事宜和会议组织等常见的功能，并且自带项目工作室、论坛等方便企业内协作的模块。这些现成可用的功能模块又是建立在 Lotus Notes 的数据库、客户端和服务器等一系列专有的技术基础之上的，从后面可以看到，Lotus Notes 各方面的技术构成一个完备的系统，IT 应用涉及的元素一应俱全。不过对许多客户来说，Lotus Notes 的价值主要体现在它是一个快速应用程序开发平台。在不光将 Lotus Notes 用于邮件服务的企业内，普通用户对 Lotus Notes 的印象更多的是一个工作平台，在其中可以打开许许多多业务系统。这些业务系统尽管使用的企业和部门覆盖所有范围、解决的用户需求五花八门，从功能上看，最常见的还是两类：文档管理和工作流。

在以后的讨论中，我们会认识到为什么 Lotus Notes 最适于构建这两类系统。21 世纪前十年国内企业和政府机构的 OA（无纸化办公系统）热潮，所用的平台大多是 Lotus Notes，这些 OA 系统繁多的功能模块，除去表面的需求不同，都可以归入文档管理和工作流这两个类别。企业在办公系统之外对 Lotus Notes 的运用，也基本不超出这两个类别。文档管理的范围包括对政府公文和企业资料等各种文档的录入、编辑、查询、归档、分类、发布等等可能的操作，还可以扩展到发布静态信息的网站的内容管理、论坛等实质相同的领域。工作流指的是可以建模为以文档为核心、主要活动为用户审批的业务流程。政府和企业日常办公中的请假、用车、办公用品领用、人事招聘，企业生产经营过程中的采购、报销、设计审批，都属于此类。工作流比文档管理更复杂，更有技术上的趣味，也更能代表 Lotus Notes 协作平台的定位和身份。对该平台上工作流的讨论，既能为用其他技术实现工作流提供借鉴和对照，也可以充分展现 Lotus Notes 的技术特点，为后续关于程序开发的分析做准备。

### 一个工作流系统的样例

一般而言，一个工作流可以视为由以下要素组成：一个工作流实例（Instance）；一组节点（状态）；在每个状态上对实例进行的动作，既可能是系统自动处理的任务，也可能是人工操作，每个操作结束后实例跳转到另一状态(也可以是同一状态)。与工作流紧密相关的功能包含随之流转的业务实体,进行人工操作的用户及相应的权限系统和信息通知系统。与一般工作流相比,Lotus Notes平台上的工作流有一些特点。

- 工作流实例和业务实体都以文档为载体。工作流实例本身只包含与流程有关的信息,例如流程名称、当前节点等。一个工作流之所以对用户有意义,是因为与它绑定的业务实体,比如在采购流程里就是一张采购单。在Notes系统里,两者都以文档为载体,并且往往包含于同一个文档。

- 对工作流实例进行的动作以Lotus Notes系统内用户审批为主。一般工作流各个环节的动作可能五花八门:人为的审批、系统自动处理的任务、调用其他系统接口执行的工作等等。Notes工作流虽然有时也会由系统定时处理处于某个节点的流程文档,或者和其他系统做交互,但大多数工作流的绝大多数动作都是用户的审批。

- 串行与并行。在讨论串行和并行流程之前,先要界定这两个词的含义。一个流程如果在某个时间同时具有两个或以上的状态,并且每个状态的处理都可以独立同时进行,我们就说这个流程在这些状态上是并行的。相反,如果一个流程在一段时间内虽然状态变化,但任意时刻都只处于一个状态上,我们就说这个流程在这段时期或者在这些状态上是串行的。另一种并行与串行的对比是,流程处于某个节点时需经多名用户审批才进入下一节点,这些用户的审批就可以分为同时进行的并行方式和依次进行的串行方式。以后将会详细讨论的Notes的文档保存冲突导致运行于其中的工作流被限制为只能采取串行的方式。

下面简单演示的一个采购工作流,让读者对Lotus Notes应用程序的界面和功能有一个直观的了解。通过Lotus Notes客户端访问的应用程序主界面如图7.1所示,一般分为左右两栏,左边的导航栏列出的功能都是指向以某种形式显示某类文档的视图,右边的视图栏显示以分类或排序等方式组织的文档以及相关的操作。例如图7.1中的导航栏项目有当前用户创建的采购单My Purchasing Order、等待当前用户处理的采购单My Work、按状态分类显示所有采购单的Purchase Order等,以及Setting下所列的系统管理员和开发人员需要访问的视图,包括设置一般关键字参数的Settings、计算采购单号所用的Flow Number、配置流程参数的Flow Settings等。视图栏显示的是按流程状态分类折叠的采购单。

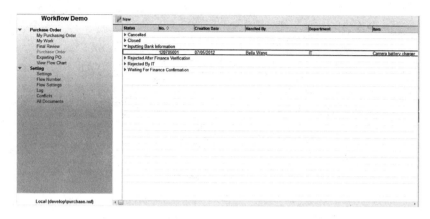

图7.1 Notes客户端中一个采购工作流程序的界面

打开一张采购单后界面如图7.2所示。最上方的操作栏列出表单提供给用户的操作。表单的标题下方显示了采购单所处的流程状态、当前处理人以及单号。采购单的具体信息可以用折叠区段、多标签页表格等方式组织。

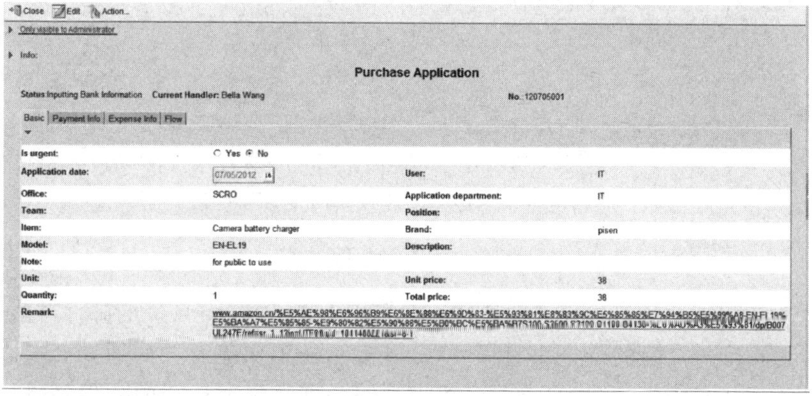

图7.2 采购单的界面

申请人填写采购单后,提交到审批人。审批人可能进行批准、驳回等各种操作,之后流程转往下一个状态的处理人,直到某些状态流程结束。依据业务需求,某些状态的处理人也可能在表单中填写和修改信息。所有的流程审批操作都是从工具栏的 Action 按钮触发的,单击后会在弹出的对话框中看见当前状态可能的操作,并可以输入意见,如图7.3所示。

流程中每一步的操作都被记录下来,如图7.4所示。

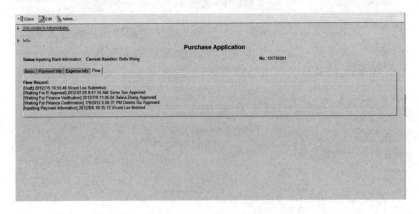

图 7.3　流程操作的对话框

图 7.4　流程操作的记录

对流程下一状态处理人的通知一般采用 Lotus Notes 自带的邮件功能,也可以选择开发专门的待办事宜模块,分开显示与工作流有关的通知。可以在工作流的状态变化时即时通知,也可以由服务器上定时运行的代理每隔一段时间发送一次。即时通知更及时,但是当某个用户是较高级的审批人或者参与多个工作流时,会收到大量的频繁的通知,特别是通知以邮件的形式时,会打扰用户的工作。定时通知则可以将一段时间内某个用户要处理的工作流汇总通知。采购审批就采用这种方式。例如,用户甲是 IT 经理,有三张采购单处于 Waiting For IT Approval 的状态,他就会收到一封邮件,正文中以表格形式列出三张采购单的基本信息,每一行的采购单信息链接到对应的采购单以便用户打开处理。为了演示方便,图 7.5 中所有的通知邮件都发到同一个人的 Web 邮箱中。图 7.6 展示的是一封通知邮件的正文。

| ☑ | ! | Sender | Subject | Date ▼ | Size | 📎 | ★ |
|---|---|--------|---------|--------|------|---|---|
| | | IT | 3 Purchasing Orders Of Status Rejected By IT Are Pending For Your Handling | 09:58PM | 2K | | |
| | | IT | 1 Purchasing Orders Of Status Rejected By IT Are Pending For Your Handling | 09:58PM | 1K | | |
| | | IT | 1 Purchasing Orders Of Status Rejected By IT Are Pending For Your Handling | 09:58PM | 1K | | |
| | | IT | 1 Purchasing Orders Of Status Rejected After Finance Verification Are Pending For Your Handling | 09:58PM | 1K | | |
| ✉ | | IT | 1 Purchasing Orders Of Status Rejected After Finance Verification Are Pending For Your Handling | 09:58PM | 1K | | |

图 7.5　审批人在 Notes 的 Web 邮箱中看到待处理的流程通知

Reply ▾　Reply To All ▾　Forward ▾　📠 ▾　★ ▾　🗑 📇 🗑　More ▾　　　　New ▾　📇 ↑ ↓　Show ▾

**3 Purchasing Orders Of Status Rejected By IT Are Pending For Your Handling**

IT

To: admin

Thursday, January 08, 2015 10:22AM

Show Details

| No. | Is Urgent | Application Date | Department | Users | Item | Brand | Model | Description | Unit Price | Quantity | Total Price | Note |
|-----|-----------|------------------|------------|-------|------|-------|-------|-------------|------------|----------|-------------|------|
| 111228001 | Yes | 12/28/2011 | Sample Quality Engineering | GEROGE | Peripheral | China Telcom | Internet Service | Internet Service at home | 2590 | 1 | 2590 | 1 year Internet Service at home |
| 111228002 | Yes | 12/28/2011 | Sample Quality Engineering | ALDON | Peripheral | China Telcom | Internet Service | Internet Service at home | 1749 | 1 | 1749 | 1 year Internet Service at home |
| 120529001 | No | 5/29/2012 | Sample Quality Engineering | Slavia Yang | Laptop | Dell | XPS | | 6999 | 2 | 13998 | for Slavia Yang and Stephanie Guan ,their PCs is more then 4 years |

图 7.6　一封流程通知邮件的正文

整个采购流程如图 7.7 所示。

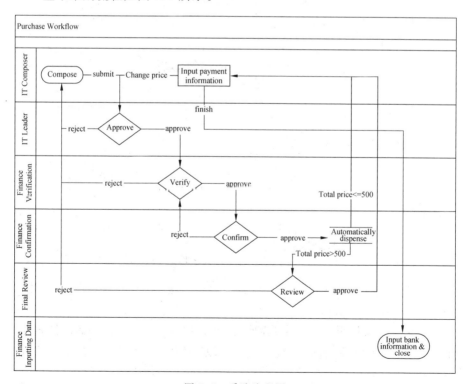

图 7.7　采购流程图

流程运行的方方面面都可以在配置文档中设置,如图7.8所示。

图 7.8　采购流程的配置文档

依照不同的设计,流程的配置可以采用一种或多种文档。这里演示的配置由流程、节点、操作三种文档组成一个层次化的体系。流程配置文档用于记录单个流程的全局信息,并列出了它包含的所有节点和操作配置文档,如图7.9所示。

图 7.9　流程配置文档

节点配置文档用来配置一个流程节点的信息,例如处理人和有权编辑的区段,如图7.10所示。

操作配置文档用于配置某个节点可见的单个操作的信息,例如操作名称、下一节点、操作处理人、审批模式、字段校验以及通知邮件等等,如图7.11所示。

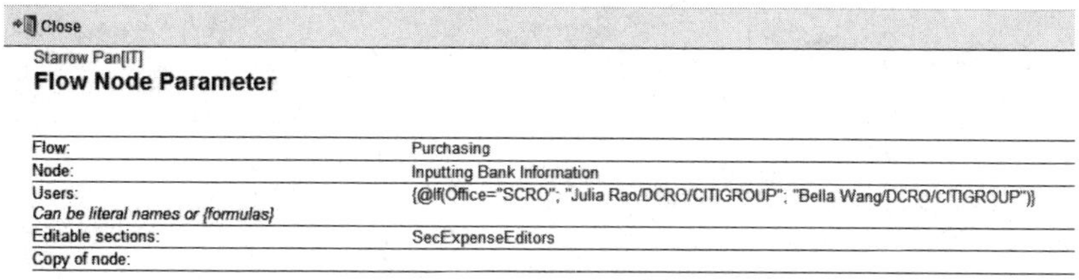

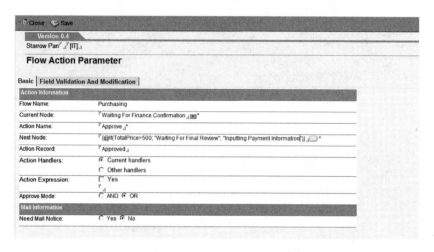

图 7.10 节点配置文档

图 7.11 操作配置文档

上面的工作流程序在客户端中使用，用 Lotus Notes 平台也能开发 Web 应用，图 7.12～图 7.14 演示的就是采购工作流的一个 Web 版本的几个页面。

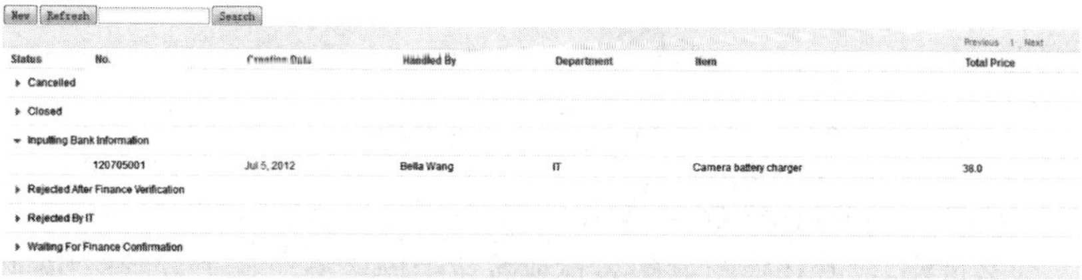

图 7.12 按状态分类显示采购单的视图

Lotus Notes 平台的技术架构和功能令得它特别适于用来开发像这样的工作流程序，以至于许多有经验的程序员都有自己的工作流引擎。上面的采购工作流所使用的通用工作流程序具有以下功能特点：

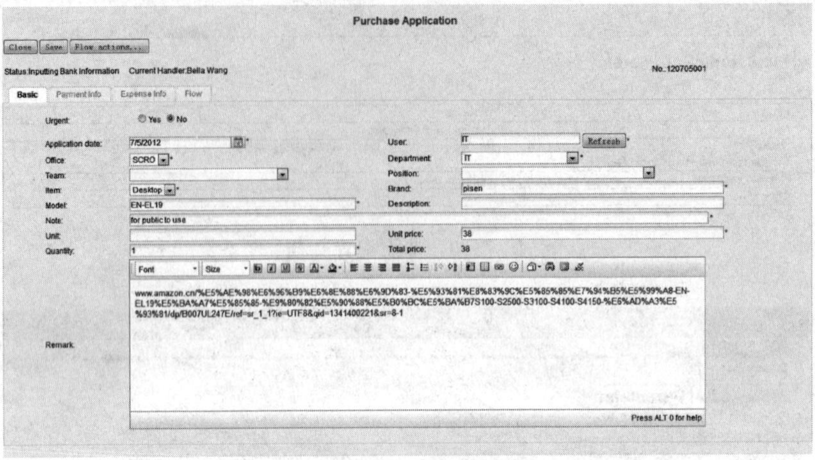

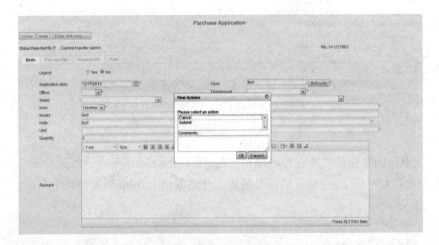

图 7.13　采购单页面

图 7.14　流程操作的对话框

- 工作流的节点(状态)和操作可灵活自定义,包括每个节点具体有什么操作,没有任何预设的名称或数量上的限制。每个节点的用户、特权用户、每个操作的目标节点、操作的访问权限等等都可以自定义设置。支持两种模式的单节点多人审批:"与"模式下某个节点的多名用户都审批完才进入下一节点;"或"模式下某个节点的多名用户只要有一名审批完即转到下一节点。
- 表单非空校验的字段和通知邮件的内容都可以在配置文档中设置。

- 设置普遍可以使用公式语言,大大提高了灵活性。
- 客户端和浏览器上运行的工作流共享配置数据,操作风格也完全一致。
- 开发具体工作流时,通用工作流加配置文档不能表达的特定业务逻辑,可通过扩展工作流代码的基类实现。

此外它还和所有利用 Lotus Notes 平台开发的程序一样,具备以下特点:

- 平台提供的现成的(Out of box)用户管理、校验、授权功能。
- 通过客户端访问的程序和 Web 应用一样,只需部署在服务器上,用户无须安装,自动更新。
- 客户端可以创建应用程序的本地副本,离线使用。

像上面这样灵活、强大的文档审批工作流的大部分功能,在 20 世纪 90 年代后期 Lotus Notes 拥有了 LotusScript 编程语言后,就已经能开发出了。当时用其他语言从头开发一个功能完备、安全可靠的客户端难度和工作量都很大,而且还有客户端应用程序更新的麻烦。而 Web 应用程序诞生之初,也远未达到今天完善和成熟的程度。所以 Lotus Notes 的优势为它在多用户协作的程序开发领域赢得了广泛的赞誉。随着编程语言、数据库和 Web 技术的飞速发展,Lotus Notes 平台原本的优势早已不明显或不存在。采用主流技术开发的工作流在功能和适用范围上都已赶上或超过 Lotus Notes 平台上的系统,比如能够开发出符合工作流管理联盟(Workflow Management Coalition,WfMC)制定的工作流参考模型(Workflow Reference Model)的更有普适性的工作流。

# 7.3 技术架构

在讨论 Lotus Notes 非(飞)一般快的程序开发之前,有必要先对其所依托的技术架构做一个简单的介绍。

## 7.3.1 数据库

在第 5 章的开头,没有多少人会注意到在文档型数据库的列表末尾的 Lotus Notes,更不会知道它在年龄上却比热门的同行大出几轮。它就像老前辈一样,渐渐隐退江湖。在 DB-Engines 收录的 280 余种数据库的排名里,甚至看不到它的名字。然而有趣的是,文档型数据库的明星之一 CouchDB (Couchbase 则是由它和 Membase 衍变而来)就是由曾经的 Lotus Notes 开发人员 Damien Katz 独自一人完成的,也继承了不少 Notes 数据库的设计。另一种文档数据库 MongoDB 则已经跻身主流企业市场。或许 Lotus Notes 程序员本身都会感到奇怪,他们打了这么多年交道的文档型数据库有什么魅力,会一下子大受欢迎。

## 1. 文档

Notes 数据库的独立存储单元是文档(Document),Lotus Notes 内部的术语称之为 Note,Notes 数据库的名称就由此而来。Note 体现了后来一般的文档型数据库所用的文档模型的很多特点。它没有强制的模式,每个文档可以包含不同的字段,同一文档内的字段也可以随时修改,甚至可以有同名的字段【注:Notes 数据库也使用条目(Item)的术语来指称字段】。字段的数据类型有不少,但用于通用的程序建模的只有 NUMBERS(数字)、TEXT(文本)、DATETIMES(日期时间)和 RICHTEXT(富文本)。数字、文本和日期字段既可以保存单值,也能保存多值列表,如表 7.1 所示。

表 7.1　一个 Notes 文档中的多值字段

| 字段名称 | 数据类型 | 值 |
| --- | --- | --- |
| Points | NUMBERS | 2.3;3.5;1.9 |
| Names | TEXT | John Harry;Mike Todd |

富文本字段可以保存带格式的文本、附件等复杂内容,可以方便地用于邮件正文之类的场合。但是 Note 不像后来者那样具备在文档内嵌入子文档的能力,也就是字段值不能是文档。文档在创建时会自动获得一个全局唯一的 32 位标识 UNID,也就是说,一个文档的 UNID 在数据库的各个副本中都保持一致,可以起到关系型数据库里记录主键的作用。数据库提供了依据 UNID 获得对应文档的方法。文档的另一个 8 位的 Notes ID 代表了文档在数据库中的位置,利用它找到所属的文档速度更快。不过同一个文档在数据库各个副本中的 Notes ID 不相同,应用只能限于单个副本中。Notes 在每个文档中还会自动记录一些基础的信息,如包括创建在内的每次修改文档的用户名和时间。

Lotus Notes 平台与众不同的技术特点之一就是不仅应用程序读写的

数据保存在数据库中,应用程序本身也由不同功能的设计元件(Design
element)组成,如表单、视图、代理、脚本库,以文档的形式保存在同一个数据
库中。数据库的图标、显示文档列表的视图、作为文档用户界面的表单、数
据库的存取控制列表和复制公式、单击按钮触发的代理(Agent,Notes 平台
对程序的一种封装形式)、容纳共享代码的脚本库,所有这些设计元件在形
式上和功能上是如此不同,但是在数据库中都是以和用户关心的数据同样
的结构保存的。也就是说,从数据库的角度看,设计元件与业务文档只是同
一种东西的不同用途,后者自然是数据,前者之程序也被看作数据,在读取、
修改、保存和删除等操作上没有特别之处。因而在 Lotus Notes 的语境中,
应用程序和数据库是同义语,甚至在版本 8 之前 Notes 客户端和用户文档都
仅使用数据库一词。在 Notes 应用程序的开发环境——设计器中可以看到
这个特点的表征:各种设计元件的列表和显示文档的视图十分相似。甚至
可以创建一个视图,在客户端中也像普通文档一样显示设计元件。查看设
计元件的属性,可以看到和文档一样的字段列表。上面提到字段的数据类
型有很多,就是因为包括大量语义上专用于设计元件的类型,例如公式、图
标、链接和脚本等,这些特殊的字段内容都是由程序的开发和运行环境自动
读写和解释执行的。图 7.15 就展示了表单上文本、表格和输入控件等构成
的布局都是保存在一个名为 $Body 的富文本字段内。

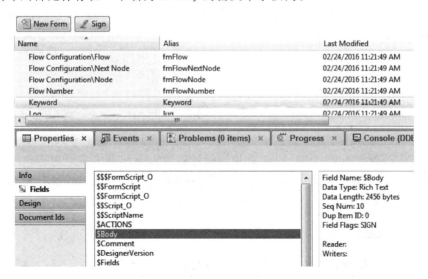

图 7.15　设计器中显示的表单列表和其中之一的字段

Notes 数据库以一种通用的文档数据结构来存储数据和程序,深远地影响了 Lotus Notes 平台上的应用程序架构和开发。它的好处和局限我们稍后会逐渐看到。

### 2. 视图

查看 5.4 节。

### 3. 全文索引

作为文档型数据库,Notes 数据库的长处不在于保存模式严格的记录,而主要被用来存储半结构化的文档。文档之间字段数量、名称和内容都可能有差异,富文本字段还会包含大段的格式文本和附件,这些都使得关系型数据库的按条件搜索有时并不适用,全文搜索才更能满足用户对此类数据的搜索需求。全文搜索只要求找到内容中包含搜索词的文档,搜索词位于哪个字段并不特别重要,但通常针对的文档有一个作为主体的正文,大多数情况下命中的搜索词都位于其中。上网搜索——搜索引擎对网页的搜索——早已让全文搜索成为最常用和主要的搜索方式。

与按条件搜索一样,全文搜索也要借助索引来提高效率——它所借助的就是全文索引(Full-text index)。Notes 全文索引以数据库为单位创建,也就是说,只要建立,数据库中所有文档都会被覆盖,文档所有字段的内容包括附件(有选项控制)都会被索引。服务器上有专门的进程定时更新全文索引,频率通过参数调节,最高可达五分钟一次,期间也可以手动或通过程序更新。视图索引保存在数据库中,全文索引则位于数据库外名称相关的文件夹中,避免了占用数据库的空间。

Notes 全文搜索支持一套特定的语法,可以用来创建复杂的查询条件。例如([Project]＝"top secret" OR [Title]＝tun?) AND ([Body]＝cat ＊ OR [Revdate]＞01/01/2004)就用圆括号和逻辑操作符将多个表达式组合起来,方括号标记字段名称,等号代表该字段包含后面的文本,双引号表示其中的文本要精确匹配,问号和星号是通常意义上的通配符。

### 4. 复制

如第 5 章所论述的,分布式的文档型数据库一般在一致性、可得性和分隔容忍性三个性质中选择具备后两者。Notes 数据库就是典型。Lotus Notes 在诞生之初就通过数据库副本提高数据的本地性和可得性。在网络早期不发达和不普及的状况下,不仅服务器之间的偶尔分隔要被容忍,Lotus Notes 还允许为应用程序建立本地副本来离线使用。对可得性和分隔容忍性的强调,让 Notes 数据库采用多主模式,每个副本都能读写数据。另一方面,Notes 数据库在并发控制上并不严格,多个副本中的同一文档能够被同时修改。其结果就是,无论网络是否出现分隔,数据库的副本之间都可能产生同一文档的冲突版本,它们被称为复制冲突。在数据库复制时妥善处理这些冲突就显得尤为重要。

复制要达到多个副本之间的数据完全一致的目的,理论上或者将一个副本的数据完全覆盖另一个的数据,或者为了提高效率先检查副本之间的数据存在哪些差异,然后同步差异的部分。为了检查差异,有几种途径。首先是直接逐条对比数据,这样做的效率比直接覆盖还低。另一种是先生成原始数据的哈希值之类的短小的指纹数据,再对之进行比较,这样做虽然比较的工作量变小,但增加了计算指纹数据的额外工作。最后一种就是比较数据的修改时间,这是比较粗略的方法,因为严格地说,副本之间的数据修改时间不同数据未必不同,更重要的是修改时间相同数据也可能不同。但是这样做最简单,速度也最快,Notes 数据库的复制就采用了这种方式。具体说来,两份对应的数据(数据库、文档、字段,不论是什么级别),如果修改时间相同就认为数据相同,若时间不同则数据不同。后者又有两种情况,处理方法不同,要区分这二者还需一个时间,即上一次数据一致的时间,也就是上一次复制完成的时间。如果一份数据的上次修改时间等于上次一致时间而另一份数据的上次修改时间晚于上次一致时间,则认为只有后者发生了修改,复制时只需将它覆盖前者。如果两份数据的上次修改时间都晚于上次一致时间,则视为冲突产生。Notes 数据库在处理复制冲突时,能够精细到字段级别,这是它一向引以为傲的。下面就来看看 Notes 数据库复制的过程和它解决冲突的机制。

Notes 每次复制成功都会在副本的复制历史里各保存一条记录,包含复制完成的时间。这个时间在判断副本之间的数据的一致性时很重要。我们分两种情况来看决定是否有冲突的过程:

第一种是复制历史里至少有一条记录。Notes 的复制器首先可以检查副本数据库的最近修改时间(在程序中可通过 NotesDatabase. LastModified 属性读取,Notes 客户端里也能在数据库的属性框看到,下同),如果至少一方的最近修改时间晚于上次成功复制时间,就有数据需要复制;反之,则无。复制器再在改动过的副本里搜索最近修改时间(NotesDocument. LastModified)迟于复制时间的文档,不妨设其中一个文档为 A,然后把它们与另一副本里的对应文档 B 做比较。如果 B 没有修改,就将 A 的改动写入 B。如果 B 的最近修改时间也发生了变化,冲突就产生了。至此,具体的处理又和这些文档所用的表单的一项设置有关,即怎样处理冲突,包括创建冲突文档、合并冲突、合并/丢弃冲突和丢弃冲突四种选项。【注:这些选项是通过在使用该表单的文档里创建一个取值不同的 $ConflictActions 产生效果的,因此对旧文档修改了这项设置之后,需要再次用这个表单打开文档并保存才能生效。复制器检查 $ConflictActions 字段的值,决定采取什么动作。】默认的操作就是创建冲突文档,两个版本中修改次数较多和修改时间较近的成为主文档,另外一个则是冲突文档,它们会在显示主文档的视图中被标记出来。如果选择了合并冲突,Notes 就开始进行字段级别的比较。Notes 文档里有一个字段 $Revisions,保存了最近一次以外的每次保存的时间。每个字段又有一个 Seq Num 值。【注:可以在文档属性框的字段列表页看到。Notes 帮助文档对 Seq Num 的描述是 "Refers to the amount of times the field has been edited. This is used with field level replication."(奇怪的是至少在版本 6 的帮助里有题为 WORKING WITH DOCUMENTS 的文章提到了这个值,而在版本 9 的帮助里却没有了。)关键问题是这条简单的说明的第一句是错的,按照它的意思"指这个字段被编辑的次数。"完全无法弄清楚字段级别的复制如何实现。】Seq Num 的含义是字段被修改的**序数**。详细来说,当一个文档第一次被保存时,所有字段的 Seq Num 都为 1。文档再次被保存时,记录每一次保存时间的 $Revisions 字段的 Seq Num 变为 2,其他字段只有被修改了的,序数才增加为 2。以后每次修改,$Revisions 的序数都递增,其他字段如果发生变化,就变得和 $Revisions 的序数一样。也就是说,Seq Num 记的是字段最近一次的修改在整个文档的修改历史里的编号。这个序数和 $Revisions 记录的每次修改时间合在一起,就能确定每个字段的上次修改时间(NotesItem. LastModified)。Notes 复制器就是利用这个信息来进行字段级别的复制。与上次成功复制时间相比,文档 A 和 B 里的字段 F 的最近修改时间,如果只有一个发生变化,就将这个新值写到 B 的字段 F 里;如果两个都发生变化,那么就产生了字段级别的冲突,根据表单上的冲突设置,或者创建冲突文档,或者保存被选为主文档的字段值,丢弃另一个。

　　第二种情况是没有上次成功复制时间这个参考值,也就是在复制历史被清除时【注:有时复制出现问题,副本之间的数据明显不一致,但是启动复制后很快显示完成,没有文档被同步。一个有效的解决办法就是将该数据库的复制历史删除,重新开始复制】。与第一种情况相比,复制的过程有部分差异。首先是检查数据库的上次修改时间这一步没有意义了。接下来要对副本里的所有文档进行比较。因为没有了能够直接确定上一次数据一致时的时间,当两个对应文档 A 和 B 的最近修改时间不同时,还不能断定发生了冲突,可能仅仅是某个时间以后 A 被修改了而 B 没有。所以需要比较两个文档的修改历史,即保存在 $Revisions 字段里的各次时间。如果一方的序列包含另一方的序列,那就说明前者在后者之后经过了更多的修改,因而只需要将前者的值写入后者即可。而如果双方的序列互不包含,那就说明各经历了不同的改动。这时候就可以参照第一种情况下字段级别的操作。因为没有上次成功复制时间这个可以确保两个值相同的参照时间,并且字段也不像文档一样有每次修改的信息可以参考,最多只能根据双方文档 $Revisions 字段里的时间序列,如果两个序列都包含一段起始的子序列,则将该子序列的最后一项作为上次一致时间。例如,

A 文档 $Revisions 字段里的时间序列:

```
2013/05/06 08:02:20 AM
2013/05/06 09:15:34 AM
2013/05/06 11:25:36 AM
```

B 文档 $Revisions 字段里的时间序列:

```
2013/05/06 08:02:20 AM
2013/05/06 09:15:34 AM
2013/05/07 08:26:42 PM
2013/05/08 02:51:42 PM
```

两个文档的修改时间历史的前两项相同,因而可将两者的上次一致时间视为 2013/05/06 09:15:34 AM。依据这个上次一致时间和字段的上次修改时间,进行字段级别的合并和冲突操作。

设计元件的复制与数据文档不同。不会产生冲突,也就是说,当两个副本中的对应的某个设计元件不同时,只会由一个替换另一个,这是可以理解的。设计元件在数据上也有特点,因为修改频繁,没有 $Revisions 字段记录每次修改的时间,只有 $UpdatedBy 保存不同的修改者。

在 Notes 数据库里,各个级别对象的最近修改时间和其他所有日期时间字段的值一样是以 Domino 特定的日期时间格式保存的,精确到百分之一秒,而上面列出供参考的 LotusScript 的各个对象的 LastModified 属性值是 LotusScript 里表示日期时间的 Variant 值,只保留到秒的信息。要根据修改时

间来判断值是否相同,时间的精度当然高一点更准确。另外要在程序中获得
Seq Num 只能使用 C API,在 LotusScript 里,可以获取到的是 NotesItem.
LastModified,相当于序数和 $ Revisions 值综合后的结果。【注:但是直接在程
序里使用这个值并不可靠。在视图里计算某个文档的某个字段的最近修改时
间是准确的,而在某个文档打开时获取该文档的某个字段的 LastModified 属
性,则永远取得整个文档的最近修改时间。这个奇怪的现象,通过直接查看
各个字段的 Seq Num 也可以发现。以只读状态打开一个文档,此时各序数
值正确;进入编辑状态,都变成文档的修改次数;再保存,又恢复正确;手动
刷新文档或运行一些脚本,再次都变为文档的修改次数。】

## 7.3.2　客户端与服务器

Lotus Notes 一开始就是以客户端服务器的模式面世的,在几十年的演
进过程中,客户端和服务器的功能都不断增加,但基础的工作原理、运行模
式和通信协议都没有改变。在 Domino 服务器支持 Web 访问之前,Notes 应
用程序全部用客户端访问;在那之后,虽然越来越多的应用能够用浏览器使
用,或者是专为 Web 而开发的,但 Notes 客户端一直没有被抛弃。下面从几
个角度看看 Lotus Notes 客户端和服务器的特点。

### 1. 浏览器和 Web 应用程序的先驱

以一般人的角度看,Notes 客户端属于胖客户端的行列。Notes 程序员
通常也把他们开发的应用分为 C/S(客户端-服务器)模式和 B/S(浏览器-服
务器)模式两类。但是从运行机制上说,Notes 客户端更接近晚于它产生的
浏览器,而不是一般的客户端;Notes 应用程序也更像 Web 应用,而不是传
统的胖客户端程序。应用程序的各个要素,包括界面、业务代码和数据都以
文档的形式保存在服务器的数据库中。Notes 用户从登录起,就不断和服务
器做交互。客户端向服务器请求设计元件,比如表单、视图;请求数据,比如
文档、视图索引。服务器从数据库中找到所请求的资源,返回给客户端。客
户端解析设计元件,生成静态显示,如表单的固定内容和视图的列标题;绑
定数据,显示动态内容,如表单中的字段和视图条目;执行设计元件中的代
码。客户端本身没有绑定任何应用程序的元件,而是作为一个运行环境像
对待数据一样下载程序并执行。因此,Notes 应用程序和 Web 应用一样,无
须安装,自动升级。Web 应用初期,浏览器只解析展示静态的页面,随着技

术的发展,才运行越来越多的 JavaScript 脚本,承担动态视图和部分业务逻辑的功能。Notes 应用程序则从一开始就彻底在客户端中运行,执行业务逻辑的代码同负责显示的设计元件一起被传递到客户端,并在那运行。只有定时运行和特别指定的代理才会在服务器上运行。

Notes 表单相当于 Web 应用中的网页,是应用程序界面的主要组成部分。表单以二进制格式保存,客户端解析其内容生成显示。网页以 DOM 的形式保持在浏览器内存中,内容和样式随时可以通过 JavaScript 修改,从而制造动态效果。Notes 的表单和客户端没有这项功能,客户端也不像浏览器那样消耗大量内存——浏览器占用几百 MB 以至上 GB 内存是很正常的,而客户端即使打开十几个表单和文档也只需几十 MB 内存。

### 2. 通信协议

HTTP 是计算机领域最有名的首字母缩写词之一。NRPC 就是 Lotus Notes 的 HTTP。Web 程序的通讯是建立在 HTTP 协议上的,Notes 客户端与服务器或者服务器之间的通信则使用 NRPC(Notes Remote Procedure Call)——Lotus Notes 专用的远程过程调用协议。Notes 客户端或服务器对远程数据库进行的种种操作,比如打开一个数据库、打开某个视图的索引、打开一个文档、保存一个文档,都需要发出 NRPC 命令请求,远端数据库所在的服务器监听到请求后,转给执行数据库任务的 DBServer 进程;功能完成后,服务器再通过 NRPC 将结果返回。若数据库在本地,则不需 NRPC 通信。对于数据库的操作者来说,这些通信是透明的,它只需调用 Notes 的 API,等待返回的结果,Notes 会自动根据数据库的位置判断是否需要 NRPC 通信。表 7.2 列出了一些常见的 NRPC 命令。

表 7.2　一些常见的 NRPC 命令

| 命　　令 | 含　　义 |
| --- | --- |
| Open_Session | 与服务器互相验证并且建立会话 |
| Open_Database | 找到并打开一个数据库 |
| Open_Note | 获取一个 Note(文档)的内容 |
| Update_Note | 保存一个 Note |
| Open_Collection | 打开一个视图 |
| Read_Entries | 从视图索引读取条目 |
| Find_By_Key | 根据搜索键值来查找文档 |
| Get_Special_Note_ID | 获取 ACL(存取控制列表)的信息 |
| Close_DB | 关闭数据库 |

例如,应用程序中频繁发生的读取设计元件和打开文档,在后台都需要发出 Open_Note 命令请求。通过特殊的设置,在客户端和服务器上都可以查看 NRPC 通信。下面就是一次完成的 Open_Note 命令的信息。

```
(20 - 121) OPEN_NOTE: 1045 ms. [28 + 3906 = 3934]
```

从左到右各部分分别指:序号、命令、花费时间、发出的字节数、收到的字节数、总和的字节数。

Domino 服务器不断增加对各种应用级协议的支持,比如 HTTP、POP3、IMAP、SMTP。如果是使用 Notes 客户端处理邮件和使用各种应用程序,就只需要使用 NRPC 协议;其他邮件客户端可以使用标准的邮件协议和 Domino 通信;浏览器则可以通过 HTTP 访问到 Domino 上的数据库。

### 3. 公钥加密和身份验证

公钥加密的原理很巧妙。参与加密通信的每一方都有一对密钥,分别称为公钥和私钥。两者都能被用来加密和解密信息,但加密和解密必须各用一种。也就是说,用公钥加密的信息,只能用对应的私钥解密,反之亦然。公钥任何一方都可以获取和使用,私钥则仅有其主人可以使用。甲乙双方通信时,甲若要确保只有乙能读到信息,就可以使用乙的公钥加密信息,因为只有乙拥有能解密的私钥,所以保证了收件人的身份。乙若要同时确认甲的身份,甲就可以先使用自己的私钥加密信息,再用乙的公钥加密;乙则先用自己的私钥解密,再用发件人声称的身份——甲的公钥解密,若两者都成功,则发件人和收件人的身份相互都得到确认。公钥加密比使用同一个密钥进行加密解密的对称加密技术更安全,也更复杂。现在它已经被广泛用于信息加密和身份验证等场合,Web 世界里越来越普遍的 HTTPS 通信就是基于公钥加密技术。

Lotus Notes 是最早采用公钥加密技术的主流商业软件(使用的是 RSA 加密算法)。Notes 用户、服务器都拥有一个 ID 文件,其中包括密码、私钥和身份证书等数据。用户打开客户端时,会被要求输入他所用 ID 文件的密码(默认就是用户上次使用的 ID 文件,也可以选择其他 ID 文件),验证通过后,用户就被视为 ID 文件的主人。客户端与服务器通信时,会先利用彼此的证书和私钥进行双向的身份验证,就像现在配备 USB key 的网银客户端做的那样。

#### 4. 服务器

Lotus Notes 平台中的服务器称为 Domino,主流的可被用作服务器的操作系统均有可运行的版本。服务器由一组进程组成,其中少部分是必须运行的基础进程,大部分是可以依据需要选择运行的。每个进程负责一项特定的任务,如数据库读写、维护索引、复制、压缩、修复、依据模板更新数据库的设计、运行代理、处理管理请求、更新数据库目录、搜集服务器的性能数据,服务于邮件功能的发送邮件、处理会议的时间和相关的资源安排、处理用户日历项和维护其时间表,还有支持各种通信协议的进程,如 POP3、SMTP、SNMP、LDAP、HTTP 等。由此可见,Domino 服务器在操作系统之上建立起一个包括邮件、数据库、应用程序、Web、身份验证、用户管理服务的庞大平台,这使得 Notes 应用程序往往无须和其他服务器交互,便可运行在自成体系的生态圈内。而其他平台的应用程序要具备同样的功能,很可能需要各司其职的多个服务器:数据库服务器、应用程序服务器、邮件服务器、Web 服务器等等。

#### 5. 客户端的用户界面和操作

初次接触 Lotus Notes 客户端的人可能会对其用户界面和操作方式感到新奇。因为自从 PC 操作系统格局稳定之后,每个操作系统上运行的软件用户界面和操作方式基本都会遵循一些公共的风格和惯例,这样对用户来说体验是一贯的,对开发者来说遵循惯例、使用操作系统的原生控件也比创新省时省力。然而 Lotus Notes 出现得比苹果和 Windows 操作系统还早,因此虽然在这些桌面环境中它的界面也入乡随俗,但漫长的历史中还是有一些独特有效的设计被继承下来。

1) 登录对话框

密码在被输入时用星号之类的符号代替,这是所有登录界面的共性。但是密码的位数仍然一目了然,为了连这一点信息都不泄露,Notes 客户端的登录对话框在输入密码时,X 的个数和已敲键的次数毫不相关,一次敲键可能增加 3 个,下一次敲键可能减少 4 个,显示的密码长度来回跳跃。有人或许会问,这样固然更加安全,但是也给密码的主人增加了小小的困扰,他失去了用已输入的位数判断是否输完的提示。这个问题的解决方案就在于对话框内左边显示的图像,这个图像也会随输入密码不时变换,当密码正确输入时,总是会显示同一张图像。用户只要记住他的密码对应的图像,就能和通过密码位数一样判断是否已输完并且正确。图 7.16 展示了 Notes 客户端的登录对话框。

图 7.16　Notes 客户端的登录对话框

2）桌面图标和未读标记

　　自 iPhone 手机问世以来，多屏图标布局就成为移动计算设备上桌面的标准。这些用户如果打开 Lotus Notes 客户端，看见它的工作台（Workspace），一定会感到很亲切。在工作台上可以创建任意多个标签页，每个标签页上可以自由摆放方形的应用程序图标，每个图标上显示着应用程序的小图像、标题、位置等信息。Notes 客户端采用这种用户界面已经有几十年了（当然必须得承认，在精致美观上前辈略逊一筹）。智能手机普及的另一项用户界面设计就是包含更新数目的红色圆点，它已成为强迫症患者的日常修行。Notes 客户端在数据库图标和打开后视图上看到的未读标记同样早了几十年。与手机应用不同，用户在 Notes 数据库中未读文档的数量可能很大，每个用户的未读文档都以一个 Notes ID 表的形式保存在数据库中，保存、更新和复制该表都会造成一定的开销，所以也能够以数据库为单位关闭该功能。图 7.17 展示了 Notes 客户端的工作台。

图 7.17　Notes 客户端的工作台

3）搜索

搜索是应用程序广泛具备的一项重要功能。处理结构化数据、采用关系型数据库的企业应用一般采用根据记录字段值多条件查询的方式；数据主要是半结构化和非结构化的 Web 应用，如搜索引擎、邮件、新闻、论坛、博客还有其他社交媒体，通常运用全文搜索的方式。Notes 客户端具备的搜索功能，两种方式的特色兼而有之。

（1）分类查找。

前面已经介绍了 Notes 视图可以设置列为分类或排序。在分类列下，同一类别的文档可以折叠和展开，利用连续多列分类能够迅速定位满足多个字段值条件的文档，这也是 Notes 用来组织文档方便用户查找的典型方式。这种方式的缺点是分类列是固定的，并且有先后顺序，因此每换一次搜索键的组合和次序，就必须新建一个视图。设想一个选择报销申请的视图有年份、部门、类型三个依次的分类列，如图 7.18 所示，用户能够方便地按该搜索键的组合查找文档，但是若想按类型、年份、部门的顺序，又或者加入新的搜索键如类型、状态，就必须建立具有对应分类列的视图。这样不仅用户切换视图麻烦，过多的索引也造成数据库空间和服务器计算资源的负担。

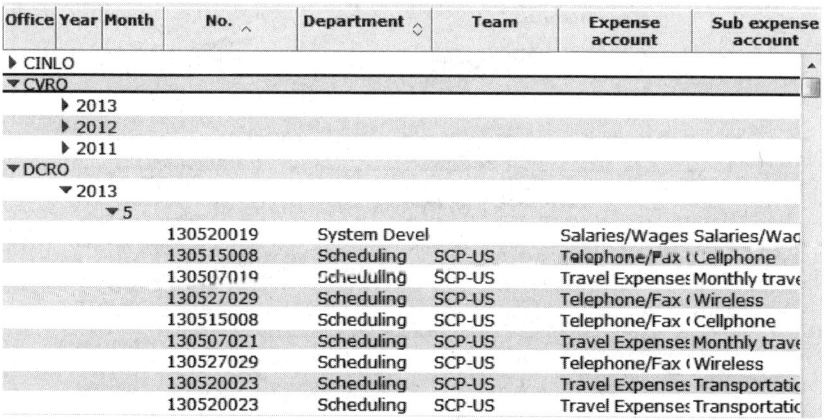

| Office | Year | Month | No. ∧ | Department ◇ | Team | Expense account | Sub expense account |
|--------|------|-------|-------|--------------|------|-----------------|---------------------|
| ▶ CINLO | | | | | | | |
| ▼ CVRO | | | | | | | |
| | ▶ 2013 | | | | | | |
| | ▶ 2012 | | | | | | |
| | ▶ 2011 | | | | | | |
| ▶ DCRO | | | | | | | |
| | ▼ 2013 | | | | | | |
| | | ▼ 5 | | | | | |
| | | | 130520019 | System Devel | | Salaries/Wages | Salaries/Wac |
| | | | 130515008 | Scheduling | SCP-US | Telephone/Fax ( | Cellphone |
| | | | 130507019 | Scheduling | SCP-US | Travel Expenses | Monthly trave |
| | | | 130527029 | Scheduling | SCP-US | Telephone/Fax ( | Wireless |
| | | | 130515008 | Scheduling | SCP-US | Telephone/Fax ( | Cellphone |
| | | | 130507021 | Scheduling | SCP-US | Travel Expenses | Monthly trave |
| | | | 130527029 | Scheduling | SCP-US | Telephone/Fax ( | Wireless |
| | | | 130520023 | Scheduling | SCP-US | Travel Expenses | Transportatic |
| | | | 130520023 | Scheduling | SCP-US | Travel Expenses | Transportatic |

图 7.18 一个先后按报销申请的年份、部门、类型进行分类的视图

（2）排序与起始一致。

排序是许多 GUI 环境中列表具备的功能。Notes 视图的排序和分类列除了可以用来按顺序浏览文档，还能快速定位到该列值起始部分与输

入文本相等的文档。这种起始一致(Starts with)的搜索方式运用起来很便捷。首先确保视图当前是依某列排序或分类显示。视图默认的分类和排序列一般位于最左端,如图 7.18 所示。列标题上有向上或向下箭头的表示单击它可以按该列排序。然后无须调用任何菜单或快捷键,直接输入要搜索的文本。视图上会弹出起始一致的搜索(Starts with)的对话框,输入完成后回车,视图就会定位到并选择找到的第一个文档。整个过程如图 7.19～图 7.21 所示。这种搜索方式利用的就是排序列背后的索引。

| Office | Year | Month | No. ▲ | Department ◇ | Team | Expense account |
|--------|------|-------|-------|--------------|------|-----------------|
| | | | 100101001 | IT | | Telephone/Fax ( |
| | | | 100101002 | Mgmt | | Telephone/Fax ( |
| | | | 100101003 | Mgmt | | Telephone/Fax ( |
| | | | 100101004 | SQE | | Telephone/Fax ( |
| | | | 100101005 | Lean | Lean | Telephone/Fax ( |
| | | | 100101006 | Eng | Product Engine | Telephone/Fax ( |
| | | | 100101007 | non-office | | Non-office Trave |
| | | | 100101008 | Lean | | Telephone/Fax ( |
| | | | 100102001 | non-office | | Non-office Trave |
| | | | 100103001 | IT | Tech Support | ca |
| | | | 100104001 | Mgmt | | Travel Expenses |
| | | | 100104002 | Administration | | Travel Expenses |
| | | | 100104003 | HR&ADM | | Travel Expenses |
| | | | 100104004 | IT | Tech Support | Travel Expenses |
| | | | 100104005 | Mgmt | | Travel Expenses |
| | | | 100104006 | Mgmt | | Travel Expenses |
| | | | 100104007 | SQE | | Travel Expenses |

图 7.19　单击 No. 列标题后,视图按该列排序

| Office | Year | Month | No. ▲ | Department ◇ | Team | Expense account |
|--------|------|-------|-------|--------------|------|-----------------|
| | | | 100101001 | IT | | Telephone/Fax ( |
| | | | 100101002 | Mgmt | | Telephone/Fax ( |
| | | | 100101003 | Mgmt | | Telephone/Fax ( |
| | | | 100101004 | SQE | | Telephone/Fax ( |

**Find** ☒

Find in [No. ▼]

Starts [1201]

⊞ More Options...

[Find] [Close]

| | | | 100104005 | Mgmt | | Travel Expenses |
| | | | 100104006 | Mgmt | | Travel Expenses |
| | | | 100104007 | SQE | | Travel Expenses |
| | | | 100104008 | SQE | | Travel Expenses |

图 7.20　输入 No. 的前几位,自动弹出的起始一致的搜索对话框

| Office | Year | Month | No. ▲ | Department ⌃ | Team | Expense account |
|--------|------|-------|-------|--------------|------|-----------------|
| | | | 120101001 | | | Telephone/Fax |
| | | | 120101002 | Accounting | | Bank Charges |
| | | | 120101003 | Accounting | | Bank Charges |
| | | | 120101004 | Accounting | | Bank Charges |
| | | | 120101005 | Accounting | | Bank Charges |
| | | | 120101006 | Accounting | | Bank Charges |
| | | | 120101007 | Accounting | | Bank Charges |
| | | | 120101008 | Accounting | | Bank Charges |
| | | | 120101009 | Accounting | | Bank Charges |
| | | | 120101010 | Accounting | | Bank Charges |
| | | | 120101011 | Accounting | | Bank Charges |
| | | | 120101012 | Accounting | | Bank Charges |
| | | | 120101013 | Accounting | | Bank Charges |
| | | | 120101014 | Accounting | | Bank Charges |
| | | | 120101015 | QC | | Expatriate exp |
| | | | 120101016 | Management | | Expatriate exp |
| | | | 120101017 | Engineering | | Telephone/Fax |

图 7.21　Notes 定位到排序列的值符合条件的第一个文档

（3）在视图索引中查找。

在视图界面上按下通用的 Ctrl＋F 快捷键或调用 Edit→Find 菜单命令,会弹出查找对话框,此处输入的文本会在视图所有列中查找,也就是在整个视图索引中查找,但是被分类列折叠的条目会被忽略,如图 7.22 所示。单击查找下一个的按钮,视图会逐个定位到匹配的文档,如图 7.23 所示。

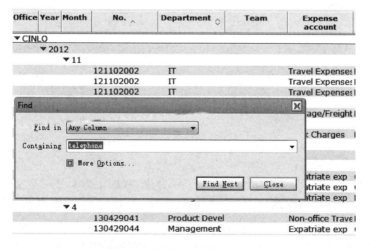

图 7.22　在视图所有列中查找

查找对话框也有常用的选项,如图 7.24 所示。

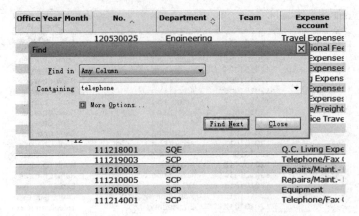

图 7.23   Notes 逐个定位到找到的文档

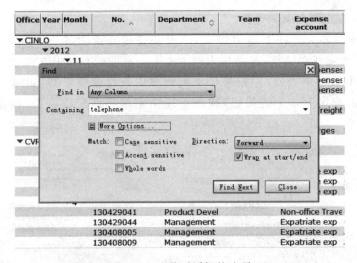

图 7.24   查找对话框的选项

（4）全文搜索。

选择 View→Search This View 菜单命令,视图上方会显示全文搜索框。视图中的文档任何字段只要包含要搜索的文本,都会被找到,哪怕该字段本身在表单上没有显示或者对当前用户隐藏了。搜索结果可以按相关程度、文档修改时间等方式排序。Notes 为前面介绍的全文搜索查询语法提供了图形界面的使用方式。搜索条件可以被保存和重复运用。全文搜索的界面和选项如图 7.25 和图 7.26 所示。

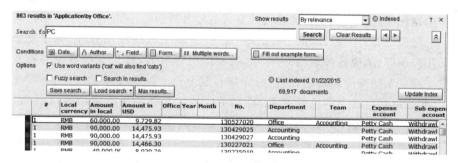

图 7.25 全文搜索的结果

图 7.26 全文搜索的条件和选项

# 7.4 应用程序开发

对程序员来说,一个开发平台最有趣的地方莫过于用它开发程序时与其他平台和语言不同之处,特别是其中高效、强大的部分。日常生活中,掌握一门外语就像是对世界有了一种新的观察角度和理解方式。编程也是如此,Lotus Notes 的程序开发独特的思维和模式可以为其他技术的程序员提供正反两方面的启示。Lotus Notes 成功和有效的地方是正面的启发,不足和局限之处则可以充当未遇到这些问题的技术的反面教材。

### 7.4.1　两种路径

说到应用程序开发，一般人想到的路径都是使用某种编程语言，由小到大，从简单到复杂地开发；除了自己写的代码，还会用到基础的或第三方的类库和框架，但它们也是由其他程序员一行行写出来的。两类代码之间以API的形式合作。这意味着：一，代码是利用其他模块基本的途径，图形用户界面只是辅助性的，覆盖的功能不可能超过代码；二，一个模块能做的事，调用它的模块都能做到。一个人写的代码既是有限的——没有成千上万他人已写好的代码，从头开始写一个可用的软件就像愚公移山；一个人写的代码又是无限的——只要是编程语言所能开发的功能，他的代码理论上就能利用。用一种通用的（Versatile）编程语言，如 C、Java，来开发程序，就是典型的这种路径。我们不妨称之为独立式程序开发。

然而还有另一种路径。考虑某个已经开发完成的应用程序，为了能满足用户偏好、适应各种运行环境、增强表现力等原因，通常有设置菜单或配置文件。系统功能越多越精致，设置项目越复杂。从最简单的文本、数字常量，到带有特定含义的系统变量，再到可以使用某种领域特定语言（Domain Specific Language，DSL）或设计器自定义逻辑和界面。这样的例子在软件中屡见不鲜。当一个本来来具有特定用途的软件功能上不断扩展，所用的配置语言越来越强大，它就从一个软件变成可以编程定制化的软件，再进一步就成为一个运行环境和开发平台，利用这个平台可以快速地开发某个类型的程序。平台构成这些程序的主干，开发人员设计的用户界面、编写的业务逻辑并不是作为独立的程序，而是以某种形式嵌入或依附在平台上、运行在环境中。因为有平台提供的功能做基础，以及采用的适用于特定类型程序的技术，在其上开发一个应用程序往往只需编写少量的代码。平台的部分功能会作为 API 暴露给程序员，剩下的则密封在黑箱里无法调用，因此在API 的边界之外，应用程序与平台的合作方式只能是表面单向的，一种主动的情况是人工使用平台的功能，例如，用平台提供的设计器修改和调整应用程序的界面，此时图形用户界面是利用平台功能的唯一途径；另一种被动的情况是程序等待平台的调用，例如，平台运行到某个时刻或者在某个事件发生时执行程序员编写的代码，或者平台的某个部分显示自定义的界面。总之，平台能做的有些事，应用程序做不到。我们不妨把这种路径称为嵌入式程序开发。

比较两种路径。前者起步较慢,但潜力大,没有功能上的限制,没有适用领域的约束,而且随着代码的积累、开发框架和工具的创新,开发过程本身也可以被编程改善,在速度上赶上甚至超过后者。后者开发速度快、工作量小,但是功能上受制于所处的平台,只适宜开发特定领域的程序,平台没有暴露 API 的部分无法写代码自动化,开发效率有瓶颈。前一种路径是完全面向程序员的;后一种路径最初是单纯面向用户的,及至发展成开发平台,仍然不是彻底面向程序员的,而是保留了应用软件的部分基因,有着面向用户的特点——优先采用图形界面、重视人工操作超过用代码自动化、隐藏技术细节、尽量使用日常用语而非术语。

用 Lotus Notes 开发程序就属于后一种路径。在 8.3 节中,我们可以清楚地看到,它不是像 VB、Java 那样的编程语言被发明出来的,甚至起初不包含任何开发语言,而是作为具有现成具体功能的软件推出的,只是为了满足开发阶段无法预料和实现的用户的特殊需求,提供给用户定制化产品的能力。在软件功能扩展的同时,用户定制化的空间也越来越大,由简单到复杂的开发方式、编程语言陆续被加入,软件的 API 暴露的部分也越来越大。因此在 Lotus Notes 转变为开发平台之后,还清晰地带有应用软件的印记。群件(用户协作软件)一直是 Lotus 和后来的 IBM 公司在市场推广时给 Lotus Notes 加的标签,其含义就是它是一款能够改变人们工作方式、提高效率的软件,具体则是包含邮件、日历、待办事宜、即时通信、会议、论坛、博客等直接可使用的功能。而 Lotus Notes 与普通软件的不同之处在于用户能够基于它快速开发满足其他业务需求的协作程序。作为应用程序开发平台,Lotus Notes 具有若干显著的特点。

## 7.4.2　用户界面驱动的快速开发

在 4.1 节,以用户界面为中心的策略被认为是缺点多于优点的。初学者和强调易用性的开发平台趋向于采用此策略,但项目规模一扩大就会遇到许多难以应付的问题。如果说那一节的论点有什么例外,用 Lotus Notes 开发应用程序就是其一。编程领域不断有新的方法论出现,结构化编程、面向对象编程、测试驱动开发……然而在长年的 Notes 开发经历中,我发现形容其理念和过程的最贴切的词应该是用户界面驱动开发(UI-driven development)。下面具体介绍。

在图形用户界面应用程序开发中,最不能通过编程来自动化或者提高代码的抽象级别来简化的方面就是用户界面设计。用面向对象的语言和关系型数据库开发时,针对程序和数据库中两套模型的不匹配问题,既可以编程从对象模型自动生成和同步关系模型,也可以反过来从数据库的模型生成对应的对象代码。更普遍地,编程中各种类库和框架对程序员的作用可以说就是从特定的角度将要解决的问题抽象到更高的层次,程序员只需在这个层次上思考和编码。但是用户界面设计不同,本质上它不属于编程,而和家具、园林、封面等设计有相通之处,它关注的布局合理和美观,评判标准都是人的主观意识。所以它不存在抽象出更高层次的空间,也无法自动化进行。从这个意义上说,用户界面设计是应用程序开发中最不可或缺的部分。

快速应用程序开发(RAD)追求的是速度,凭借自动化和抽象加快某些环节的速度当然是受欢迎的,但如果能直接省略某些环节呢,岂不是更好。用户界面设计是无法省略的,业务逻辑编码和数据库建模难道可以裁减吗?这个想法乍看起来匪夷所思,但 Lotus Notes 平台确实做到了。

设想一个简单的文档管理程序,具备新增、查看、修改和删除文档的功能。用来展现文档的用户界面由一个表单来定义,上面包括标题之类的静态文本、表格之类的布局、显示文档各个字段的控件(在 Notes 环境中称为域)以及字体、颜色、背景等方面的显示设置。表单的核心是置于其上的域。文本、数字、日期和富文本等数据类型各有对应的域类型。下拉列表、单选按钮、复选框等常用的控件也作为并列的域类型供选择。每个域有一个名称,在其值属性中可以设定默认值或计算公式,没有特殊需求的保持空白即可。Notes 表单是以一种专用的二进制格式保存的,程序员无法像编辑HTML 或 XML 那样理解和编写代码,但设计器(Notes 应用程序的开发环境)提供了所见即所得风格的表单设计工具,如图 7.27 所示。

查看和编辑单个文档的用户界面设计完成后,若是使用其他开发技术,如主流的面向对象语言加关系型数据库,还需要在程序中编写文档对应的类型,在数据库中建立文档对应的表,而这些工作对 Lotus Notes 程序员来说都是不存在的。省去数据库建模的奥秘就在于 Notes 数据库是我们之前分析过的文档型数据库,对写入的文档没有模式的约束。省去编码的奥秘在于 Lotus Notes 在显示层——表单和数据层——文档之间的自动绑定。在客户端打开一个应用程序,显示其中的一张表单时,Notes 会自动在内存中创建一个文档作为表单的"数据源"。文档会为表单上的每个域创建一个字段,字段的名称等于域的名称,域若设有默认值或计算公式,字段

**Keyword**

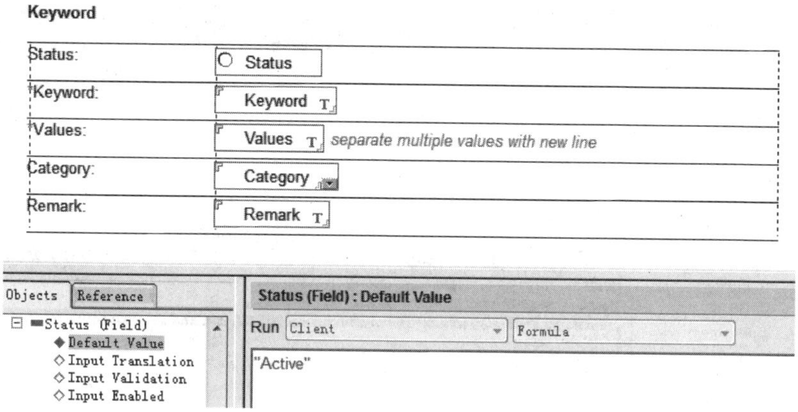

| Status: | ○ Status |
| Keyword: | Keyword T |
| Values: | Values T *separate multiple values with new line* |
| Category: | Category |
| Remark: | Remark T |

| Objects | Reference | Status (Field) : Default Value |
| --- | --- | --- |
| ⊟ ■Status (Field) | | Run Client　　　　Formula |
| ◆ Default Value | | |
| ◇ Input Translation | | "Active" |
| ◇ Input Validation | | |
| ◇ Input Enabled | | |

图 7.27　一个设计器中的表单

的值就由它们而来,否则为空字符串。用户可以输入和修改域值,文档的字段值会即时更新。客户端的文件菜单中有保存菜单项、工具栏上有保存按钮、Ctrl＋S 快捷键会发出保存命令,任何一种都会让表单背后的新建文档保存进当前数据库(还记得在 Notes 环境中应用程序和数据库是同义语吗)。新建文档的功能就这样完成了,没有写一行代码。图 7.28 展示了在 Notes 客户端中用之前设计的表单新建一个文档的界面。

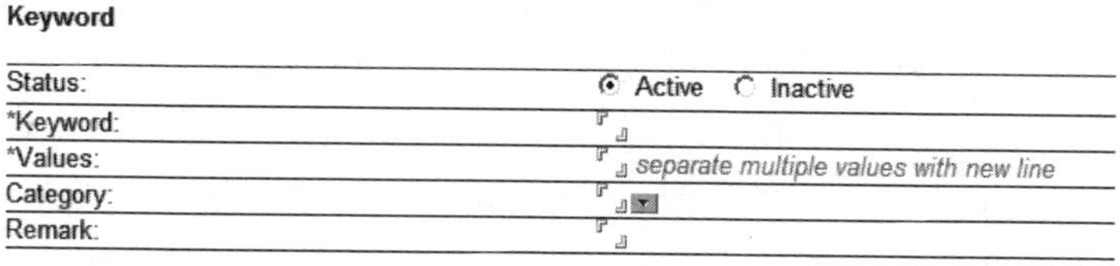

**Keyword**

| Status: | ⦿ Active ○ Inactive |
| *Keyword: | |
| *Values: | *separate multiple values with new line* |
| Category: | |
| Remark: | |

图 7.28　在客户端中打开图 7.27 中所示的表单

　　新增了文档之后,至少要有一个界面显示文档的列表,为此我们创建一个视图。回顾一下 5.2 节的内容,首先在视图的选择公式处输入刚才所用的表单名称,然后就是以用户的视角添加在文档列表中希望看到的列。视图列一方面要设定它的值和排序、分类属性这些决定索引的项目,另一方面要设置列标题和内容的字体、颜色、对齐方式等显示属性。设计视图的过程和表单一样也是围绕着用户界面。视图的设计如图 7.29 所示。

　　视图会自动创建和更新索引——用户看到的文档列表背后的数据,并依据显示设置来展现文档列表,如图 7.30 所示。用户在客户端中双击列表的某一行,Notes 就会从数据库中读取对应的文档,再根据文档的 Form 字

develop\purcha...
develop\names....
People - View
Purchasing - Vi...
Configuration\K...
Keyword
Values
Status
Category
Objects
Reference
Postopen
Regiondoubleclick
Queryopendocument
Queryrecalc
Queryaddtofolder
Querypaste
Postpaste
Status (Column) : Column Value
Display
Simple Function
Field
Formula
Status
Subject
Team
Template
TempPrice
TestDate

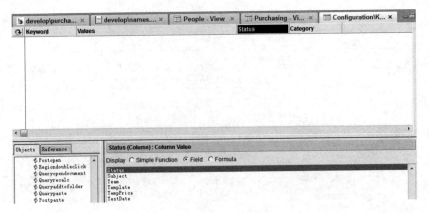

图 7.29 设计一个视图

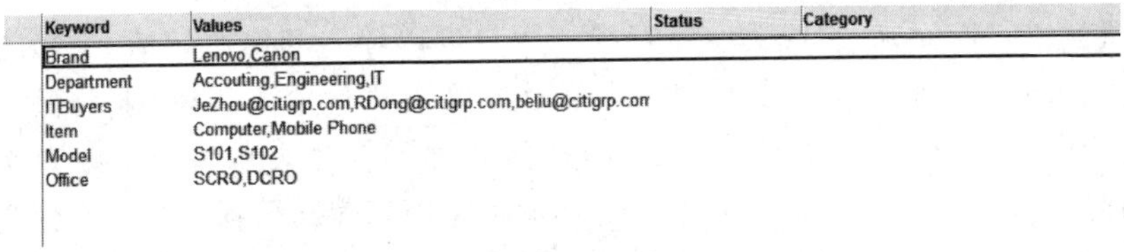

Keyword
Values
Status
Category
Brand
Lenovo,Canon
Department
Accouting,Engineering,IT
ITBuyers
JeZhou@citigrp.com,RDong@citigrp.com,beliu@citigrp.con
Item
Computer,Mobile Phone
Model
S101,S102
Office
SCRO,DCRO

图 7.30 客户端显示的一个视图

段值找到显示文档所需的表单,表单从文档获取各个域的值,显示给用户。文档区分阅读和编辑状态。在阅读状态下,所有域的值都不能编辑,大都像静态文本一样直接显示,如图 7.31 所示;在编辑状态下,域展示出输入控件的外观,如边框、下拉列表的按钮,如图 7.32 所示。用户修改完成后,触发保存,文档就被更新到数据库。在阅读状态下或者在视图里选定文档后(如图 7.33 所示),调用删除菜单项或者按 Del 键,文档中被标记为待删除状态(如图 7.34 所示),再调用视图的刷新菜单项或者按 F9 键,客户端在弹出提示确认后删除文档。完成查看、修改和删除功能仍然没有写一行代码。

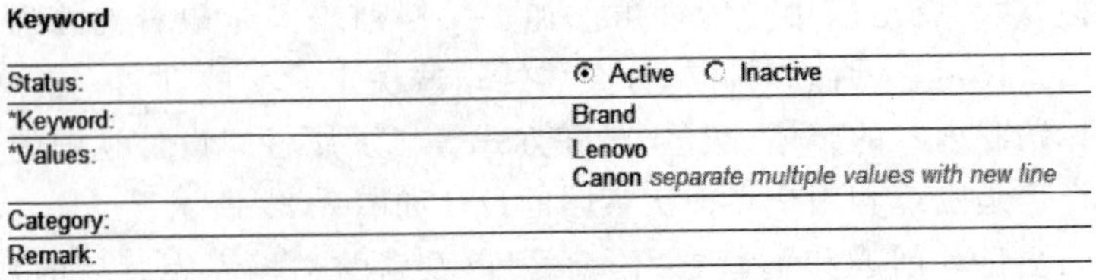

Keyword
Status:
Active
Inactive
*Keyword:
Brand
*Values:
Lenovo
Canon separate multiple values with new line
Category:
Remark:

图 7.31 一个阅读状态下的文档

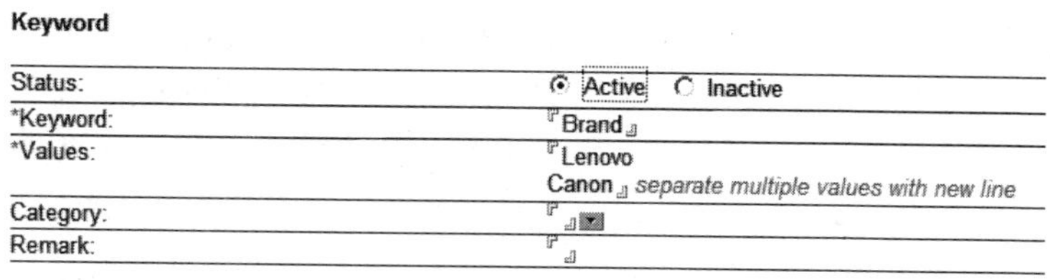

**Keyword**

| Status: | ⊙ Active　○ Inactive |
|---|---|
| *Keyword: | 『Brand』 |
| *Values: | 『Lenovo<br>Canon』 *separate multiple values with new line* |
| Category: | 『　☑』 |
| Remark: | 『　』 |

图 7.32　一个编辑状态下的文档

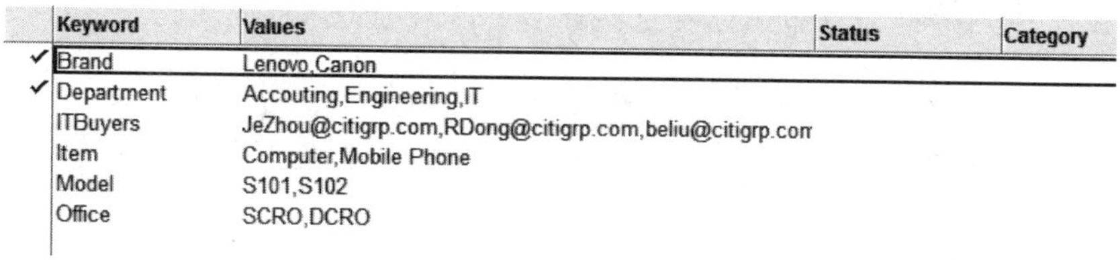

| | Keyword | Values | Status | Category |
|---|---|---|---|---|
| ✓ | Brand | Lenovo,Canon | | |
| ✓ | Department | Accouting,Engineering,IT | | |
| | ITBuyers | JeZhou@citigrp.com,RDong@citigrp.com,beliu@citigrp.com | | |
| | Item | Computer,Mobile Phone | | |
| | Model | S101,S102 | | |
| | Office | SCRO,DCRO | | |

图 7.33　在视图中选择两个文档

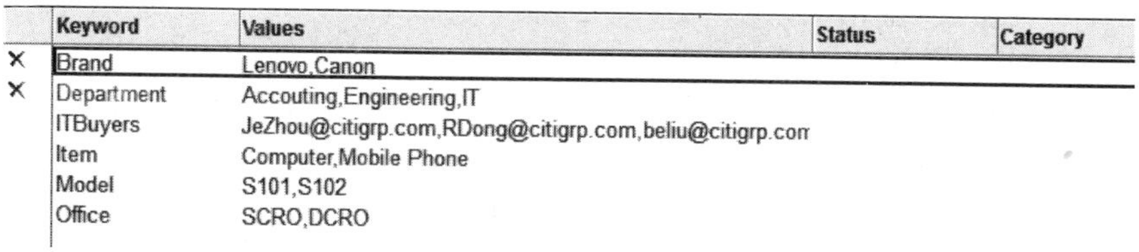

| | Keyword | Values | Status | Category |
|---|---|---|---|---|
| ✗ | Brand | Lenovo,Canon | | |
| ✗ | Department | Accouting,Engineering,IT | | |
| | ITBuyers | JeZhou@citigrp.com,RDong@citigrp.com,beliu@citigrp.com | | |
| | Item | Computer,Mobile Phone | | |
| | Model | S101,S102 | | |
| | Office | SCRO,DCRO | | |

图 7.34　选中的文档被标记为待删除状态

　　无模式的文档型数据库、显示层和数据层的绑定是 Notes 应用程序能够实现用户界面驱动开发的技术关键。设计器图形化的开发方式、客户端基于前两点自动实现的查看和更新文档及列表的功能,进一步加快和简化了程序开发的过程。

## 7.4.3　事件驱动编程

　　无论设计器的开发方式多么图形化、客户端集成了多少通用的功能,都不可能取代写代码在程序开发中的位置。上面的文档管理程序要满足通用的新增、查看、修改和删除之外的特定需求时,就不可避免地涉及代码才能表达的业务逻辑。同许多其他图形用户界面程序的快速开发环境一样,Notes 也采用事件驱动编程。设计元件、域、按钮等对象各有一组适用的预定义事件。如表单有 Queryopen(打开前)、Postopen(打开后)、Querysave(保存前)、Postsave(保存后)、Queryclose(关闭前)等事件;域有 Entering

（进入）、Exiting（离开）、onChange（值改变）等事件；按钮有 Click（单击）等事件。在设计器中，每个事件处理函数的签名已经预先准备好，程序员只需在其中填写代码，图 7.35 就展示了为一个按钮编写单击事件处理函数的界面。处理函数会被 Notes 绑定到事件的发布者，在事件发生时被调用。这样，在 Notes 应用程序的运行过程中，用户验证、视图展现文档列表、用表单打开文档等等环节都是客户端自带的功能，这些封闭的环节无须开发也无法开发，程序员需要做的就是在这些环节中嵌入处理事件的代码。

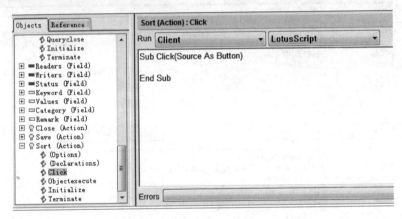

图 7.35　为一个按钮编写单击事件处理函数

　　下面的代码在一个按钮的单击事件处理函数中，用 LotusScript（参看后文的编程语言一节）将当前文档 Values 字段的值进行排序。

```
Sub Click(Source As Button)
    '获得 Notes 的工作区(Workspace)对象,这是从前端获得 Notes 对象的起点
    Dim ws As New NotesUIWorkspace
    '获得当前打开的前端文档对象,它类似于其他对象模型中的表单或窗体
    '通过它能进行许多用户界面上的操作,如定位到某个域,读写域的内容
    Dim uidoc As NotesUIDocument
    Set uidoc = ws.CurrentDocument
    '获取当前显示的文档对象,它在 Notes 编程中居于核心地位
    Dim doc As NotesDocument
    Set doc = uidoc.Document
    'LotusScript 支持变体型变量,能容纳各种类型的值
    Dim v As Variant
    '获取文档的 Values 字段的值,根据字段值的类型(文本、数字、日期),得到的是
    '元素值为对应类型的数组
    v = doc.GetItemValue("Values")
```

```
'为了简洁,Notes 支持将文档的字段值当作属性来读写
v = doc. Values
'通用的代码经常以脚本库(也是一种设计元件)的形式保存,
'其他设计元件只要引用脚本库,能调用其中的代码
'下面这个排序函数就保存在 Commons 脚本库中
Dim sorted As Variant
sorted = QuickSort(v)
'将排序后的数组保存回文档,注意仍然可以使用简洁的语法
Call doc. ReplaceItemValue("Values", sorted)
doc. Values = sorted
'将更改后的文档保存到数据库
'Call doc. Save(True, False)
End Sub
```

## 7.4.4 直接使用文档对象编程

前面涉及的 Lotus Notes 的数据绑定很有趣,表单直接和数据库中表示实体的文档绑定。不仅如此,在 Notes 程序的业务逻辑中,也直接使用文档对象。而在一般的开发技术中,表示层通常是与模型进行数据绑定(MVC架构中的模型,为避免和 Notes 视图产生歧义,用表示层代称视图),业务逻辑使用模型对象,模型对象再与数据库中的记录同步。有几层因素导致其他技术无法采用 Lotus Notes 的数据绑定和编程方式。

* 保持数据库连接。

采用 JDBC 的 ResultSet 读写数据时,在 ResultSet 在使用过程中,数据库连接一直要保持打开状态,这就使得其中的记录不适宜作为表示层绑定的数据,在内存中长期可访问。

* 记录集合。

JDBC 的 CachedResultSet 具备缓存的能力,可以在数据库连接关闭时存在。但它只能以记录集合的形式读写,没有代表实体的一行记录的对象,不方便与处理单个实体的表单绑定。

* 无法绑定的单行记录。

ADO. NET 是一整套程序中可使用的缓存数据集方案。其中的 DataRow 对象是代表实体的一行记录,能够像普通对象一样创建、更新、删除。.NET 的数据绑定框架支持控件的属性值绑定到一个对象的属性或者一个对象列表中当前对象的属性,可惜 DataRow 这两者都不是。

```
//table 是一个 DataTable 对象,adapter 是一个 DataAdapter 对象
//创建记录
DataRow row = table.NewRow();
table.AddRow(row);
//修改记录
row.Item["count"] = 9;
//读取记录的字段
int count = row.Item < int >("count");
//删除记录
//row.Delete();
//令当前记录的一切更改生效,包括创建、修改和删除
adapter.Update(table);
table.AcceptChanges();
```

- 模型与数据库的交互。

用面向对象的编程语言加关系型数据库开发时,表示层可以与模型对象绑定,模型对象再通过 DAO(数据访问对象)读写数据库。无论数据访问对象的实现方式如何,模型对象在被查找或更新到数据库时总是被动地作为返回值或参数,这个过程中模型对象仅仅是作为属性的集合,它的方法完全没有用处。这种风格不限于关系型数据库,如文档型数据库 MongoDB 的文档对象在各种编程语言中也只是充当属性的集合,需要调用 Collection 对象的方法来更新到数据库。

```
//创建一个新的模型对象
KeyValues kv = new KeyValues("Color", "Red");
//一个设想的 DAO 的查找模型对象的方法
KeyValues kv = DAO.getByKey("Brand");
//保存模型对象
DAO.save(kv);
//删除模型对象
DAO.delete(kv);
```

与此相对的是被称为 Active record 的设计模式,查找、保存和删除的方法都自备于模型对象。

```
//创建一个新的模型对象
KeyValues kv = new KeyValues("Color", "Red");
//查找
KeyValues kv = KeyValues.getByKey("Brand");
//保存
kv.save();
```

```
//删除
kv.delete();
```

Lotus Notes 中的数据绑定像是上面几种方案的混合体。被绑定的对象是直接保存于数据库的文档，而不是某个模型对象，这一点它像 ADO.NET。在对象的新增、查找、保存和删除代码上，Notes 混合了 ADO.NET、DAO 和 Active record 的风格。

```
'以下代码的功能和之前按钮中的基本一样,不过文档是从后端获取,
'从而展示了 Notes 数据库、视图和文档三种最重要的对象
'和最常见的获取文档的途径
'获取一个会话对象,它是从后端获取 Notes 各种数据库对象的起点
Dim s As New NotesSession
'获取当前数据库
Dim db As NotesDatabase
Set db = s.Currentdatabase
'依据名称获取一个视图对象
Dim view As NotesView
Set view = db.Getview("vwKeyValues")
'根据视图的第一个排序列,找到列值为 Brand 的第一个文档,DAO 的风格
Dim doc As NotesDocument
Set doc = view.Getdocumentbykey("Brand", True)
'以下读写文档字段的代码和之前在按钮中的代码一样
Dim v As Variant
'v = doc.GetItemValue("Values")
v = doc.Values
Dim sorted As Variant
sorted = QuickSort(v)
'Call doc.ReplaceItemValue("Values",sorted)
doc.Values = sorted
'将更改后的文档保存到数据库,Active record 的风格
Call doc.Save(True,False)
'新建文档的代码,ADO.NET 的风格
Set doc = db.Createdocument()
'删除文档的代码,Active record 的风格
Call doc.Remove(True)
```

Notes 文档对象因为没有模式限制，能够代表不同的实体；其查找和更新的方法都是现成的，无须像 DAO 或 Active record 那样为每个模型对象开发；还能和表单数据绑定。这些特点使得直接用文档对象编写业务逻辑相当方便和高效。

### 7.4.5　权限模型

Lotus Notes 一直以安全著称,除了使用公钥加密技术,Notes 环境在各个层面都有精细的权限控制:服务器、数据库、设计元件、文档以至字段。Lotus Notes 的权限模型结合了存取控制列表、操作权限列表和基于角色的存取控制几种模型。根据第 6 章的讨论,授权涉及的要素包括用户、资源、动作和环境。这里不考虑较少用到的环境,而从剩下三者来考查 Lotus Notes 的权限模型。

每个 Notes 用户都有唯一的用户名,对应一个 ID 文件和 Domino 服务器的目录数据库里的一条个人记录。在应用程序的存取控制列表中,可以定义角色。在目录数据库中,能够设置群组。在第 6 章中,我们已经看到两者作为用户和权限的中介是等价的。不过在 Lotus Notes 的环境中,角色的应用范围是单个应用程序,群组则可以由所有应用程序共用。

资源包括刚刚列举的服务器、数据库、设计元件、文档以至字段。

动作与资源有关。对服务器的动作包括连接、创建数据库、运行特定种类的程序等等。对数据库的动作包括读取其中的文档、写入文档、修改他人创建的文档、创建和修改设计元件、设置属性和删除等等。对某个设计元件的动作包括读、写、运行。对某个文档的权限包括读和写。对字段的权限也是读和写。

Lotus Notes 对不同的资源采用不同的权限设置形式。服务器的权限设置在目录数据库中的服务器文档中;数据库的权限设置在各自的存取控制列表中;设计元件和文档通过读者和作者域来控制访问权限,文档还能通过加密确保只有作者或邮件的收件人才能阅读;字段的权限控制可分为用户界面和后台两种,用户界面上展现字段所在文档的表单可以不添加显示字段的域、隐藏、使该域处于只读状态或者要求访问者必须具备数据库的编辑者以上权限,后台的权限控制可以通过加密提高单个字段的安全性。

总结起来,以上形式将资源的权限和用户联系起来的途径都是为资源维护一个列表,列表的内容可分为截然不同的两类。第一类是数据库采用的存取控制列表,其中每个条目定义某个用户或群组所具备的权限,如图 7.36 所示。权限的设置又分为几种情况,数据库的权限首先分为无权访问、存放者、读者、作者、编辑者、设计者和管理者七个级别,每个级别拥有一些固定的权限,依次增加。如常用的读者能够读数据库中的文档,但不能创建和修改;作者既能读也能创建,但不能修改他人所写的文档;编辑者能修改所有的文档;设计者能创建和修改设计元件,也就是进行程序开发,但不能进行某些敏感的操作,如修改数据库的存取控制列表;管理者拥有最高权限,能进行数据库的任何操作。级别所具备的某些权限可以调整,例如,作者的创建文档、删除文档、复制数据库权限就可以选中或取消。

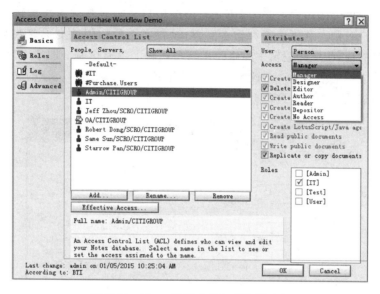

图 7.36　Notes 数据库的存取控制列表

　　机敏的读者会觉得数据库的存取控制列表对文档的权限设置太粗线条了。一个用户要么能读所有的文档,要么一个文档也读不了,如此权限设置肯定不能满足应用程序的需求。Lotus Notes 自然也明白这一点,它的解决方案便是第二类列表——操作权限列表。操作权限列表的理念与存取控制列表相反,它不是为用户建立条目,而是为对资源的每一种操作(动作)设立一个条目,其中包含拥有该操作权限的用户。存取控制列表因为对资源有权限的用户数目是不确定的,条目的数量也就是不确定的。操作权限列表因为对资源的操作数量是有限且确定的,条目的数量也就是确定的。具体到 Notes 文档,只有两种操作:读和写(包括删除)。对应地在文档中可以创建两种字段:读者字段和作者字段,它们像普通的文本字段一样可以包含多值,值可以是用户名、群组和角色(用方括号包围角色名以区分用户和群组名)。两种字段的数量没有限制,既可以通过表单上的读者域、作者域(与前面介绍的文本域、数字域并列的域类型)创建,也可以通过代码写入文档。一旦文档包含了读者、作者字段,它的读写权限就得到比数据库存取控制列表中的用户级别更精细的控制。无论是以用户名、角色和群组中的哪种形式,被一个文档的作者字段包含的用户才能修改该文档(自然也就能读);被读者字段包含的用户才能读该文档。用户在文档一级的权限依然受到他在数据库一级权限的限制,也就是说,文档作者字段中的用户必须具备数据库的作者及以上的用户级别,读者字段中的用户必须具备数据库的读者及以上的用户级别。利用读者和作者字段,设置文档的权限就变成修改文档特定字段的值,与业务逻辑中的修改文档在代码上没有区别。图 7.37 展示了在一个表单上添加了一个读者域和一个作者域。用该表单创建的文档默认的读写权限就分别由这两个域对应的字段值确定。

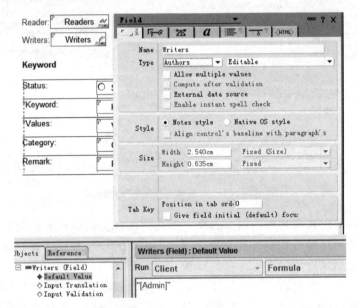

图 7.37　表单最上方各有一个读者域 Readers 和作者域 Writers,
作者域的默认值为一个角色 Admin

## 7.4.6　角色和隐藏公式

文档的读写权限是从数据库的角度来考查应用程序的权限,另一种角度是从用户界面出发。图形用户界面程序中,用户的任何一个操作都有对应的界面区域或元件。用户是否有权限也就体现在该元件是否可见或状态是否可用。Notes 应用程序中实现用户界面上的权限控制最重要的工具就是隐藏公式。多种区域和元件,如一行文本、表格单元格、按钮都能定义自已的隐藏公式。它是用公式语言(请参见7.4.8节)写的代码,最终会计算出一个布尔值,假如为真,所属的对象就会被隐藏,否则就会被显示。隐藏公式通常是一个涉及用户身份的布尔表达式,为了避免将权限直接和用户名联系,一般用角色来关联用户。比如下面这个公式就指定只有当用户拥有Admin角色时,才能看见表单上的某些隐藏内容。

@IsNotMember("[Admin]";@UserRoles)

公式语言可以用字段名直接引用当前文档的字段值。这样只要在隐藏公式中使用某个字段,再通过代码适时修改该字段值,就能实现灵活的权限控制。例如,下面的公式用在流程的审批、驳回等按钮上,FlowHandlers字段记录了流程文档当前审批人的角色,只有当用户具备该角色时,才能看见审批按钮。每当流程状态变化时,代码就修改FlowHandlers字段的值以包含新状态下审批人的角色。

@IsNotMember(FlowHandlers;@UserRoles)

Notes在数据库的存取控制列表里为角色的创建和赋予提供了图形化的操作界面,如图7.38所示。角色可以被赋予用户和群组,但不能被赋予其他角色,因此无法建立角色的层次结构。

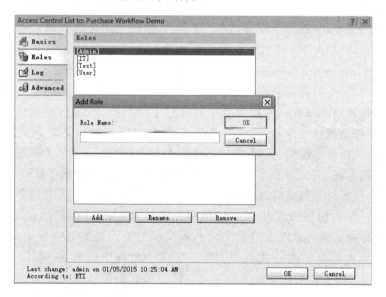

图7.38 存取控制列表中的角色

### 7.4.7　三类应用程序

前面讨论的都是运行在 Notes 客户端中的应用程序，基于 Lotus Notes 平台还能开发其他类型的程序，如 Web 应用。根据运行环境和开发所用技术，所有的 Notes 应用程序可分为三类。第一类就是在客户端中运行的 Notes 应用，第二类是使用和客户端应用同样的设计元件开发的 Web 应用，第三类是采用 XPages 技术的 Web 应用。前两类应用相较于后来的 XPages 又被称为经典应用。从历史、体现 Lotus Notes 平台的特点和对其他技术的借鉴和启示来看，Notes 客户端应用程序最合适，因此前面的讨论都围绕这类应用程序。下面简单介绍一下后两类应用程序。

#### 1. 经典 Web 应用程序

第二类应用是在 Lotus Notes 版本 5.0 对 Web 的支持成熟后产生的。Domino 服务器尽量将客户端中运行 Notes 应用的效果移植到浏览器上。数据库中各种可以显示或运行的设计元件、文档的操作、搜索都有对应的 URL 地址。服务器接收浏览器的请求，读取设计元件和文档，自动生成返回页面的 HTML。设想一个典型的修改文档的过程。用户在浏览器中点击某个视图的链接，服务器接收到 GET 请求后，依照视图名称找到数据库中的设计元件，打开视图索引并结合设计元件中与显示有关的设置，生成视图页面的 HTML——包含分页按钮的文档列表，列表中的每一行、可以点击排序的列标题、分页和搜索按钮都有相应的链接。用户点击某个文档的链接，服务器接收到 GET 请求后，依照其中的文档 UNID 找到文档，再根据文档的 Form 字段值找到表单设计元件，服务器结合表单上的静态布局和计算公式，读取文档的字段值，生成显示文档的 HTML 页面。用户在页面的输入框中修改内容，提交后表单数据被送回服务器。服务器读取 POST 请求中的数据，打开对应的文档，将数据进行必要的类型转换后写入文档各个字段并保存。Web 应用的请求-回应的技术底层被封装，程序员仍然是以 Notes 应用程序的术语和思维来开发。服务器生成的页面通常是很原始的，为了美化页面和提高它的可操作性，需要在设计元件中嵌入 HTML、CSS 和 JavaScript，服务器端的业务逻辑则可以使用公式语言、LotusScript 和 Java。整个 Web 应用的开发就像用各种局部技巧和前端技术矫正和补丁 Notes 客户端应用程序在 Web 环境下的默认表现。

**2. XPages 应用程序**

XPages 是 IBM 在 Lotus Notes8.5 版本引入的一项全新的 Web 开发技术。从技术角度来说，XPages 是采用 Notes 数据库、允许使用服务器端 JavaScript 编程的 JSF(JavaServer Faces)扩展。XPages 以当时的 JSF 1.1 为基础，弥补了它的缺陷，实现了很多 JSF 1.2 甚至 2.0 的功能，例如，XPages 的页面用 XML 写成，可以直接插入原始 HTML；补充了视图效用域(View scope)；提供了文本框的即时输入提示等有限的 Ajax 集成。XPages 与其他 JSF 实现(Implementation)最大的差异在于以下两点。

- XPages 可以在服务器端直接使用 Notes 数据库的文档和视图作为数据源，这使得文档的新增、查找、修改和删除开发起来和前两类应用程序一样简单。

- XPages 可以使用服务器端 JavaScript(Server Side JavaScript,SSJS)进行快速开发。服务器端 JavaScript 并不是什么新事物。网景公司当年为其明星产品 Netscape Navigator 浏览器发明 JavaScript 语言时，也想到了在服务器端使用自家的语言，也就是 LiveConnect 技术。虽然它当时没能成为 ASP、PHP、Java 的竞争对手，但是 JavaScript 在浏览器端的流行最终促成了它在服务器端的复活。现在成为开发网络系统热点的 Node.js 就是采用服务器端 JavaScript 编程的代表。IBM 选择服务器端 JavaScript 作为 XPages 的开发语言，主要是希望借助事件驱动的机制和它简洁的语法在 Web 开发上复制传统 Notes 客户机的快速开发体验(RAD)。然而，IBM 既没有使用第三方的 JavaScript 运行引擎，也没有采用后来 Java 标准中自带的 JavaScript 实现，而是自己开发了一套仅仅兼容落伍的 ECMAScript 3 标准的基于 Java 的解释引擎。性能、功能、语法、开发环境、错误调试、展现层与业务逻辑分离等多方面的因素使得程序员最后还是选择用 Java 来开发。

另一方面，XPages 的引入是 Lotus Notes 作为一个开发平台近 20 年的历史中最具革命性的变化，与经典 Notes 应用程序相比，它带来若干重大的改变。

- 架构。最根本的变化就是把用户界面设计和数据定义分离开。在传统的 Lotus Notes 应用程序里，表单既是用户界面，又负责定义字段。视图既定义显示方面的属性，又选择文档和设置索引。这样虽然使用户界面设计和数据设计的工作合二为一,加快了开发速度,但是用户界面和数据过于紧密不可拆分的联系大大束缚了系统的结构,不仅减少了灵活性,而且很多时候成为负担。新的 XPage 则和后端的数据设计没有直接的关系。表单退化成仅仅定义各种类型的文档的字段。设计表单时不用考虑用户界面,可以使表单更紧凑、合理、高效。另一方面,以 XPage 作界面解脱了与后端数据库的结构的捆绑,能够专心适应用户对界面的要求,免去了原来每个表单后面拖着的文档的负担,并且可以接合更广泛的数据类型,实现更灵活的处理。视图可以仅仅作为数据集合,不同的展示需要,比如外观、特定的列和文档的进一步筛选都可以利用 XPages 的视图控件实现,为减少视图数量提供了可能,从而也就减少了索引的数量,提高了性能和可维护性。

- 用户界面的存储格式。表单和其他传统的设计元素一样,都是以 Lotus Notes 私有的"复合数据"(Composite Data,CD)二进制格式存储在数据库里,只能用 Designer 和 Notes 客户端这些特定的软件写入、读取和识别【注:NotesPeek 是 IBM 提供的一个可以一窥 Lotus Notes 数据库和各个设计元素内部组成的小工具 http://www-01.ibm.com/support/docview.wss? uid＝swg24005686】。XPage 则是以 XML 格式文本格式保存(当然也是被包容在一个 Lotus Notes 数据库的基本存储单元 Note 内)。这意味着后者可以在源代码视图中查看、编辑,方便进行对比、批量修改和版本管理。

- 用户界面的展现过程。Notes 客户端应用程序中,表单存储于服务器上的某个数据库里,随用户打开文档的操作被传输到 Notes 客户端,然后由客户端解析,最终展现在用户面前。XPage 页面对应的是 XML 格式的文本文件,XPages 设计时引擎首先将它转化成 Java 源文件,然后编译成字节码的 class 文件。用户从浏览器请求某个页面时,XPages 运行时引擎装入该 XPage 对应的 class 文件,执行生成前端页面,返回给浏览器,最后浏览器再解释页面,呈现给用户。

XPages 没能改变 Lotus Notes 作为开发和应用平台的颓势,其原因也是多方面的。作为其技术基础的 JSF,是一种基于组件的 Web 开发框架,在 4.6 节中已经分析了它与基于请求的框架相比的缺点。Oracle 官方和第三方的 JSF 实现从来没有 Spring 等基于请求的框架受欢迎。更不用说 Java 在整个 Web 开发市场中的份额都在下降。然而为了延续 Notes 应用程序快速开发的传统,再考虑到 IBM 在 Java 领域的积累和投资,选择 JSF 就是命中注定的。这之后,IBM 又至少犯了两个错误。首先,它一味想复制开发 Notes 客户端应用时的体验,将资源投入在服务器端 JavaScript、移植公式语言、控件与 dojo 脚本库的绑定和图形化的代理编程这些与 Web 应用开发的架构、表现力和性能无关甚至背道而驰的领域。这使得 XPages 在诞生之初与其他 Web 开发技术相比就没有多少竞争力,只能算是 Notes 应用程序在 Web 上迟到的现代化。其次,它的投入不足以维持一个扩展了的 JSF 实现这样复杂的技术及时的更新。经典的 Notes 开发技术可以等待 Lotus Notes 两三年出一个新版本,Web 开发涉及的技术更新要频繁得多。IBM 迟缓的升级动作令 XPages 在 Java 语言、基于 Eclipse 的设计器、dojo、控件的 bug 修复和对前端技术的支持等所有的领域都落后于其他开发技术。

## 7.4.8　多种编程语言

### 1. Notes 开发语言

Lotus Notes 中的开发语言有很多种,这在其他平台中是比较少见的。每种语言都有各自的长处和适用的场合。XPage 技术出现之前的经典 Notes 开发可以使用以下语言。

1) 公式语言

公式语言是最早出现在 Notes 中的程序语言。它是一种功能有限的微型语言,主要是用来进行简单的计算和自动化操作,难以编写复杂的逻辑,无法写函数进行代码重用和调试。其提供的公式,即 API,分为两大类:@function 和@command。前者给出了一般程序语言中常用的一些函数,比如类型转换、数学运算。后者则主要是 UI 操作对应的命令,Notes 客户端菜单栏中大部分的命令都可以借由它们实现。在公式语言中,可以直接引用当前文档的域值,还有方便的列表操作,很适合于计算域值、视图的列值。再加上可以使用@command 进行各种界面操作,甚至可以使用公式语言写出一个简单的流程应用。

2) LotusScript

LotusScript 是一种基于对象的脚本语言,语法与 VB 类似,能够访问 Notes 数据库的各种对象,是经典 Notes 开发中主要使用的语言,可以被看作是 Lotus 产品中的 VBA。LotusScript 与现代主流的编程语言相比,具有一些明显的缺点,例如,难以跨应用程序共用,缺乏对接口、方法重载等面向对象编程常用特性的支持,落后的错误处理机制。

3) JavaScript

随着 Web 系统的流行和 JavaScript 广泛使用,Notes 的设计师也将它引入了 Notes。与 LotusScript 一样,JavaScript 可以被用来写各种表单事件的处理程序。Notes 的设计师预想这样能带来一个好处:表单中的事件处理程序在客户机和浏览器中可以共用同一套 JavaScript。Lotus Designer 还提供了当时少见的 JavaScript 保存时语法检查。使用 JavaScript 做一些表单前端的运算确实比使用 LotusScript 更为简洁,不过由于无法访问 Notes 对象,它的使用受到很大限制。

4) Java

Java 从 Sun 公司诞生后不久就成为世界上最流行的程序语言。作为一种完全面向对象的语言,它提供了比 LotusScript 更为丰富和强大的许多特性,比如接口、方法重载、静态方法。而且 Java 还有巨大且功能强大的 Library 可以调用,比如各种容器类 Vector,Arraylist 等。另一个典型的情况是在访问关系型数据库时,使用 JDBC 就比采用 LotusScript 和 ODBC 更为灵活方便。但是,使用 Java 无法访问 Notes 的前端对象,进行和用户的交互操作,它在 Notes 中的应用仅仅被限制在开发代理时。

## 2. XPage 开发语言

XPage 开发能够使用以下语言。

1) 公式语言

在全新的 XPage 开发中,古老的公式语言被保留下来有点让人惊讶。在 Server Side JavaScript(服务端 JavaScript,简称 SSJS)中,可以嵌入公式。只不过为了适应 JavaScript,这些公式变为区分大小写,而且公式中的分号被改成了逗号。使用公式仅仅是为了向熟悉它们的开发人员提供一种便捷地实现某些功能的方式,这些功能完全可以使用新的 JavaScript API 或者编写 JavaScript 函数实现。

2) Server Side JavaScript

SSJS 在 XPage 开发中的地位与 LotusScript 在经典开发中相同。XPages 是基于 JSF 技术的采用模块设计和事件模型的 Java Web 框架。为了提供与经典的 Notes 开发一致的快速开发能力和体验,IBM 选择使用 SSJS 来编写各个控件的事件响应程序。与前端的 JavaScript 不同,SSJS 可以方便地访问 Notes 对象,还可以调用 Java 的类库。

3）Java

IBM 将 JSF 本身的 Java 语言放到幕后，为了降低 XPage 的学习难度。但是使用 Java 编写 Bean 来实现事件响应和业务逻辑可以做到显示层和业务层分离。同时，Java 也是一种强类型的语言，更易于在编写时发现错误和调试，开发环境比 SSJS 的强大，也更易于调用自身的类库。唯一的缺点是，使用 Notes 对象后还带有和在经典 Notes 开发中同样的先天不足，需要手动调用 recycle 方法回收对象。

# 7.5 Lotus Notes 的衰亡及其教训

IBM 1995 年收购了 Lotus Notes 的开发商莲花公司。自那之后，就不断有软件行业的分析师和媒体作者与 IBM 的竞争者一道预测 Lotus Notes 的衰落。例如，1998 年 4 月福布斯杂志就发表了一篇题为《莲花的衰亡》的文章。那时 Lotus Notes 的生命力还很旺盛，据 IBM 自己的数字，Lotus Notes 累计销售的许可数从 1998 年估计的 4200 万增长到 2008 年的约 1.42 亿。然而自 2000 年以后 Web 技术日益成熟，Lotus Notes 原有的优势逐渐黯淡，在创新速度上又步履蹒跚，开始显露出衰败的迹象，市场份额稳步缩小，迄今已基本进入现有用户维护阶段。

如同经济学家用发电量、银行贷款额和火车货运量来评估一个国家的经济状况，一项技术的生命力也可以从很多方面衡量。互联网上有 TIOBE 等多个编程语言的流行度排名，其依据都是一些有相关性的定量指标，如 Google 上的搜索频率和结果网页数量、Stackoverflow 上的问题数量、Github 上的代码库数量、Amazon 上的专题书籍数量和销量。普通的开发人员虽然不会去专门统计这类数字，制定精确的排名，但实际上在学习和工作中都会运用同样的原理。工作网站上某种职位或技术的岗位数量就是求职者评估专业热度的晴雨表。还有许多纷杂的不那么定量的来源，如网站上的新闻、同事间交流的消息、社区的活跃程度，综合起来就会让人形成对一门技术兴衰的整体感觉。春江水暖鸭先知。对 Lotus Notes 的衰落，业内人士的感受或许是最迅速和直接的。

软件开发不同于历史学，过去相比于当前和未来，通常价值不大。但是历史上曾像罗马帝国一样无可忽视的 Lotus Notes 也能为我们提供像前者的衰亡一样的众多教训，例如公司战略决策、开发方向和竞争对手的关系。下面主要从开发人员感兴趣的技术的角度来探讨 Lotus Notes 衰亡的原因。

## 7.5.1　对用户主观体验重视不够

软件的用户体验包含很多方面,既有偏主观的用户界面的美观程度、操作的友好性,也有较客观的功能、速度。不同领域软件的用户对这两类体验的敏感程度也不同。企业经营所用的内部系统,特别是制造、物流、财务等领域软件的用户,更关心系统的功能和速度,对界面的美观程度和操作的友好性忍耐度较高。办公系统、设计软件和公司对外使用的系统,如网站、Web 应用、手机 App,用户则对主观体验也很重视。前者是因为软件针对的高层或行业用户群对用户界面和操作的敏感性,后者是由于这些系统的用户不像公司员工一样必须使用,而是系统所属的公司尽量推广他们的产品,主观体验也是产品竞争力的一部分,甚至在吸引最广泛人群的过程中,糟糕的主观体验比功能有更立竿见影的负面效果。

Lotus Notes 长期针对大企业市场,这些大公司往往将系统的稳定性、安全性、性能置于较优先的地位,在功能基本能满足的前提下,系统漂不漂亮不那么重要。这和 Lotus Notes 1995 年以后的主人 IBM 公司的特点也是吻合的。以邮件系统为例,Lotus Notes 和竞争者相比,在功能、易用性和用户界面上,并没有多少优势,甚至有些方面还落后,例如界面的整齐美观、重复附件的集中存储、邮件规则和按会话组织。图 7.39～图 7.41 分别是 Lotus Notes 客户端中邮件、日历和待办事宜的界面。

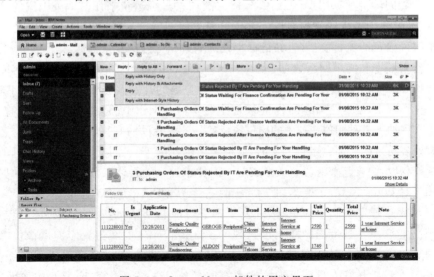

图 7.39　Lotus Notes 邮件的用户界面

图 7.40　Lotus Notes 日历的用户界面

图 7.41　Lotus Notes 待办事宜的用户界面

Lotus Notes 的邮件系统也有现成的 Web 界面可以访问。单纯作为邮件系统来看，Lotus Notes 很早就开始不敌如微软的 Outlook/Exchange 组合的竞争者了。除去可伸缩性这样的技术因素，用户友好性上的长久滞后不能不说直接影响了客户的体验和决策。Lotus Notes 的邮件功能是建立在其独特的客户端、数据库和开发技术之上的，是客户端可以访问的各种各样的 Notes 应用程序中的普通一员，这就与其他邮件系统专为此开发的客户端和文件格式形成鲜明对比。受到其通用技术的制约，Lotus Notes 邮件的用户体验经常被人诟病。启动客户端时必须输入密码；用户界面粗糙难看；操作笨拙不够友好。包括上面提到的附件、邮件规则等方面的落后也是由于要克服 Lotus Notes 通用技术在实现这些功能上的困难。

平心而论,Notes 应用程序界面的美观程度和操作性在同时代的 RAD平台(如 VB、PowerBuilder 等)开发出的程序里是中规中矩的。但是当 Web应用逐渐成为软件行业的主流,利用 Notes 有限的控件和显示属性创建的用户界面与用 HTML、CSS 和 JavaScript 开发的现在网页之间的差距就越来越大了。Notes 表单所采用的二进制格式和相应的解析生成显示的技术,很难进化成网页那样的表现力更强、更高效的方案——用一种 HTML 文本定义用户界面的内容和结构,另一种 CSS 文本设置界面的显示。当普通用户越来越习惯于网页风格的应用程序界面时,Notes 程序的界面就日益显得原始和另类。

Notes 客户端的某些操作方式与一般软件通行方式之不同,也成为一些用户抱怨的目标。例如,Windows 环境下的客户端,文档和视图的刷新的快捷键不是通行的 F5,而是 F9；删除文档时,不是直接弹出确认对话框,而是先在视图上将选中的文档标记为待删除状态,再刷新视图才确认是否删除。

## 7.5.2　快速开发的缺陷

Lotus Notes 是一个专有(Proprietary)技术的快速开发平台,很多技术细节都被封装起来,无须开发人员考虑,以使程序开发过程更简单。这样做的好处不言而喻,坏处则是开发过程简单易导致缺乏良好的设计和周详的考虑,程序员对被封装的技术无须了解会引致他们对系统的行为和特点没有足够的认识。

以索引为例,它攸关查询性能,因而在设计数据库时需要细加考量。然而,Lotus Notes 隐藏技术底层,以用户界面为导向,追求快速开发的理念,使得“索引”鲜有开发人员提及,甚至了解。大家一般只论及视图,这种设计元素将展示层的设计与数据层的定义混合在一起,索引的概念隐藏在表面的排序和分类列的后面。Notes 应用程序往往在使用了一段时间后,也就是在数据库变大后,变得很慢。一个重要原因就是视图,打开应用程序、修改文档、执行代理都可能或明或暗地打开视图。这些时候,正是索引隐藏在视图背后影响着数据库的性能。在主流开发所用的技术组合中,数据库是独立的领域,开发人员需用与编写业务逻辑时所用的语言不同的专业知识来设计和定义数据,所以才会衍生出专精于此的数据库管理员。在 Lotus Notes 应用程序中,数据库、业务逻辑和用户界面的开发紧密耦合,在大公司里虽然也有人专职维护服务器,部署和更新数据库,但是他们一般不会检查数据库的设计来优化性能。数据库的性能是程序开发人员的分内之事,而实际上,若非经验丰富的程序员,应用程序慢到很多用户无法忍受,性能在 Notes 程序员开发时,几乎不会被考虑。数据库慢只会被归咎于文档太多、附件太大、Notes 数据库本来就如此。许多老程序员开发的应用程序里,同一类文档仅仅是为了分类顺序的不同就建了十来个视图,每个视图十多二十个列,六七列为分类,其他几乎全设置了排序。文档数量一旦增多,如此设计将严重影响性能,而在设计者眼里,只是为了方便用户并且是 Notes 便利性的证明。这样的视图设计和其功能滥用,当然责任不全在程序员身上,引导他们这样做的 Notes 的开发理念、帮助文档都难辞其咎。

### 7.5.3 嵌入式开发的缺陷

前面提到的嵌入式开发的特点在 Lotus Notes 上体现得淋漓尽致。集中的身份验证、客户端对视图和文档的默认操作等 Lotus Notes 平台现成的功能无须编码。像使用软件一样尽量通过图形用户界面操作,减少编写代码的风格加快了程序开发。然而在开发特定类型的应用程序高速度的同时,弊端也清晰地显示出来。

平台封装的功能以无法调用难以调整的形式构成应用程序的重要部分,限制了程序的可能性和灵活性。例如 Web 应用程序的身份验证,Domino 服务器没有提供 API,程序只能修改默认的登录界面,自动登录就无从实现。

程序在平台的基础上才能运行,以专有的格式保存在数据库中,不少开发和配置功能依赖图形化的工具,这些嵌入式程序的特点使得它无法像普通的全部由代码组成的独立式程序那样,用各种工具进行代码分析、版本管理、自动化测试和部署。

### 7.5.4 数据库和应用程序合一

Lotus Notes 应用程序最大的特点之一就是数据库和应用程序的合一。采用一般技术开发的应用程序,用户看到的界面和执行的逻辑与数据库是截然分开的。然而 Lotus Notes 应用程序的组成部分——设计元件,和普通数据一样以文档的形式保存在数据库里。这虽然在应用程序的开发和部署上带来微小的便利,但造成的更多副作用却难以消除。

首先是同类应用程序代码的重复。每个邮箱数据库的设计元件就占了十几兆的空间,Lotus Notes 虽然推出过共享设计元件的技术,但因为 bug 没有得到普及。

更大的问题出现在存取控制方面。普通应用程序的存取控制和所用数据库的存取控制是无关的。应用程序的用户管理、权限控制由开发人员编写代码实现,程序访问数据库的权限则受数据库系统管理。无论访问应用程序的用户是谁,程序读写数据库使用的都是与之无关的数据库管理员分配的账号。通常这个账号具有读写所有数据的权限,用户在业务逻辑中对模型的操作权限则是由程序员的代码控制的。Lotus Notes 由于应用程序就是数据库,用户访问应用程序所用的账号就是他打开数据库所用的账号,受到的是同一套存取控制系统的管理。这样业务系统中的权限(如审批某类流程)就和数据库的权限(如读取文档)混合在一起了。Notes 因为应用软件的身份,客户端可以通过视图显示文档列表,并具备默认的读写文档的功能,所以采用的是尽量易于手工配置、无须编码的存取控制模型,即程序在尝试访问文档时,根据当前用户的数据库存取级别来判断是否有权限,更精细的控制则通过文档的读者和作者字段实现。以上因素共同造成的结果就是 Notes 程序对文档的读写权限与当前用户的账号直接绑定,无法编写代码来调整,并且每个文档的权限都要根据其读者和作者字段的值单独判断。这种方式虽然从底层确保了权限的有效性,并且能做到单个文档级别的存取控制,但显然在读写大量文档时效率不高。

考虑普通的打开视图的操作,Notes 客户端每次会从数据库读取大约两屏的视图条目,这样当用户向下翻动一页时,就能无须访问数据库快速显示,等到再往下翻一页时,又读取两屏新的视图条目。视图条目受到和文档一样的权限控制(否则就会出现用户在视图上能看到某一行文档,打开时却又没有权限的不合理现象),于是在读取两屏视图条目时,Notes 要逐一检查每个条目对应的文档的所有读者字段值是否包含当前用户名(或用户所拥有的角色、群组)。如果用户有权看到的文档在视图中所占的比例很小,Notes 就需要检查很多条目才能找到一条,等到找够两屏返回时,可能已经检查了几百条条目的权限,打开视图之慢就可想而知了。同样的场景,在使用其他数据库时,大都会构建一个查找用户有权限看到的记录的数据库查询,执行这样的查询可以借助索引,速度就比 Notes 逐条检查快得多。

### 7.5.5　创新乏力

创新是软件行业永恒的主题。对于一个有几十年历史的产品,持续创新并非易事,但却是保持其活力的唯一途径。由 8.3 节可以看到,Lotus Notes 早期在理念和技术上多有超前时代之处。而等到体系架构稳定之后,创新就不再是它的标志,每个版本的改进大多是累加的、局部的和表面的,缺少对系统结构和底层技术的根本性改变。在其他技术快速发展的背景下,Lotus Notes 的不足就在比较中从无到有,从小到大。这里以 Lotus Notes 整个平台的基石之一数据库为例说明。

Notes 数据库作为文档型数据库的先驱,一方面不具备关系型数据库的 ACID 特性,另一方面又没有与时俱进、借鉴后辈的优点。文档不支持嵌入文档限制了建模的能力;缺少高效的查询语言,只能依赖静态的视图;没有恰当的防止冲突的并发机制,容易产生保存和复制冲突文档。现代文档型数据库最大的优势之一是水平划分带来的高容量和高性能,而 Notes 数据库却没有这项能力,而且往往在容量达到数 GB 时性能就遇到瓶颈。为了让讨论更加具体,我们来看经常困扰 Notes 应用程序的冲突文档问题。

Lotus Notes 中的冲突文档分为复制冲突和保存冲突两类。复制冲突对其他分布式数据库来说很好理解:Notes 数据库一开始就被设计成副本独立读写,再通过复制保持数据一致。编辑一个副本中的某个文档时,锁定其他副本中的该文档,这项功能直到版本 6 才被引入,并且由于各个副本所在服务器之间的网络通信质量不能保证,在现实中很少使用。所以当两个副本中的同一个文档分别被修改保存后,副本之间再进行复制,就会产生该文档的复制冲突。

复制冲突毕竟是副本带来的副作用,真正麻烦的是另一类保存冲突。它更容易产生,更难预防,也是 Lotus Notes 的又一不同寻常之处。保存冲突产生的情境很普通。无论是前面所举的哪类应用程序,只要有两个用户都打开了数据库中的某个文档,并且都进行保存,冲突就会产生。也就是说,要想没有冲突,对数据库的访问必须遵循以下模式:任何用户都可以随时阅读任何文档,但若要修改,必须排队进行,一个文档同时只能有一个修改者。

保存冲突产生具体的过程如下。数据库中某个文档被读取,或有或无修改,在文档被保存之前,又有其他用户甚至同一用户再次读取该文档,或有或无修改,之后两次打开的文档都被保存,较晚的一次保存就会产生冲突——当内存中的文档被写回磁盘里对应的文档时,Notes 发现后者与前者被读取时相比发生了变化,也就是磁盘里的文档的最近修改时间不再是内存中文档当初被读取时的最近修改时间,这就意味着这个文档有了两个不同的版本,磁盘里的文档被标记为主文档,内存中的文档则被标记为冲突文档。简言之,不论这两次从读取到保存的会话的先后顺序如何,只要它们时间上有重叠,就会产生冲突。【注:包括 Lotus Notes 帮助文档在内的许多资料对保存冲突产生的原因和过程有误导之嫌。帮助文档里写着 A save conflict occurs when two or more users open and edit the same document at the same time on the same server, even if they're editing different fields. 意为多个用户同时编辑一个文档时就会产生保存冲突。其他不少资料还会说是因为同时保存同一个文档。何谓同时? Notes 数据库能并行地处理多个保存同一个文档的请求吗? 文档在物理存储中总是唯一的,如何同时保存? 同时的标准又是什么? 时间上相差 0.1 秒算吗,还是 0.1 毫秒,0.1 微秒? 如果还是串行地先后保存,会产生冲突吗? 实际上只有多核 CPU 才能真正同时运行多条代码。保存一个文档涉及一组连续的存储介质(如磁盘)写入操作,即使是多核 CPU 并行地执行保存同一个文档的代码,落实到磁盘的写入操作也不可能是并行的。】

Notes 数据库保存冲突的产生逻辑对其他数据库来说是很奇怪的。一般的数据库在写入某条记录时,不会去检查记录之前是否被修改过,甚至不存在检查的可能性,因为写入请求只会描述被修改记录的主键和新的字段值,不存在上次读取记录时的信息。而 Notes 数据库在保存文档时总是以一个文档为单元,这个文档包含着当初读取它时的信息。由此可见,保存冲突产生的原因本质上和复制冲突是一样的。后者是多个数据库副本中的同一文档之间的冲突,前者则是一个数据库中一个文档的多个版本之间的冲突。在客户端应用程序中,文档的相互冲突的多个版本同时存在于多个客户端内,被阅读和修改;在 Web 应用程序中,浏览器显示的只是读取文档内容生成的网页,文档的多个版本先后诞生于服务器处理浏览器发送的保存文档的 POST 请求时(每个请求都带有当初文档从数据库读取时的最近修改时间)。

Notes 数据库的这种检查不能说完全没有意义。两个用户在同一段时间内修改同一文档,从理论上说确实会产生冲突。比如说用户甲根据他所看到的文档的最初内容修改某个字段值为1,用户乙根据文档的最初内容修改该字段值为2,一般的数据库就只会保留最近一次修改的结果,甲和乙之一的工作就被抛弃了。所以首先应该尽量避免冲突。一般来说,在业务逻辑上减少多个用户同时修改同一数据的机会;在数据库建模上可以将需要保存多人工作的部分独立出来,与所属的实体建立多对一的关系,例如,文章的评论如果和文章保存在一起,难免会产生多人提交评论时的冲突,评论单独保存则可以任由多人同时添加。Notes 数据库缺乏 JOIN 文档的能力,一个文档常用来保存尽可能多的相关实体。所以在避免冲突方面,只能通过权限限制在某一时间能够修改文档的用户。

冲突产生之后,保存为两个版本固然完整地保留了两个用户的工作,但文档涉及的后续工作,特别是如果以后还要修改,只能采用一个版本,所以关键是如何根据实际需求处理冲突。大多数情况下,同时修改就像先后多次修改一样,只保留最近一次修改的结果是没有问题的。在少数特殊的情况下,可以保留同时修改的多个版本,供后续查看比较或者人工合并成一个文档。

Lotus Notes 在文档对象的保存方法中,也提供了这两种处理方式的选项。但是在客户端应用程序中,有菜单、快捷键这些不经过代码自动保存文档的途径,而文档默认的处理冲突的方式就是创建多个版本,没有配置可以修改。此外还有很多涉及文档保存的 API【注:保存文档的公式语言、前端文档的保存方法、XPages 中文档的并发模式】都无法在代码中选择处理冲突的方式。这些不完善不一致之处令保存冲突文档经常成为 Notes 应用程序的小麻烦。

# 7.6 给现有 Lotus Notes 客户的建议

Lotus Notes 技术上的落后、市场份额的下滑和 IBM 投入的下降构成了一个恶性循环,面对客户的动摇和怀疑,IBM 承诺对 Lotus Notes 的支持至少会持续到 2021 年,在那之后,很可能就会任其自生自灭。在这样的环境中,Lotus Notes 现有的客户有必要制定积极的策略,为现有应用程序和数据库的未来做好合理的规划。

企业使用的 Lotus Notes 应用程序,状态千差万别。架构上可分为Notes 客户端的和 Web 的;程序可分为设计杂乱、缺少文档的和设计、文档都清晰的；使用情况可分为活跃的、数据量大的和较少使用的、数据量小的；功能可分为稳定的、很少变化的和有持续的较多变化的。根据应用程序这些方面的差别，适宜采用的方案也有所不同。

对于客户端的、设计杂乱的、功能稳定的程序，维持现状是最好的策略。Lotus Notes 将来的技术升级虽然不能期望，但稳定性还是可以信赖的。要将这类应用程序移植到其他平台，成本高，收益又不大。

对于 Web 的、功能预计有较多变化的程序，可以考虑用其他技术重写。这又分成两种情况。一种是数据仍然保留在 Notes 数据库中，Web 的业务逻辑或浏览器中的脚本通过 RESTful 服务的方式读写数据。另一种是数据和程序都迁移。两种方案各有利弊。前者没有数据迁移的成本，但要混用 Domino 和其他技术，架构比较复杂，开发也没有那么灵活。如何选择取决于 Notes 数据量的大小、对数据迁移的承担能力等多种实际因素。

# 第8章

# 兴　衰

　　诞生、成长、兴盛、衰亡本是自然界生命经历的过程,类似的规律在许多其他领域也成立,国家、宗教、文艺体裁、思想、风俗,人类文明的各种形式都与它的个体创造者一样有自己的生命周期。用有机体生命的词汇来描述这些截然不同的复杂对象,已经不是文学的譬喻,而有真实的意义。拥有这般规律的事物如此之多,以至于这四个生命阶段被上升到哲学的高度。从哲学原理的角度来解释具体事物的诞生、成长、兴盛、衰亡,一方面可以说是深刻的,从另一方面也可以说是偷懒和对具体事物的行为不了解。只有从具体事物的行为逻辑出发解释其各生命阶段发生的原因,再回归到普遍规律,才能算是对该具体事物所体现的普遍规律有透彻的理解。

　　自然界生命的周期已经有生物学家作出解释。国家、宗教的兴亡是历史学家感兴趣的课题。我长久以来对文艺体裁的生命有一个个人的理论。唐诗、宋词、元曲,西方音乐从宗教到古典到浪漫再发展到现代的风格多样,它们的兴衰变迁,我个人觉得有一个共同的解释。每种文艺体裁登峰造极之时,艺术家都视其为正宗,是创造美、体现思想、展示才华所凭借的主要载体和形式。社会的才华都集中于此,如同经济上资源被集中到某一行业,该领域的艺术和艺术家百花齐放,竞显风流。每一位艺术家润育于前辈的作品土壤,一方面学习欣赏,另一方面也总是试图创作出可以与之比肩甚至超越前人的杰作。在艺术的上升和成长阶段,这样做总是可能的。然而当越来越多伟大的作品诞生,甚至成为经典和不朽时,当公认的大师出现,取得巅峰的名誉后，高山仰止，就会令新人与后辈踯躅和却步，转而去往新生的艺术体裁一展才华，建功立业。于是旧的体裁新作品和吸引的人才越来越少，新的体裁渐渐繁荣，展开自己的生命周期。归纳起来就是一种文艺体裁和风格新生和成长时，有无限的潜力等待艺术家去探索，作品就像从艺术之矿挖出的矿石，作品越多越伟大，矿藏输出的矿石就越多越大越好，等到从一座艺术的金矿挖掘出的金沙数量和成色都难以保持顶峰的高水准时，艺术家们就像敏锐的商人一样去开采新的矿藏了。佐证这种解释的例子是很多的。勃拉姆斯四十岁才创作第一部交响曲，他既感叹贝多芬在更年轻时就已写出的伟大作品，又因为这些无形的标准，反复琢磨，一定要交出让自己满意的答卷。瓦格纳评价贝多芬的第五交响曲，说在它面前，很少有作品能不显得渺小；第九交响曲则是无法超越的巅峰。瓦格纳很轻松，因为他不写交响曲。其他作曲家虽然不觉得交响曲到此结束了，还想为此经典曲式的大厦添砖加瓦，但再也不能像贝多芬之前的海顿、莫扎特那样信笔写出几十上百部作品了。巨人的影响在其他体裁也复如是，被后世钢琴家誉为新约圣经的贝多芬的奏鸣曲，贝多芬取得伟大成就的钢琴和小提琴协奏曲，以后的作曲家只要涉足，都几乎是殚精竭虑，似乎要把对该曲式的所有才华集中于一首作品。勃拉姆斯、李斯特、肖邦、舒曼、门德尔松的奏鸣曲和协奏曲无不如此。与此同时，交响诗、叙事曲、幻想曲、狂想曲、无词歌、练习曲、前奏曲、间奏曲、序曲、舞曲、夜曲、组曲、艺术歌曲……浪漫音乐时期的体裁与它的内容和思想一样，不拘一格。中国近体诗成熟繁荣于唐代，诗仙诗圣成为后学的楷模，以后历朝历代，人们但凡作诗，没有不学习和推崇唐诗的，其他中间的朝代则基本是贬抑的对象。如此局面，看似与西方音乐不同，其实也是同一模式的另一种表现形式，所以文人们才把才华和激情转往宋词，宋词到元曲的转移，明清小说的兴起，亦复如是。西方绘画从古典到越来越不强调逼真的印象、抽象，也是因为文艺复兴后透视法的运用已经诞生一大批从写真角度看无以复加的作品，不能更像了，所以也就不追求像了。当然以上说法只是一个维度，每一种文艺体裁兴衰的历史，必然受到各种经济的、社会的、文化的以至技术的多种因素的复杂影响。

　　本章试图对软件的兴衰作一简单的探讨，然后重点回顾和分析客户端技术在历史中的演变和不同时代的潮流，最后用 Lotus Notes 的历史来作软件兴衰的一个典型案例，同时也反映出一种独特而强大的客户端的跌宕起伏的命运。

# 8.1 软件的更新和生命

ICQ、Yahool Messenger、MSN Messenger、QQ、Skype、WhatsApp、Line、Slack、微信……互联网时代的人类,聊天除了靠天生的嘴,还有了这列长长的所谓即时通信软件的陪伴。名单的前几位,时下聊天最火热的年轻人也许只是听说过,但时间回溯二十年,它们也都曾先后像名单的末几位一样,无限风光过。未来再过同样的时间,相信又会有新的名字从清单右边涌现,将之前的同行挤入历史。这样的新旧更替是整个信息技术的写照,应用软件、操作系统、数据库、通信协议、编程语言、开发框架,所有领域都像永不停息的潮水一样,后浪推前浪。信息技术(有别于计算机科学)不像科学那样是对自然的理解,每一项成果都有永恒的价值,后续发现只是原有体系的扩展和深化,牛顿力学不会因为相对论的出现而被淘汰,麦克斯韦的电磁理论也不会因为量子电动力学而过时;技术是人类解决实际问题满足人们需求的发明,随着环境、问题和需求的演变,更快、更强、更好用或者仅仅是更好看、更流行的新技术和产品占领市场后,旧的技术和产品被时间埋入历史,上面的灰尘日积月累越来越厚。信息技术(软件部分)又和建筑、交通、采矿等工程技术不同,它们的主体是物质世界里的实体工具,其更新换代远没有代码那样容易方便;并且它们满足的是人类可见的物质需求,而信息技术在虚拟的世界里可以创造和满足人类形形色色的精神需求;所以电子游戏的种类和数量远超过汽车和运动鞋,软件的多样性和更新的速度,在千变万化的时尚领域也是小巫见大巫。由于上面两层原因,信息技术在所有的科学技术门类里,是更新换代最快的。

当然在这个不断变化的领域,也有相对恒久的部分。协议和语言比框架和类库稳定,操作系统和工具软件比应用和娱乐软件长寿。技术应用的算法和数据结构、体现的思想和原理具有最长久的价值。概括起来,就是技术中科学和抽象的部分比应对实际需求的具体实现和产品稳定和持久。

就作为终端产品的软件而言,它们在市场上的成败兴衰原因上和其他领域的产品没有差别,不外乎出品公司的技术、管理和营销这些内部因素,和经济、社会环境等外部因素。单纯技术上优秀的软件未必能取得市场的成功,在自由竞争的生态中,偶然和路径依赖的力量有时也会扮演挑选者和决定者的角色。

对于更迭浪潮中的寿星,版本号就像树木的年轮一样是它们长久生命的标志(这里指传统的有重大改动才更新主版本号的习惯,而不是近年来由Chrome浏览器引领的六个星期就加一的主版本号风格)。Mac OS 10.12、Windows 10、Dreamweaver 17、Oracle Database 12c、Lotus Notes 9、Microsoft Office 2016 (16.0)……虽然有些外部版本号作为产品名称的一部分,具有品牌和宣传的性质,但这些大多是两位的数字背后,都有十多甚至二十多年的历史,如果模仿狗与人之间年龄的换算关系,上面的软件都已经是耄耋人瑞了。与寿命较短以至转瞬即逝的同类相比,这些寿星是观察软件生命周期的绝佳样本。每当新版本发布时,它们的老用户最有兴趣的就是发布说明里的新功能(What's New!)有哪些。经历过一个软件的多个版本,特别是从诞生到消亡的整个过程后,就会发现更新和改动的数量和程度不是随时间均匀分布的。诞生和成长的时期是创新的高峰期,概念、功能、用户界面、使用方式诸方面皆是如此。这也是很自然的,人们之所以写出新软件,就是因为它前所未有或与众不同,假如获得成功,开发者原来就有的想法和用户的积极反馈会迅速转化成新功能。等到软件已经成熟,拥有巨大的用户群和代码库,保持创新速度就会遇到许多阻碍。公司规模增长后,在管理和组织上维持初创企业一般的创新活力和效率是一大挑战。单就技术层面而言,旧有的代码和理念有时会像惯性和框架一样引导和束缚人的想法。如果有好的想法与现有结构从根本上抵牾,实行起来就不仅有技术上的成本,还会遭遇心理上的惰性和组织上的犹疑和反对。代码库的规模越大,重大和方向性的改进就越难。功能和用户数量的庞大意味着成比例的维护工作量,还意味着升级时对于越来越复杂的现有版本和数据的兼容考量。成熟期的软件和新生期的对手相比,优势是功能和用户的既有规模,劣势是创新的速度。假如优势不敌劣势,软件就走向衰亡,位置被年轻的对手取代。而如果优势压倒劣势,则会渐渐获得垄断地位。直到相关领域的技术进步导致新的产品和服务模式的出现和勃兴,既得地位的软件才面临被抛弃和取代的危险,此时它们往往试图调整方向,学习和添加新兴者的功能,但庞大的身躯成为负累,难以像新对手那样创新和吸引用户,而且公司在收入上对过去很长时间内成功的产品和服务的依赖,会让转型格外艰难,于是渐渐走向衰亡。也有成熟的软件会选择激进的更新策略,抛弃旧有功能和结构,大幅度向新方向转型,结果既有成功的,重新焕发青春;也有失败的,加速衰亡的进程。观察这些软件的演变过程,仿佛看一个人的生命历程,有崭露头角、创造力最旺盛、引领潮流的青年,有功成名就、保持影响力的中年，也有步履蹒跚、渐渐跟不上新事物的晚年。

## 8.1.1 兼容性

软件要保持长久的生命力，持续创新是关键。而一旦代码上有变化，就会面临与以前版本的兼容性问题。这里讨论的软件的前后（上下、版本）兼容性，意思是软件和数据版本不同时，能否相适应以运行的问题。数据指的是广义的软件输入和输出的信息；在应用软件，是专用文件格式、数据结构和通信协议表达的数据；在编译器和解释器，是编程语言的代码；在操作系统，则是其上运行的程序。当不同版本的软件和数据能一起工作时，我们就称它们是兼容的。软件与外部数据的关系分为输入和输出。软件的版本高，数据的版本低时，软件能接受数据作为输入，或者还能输出低版本的数据，就被称为是向后兼容的（Backward compatible）；软件的版本低，数据的版本高时，软件能接受数据作输入，输出的数据以高版本的标准看是有效的，我们就称软件是向前兼容的（Forward compatible），同时数据是向后兼容的。

一款软件只要在运行时会以某种格式持久化其输出的数据，并且会读取和使用该数据，向后兼容性就是必不可少的。假如开发者粗心到没有提供，新版本发布之日就是现有用户的工作作废之时，软件每次升级对于用户来说都相当于是使用一款全新的程序。不同性质和使用情况的软件有适应各自特点的向后兼容的方式。对于个人使用、不会在用户间共享的配置数据，软件可以在打开旧版本的数据时一次性将其转换到新版本。例如各种编程、设计软件对待旧版本的项目文件。作为工作成果、需要多人读写的数据，软件必须考虑到各个用户使用版本的差异，新版本的软件要兼备读入和写出为旧版本数据的能力。以文档处理程序为例，程序必然有一个在硬盘上读写文档的文件格式。程序功能升级，通常也伴随着文件格式的修改。新程序能够读取旧程序创建的文档，也能将新创建的文档保存为旧格式，以方便没有升级的用户继续使用旧程序查看和编辑。数据量庞大、环境复杂和异构、稳定性极其重要、格式修改牵涉到许多工作的数据库服务器和客户端，新版本的程序也要具备处理多种版本的数据的能力。

在用户情况差异大，因为成本、意愿和能力等原因难以保证软件及时升级的环境里，多个版本的软件长期共存是正常状态。面对这种环境的软件，就需要向前兼容性。以浏览器为例，它处理的数据——HTML标准升级时，浏览器的开发者实现的程度有差异,网站开发时使用的标准有差异,全球数不清的用户正在使用的浏览器更是有差异。这就要求浏览器遇到它不认识的内容时,平静地忽略,正常地执行它能解释的部分。这里从数据的角度,也可以说 HTML 标准具有向后兼容性。当然对于高版本的浏览器和低版本的数据来说,浏览器又是向后兼容的。

## 8.1.2　兼容性与创新

兼容性看起来很有必要,但也是有代价的。对于向后兼容性,程序要保留处理以往版本数据的代码,增加了程序的大小和复杂性。对于向前兼容性,在设计程序和数据时都需要考虑数据未来可能的变化,数据定义必须采用可扩展的方案,程序则必须能够同时处理已知和未知的数据。这些一方面增加了设计的难度,另一方面也可能由扩展性带来程序和数据冗余度、复杂度、性能等方面的代价。数据版本升级时,原本可以用新标准替换的部分因为要顾及旧版本的软件只能保留,新内容只能作为旧内容的补充添加。例如,Lotus Notes 中表单的内容是用一种专有的二进制格式定义的,在表单上可以插入普通表格,升级到版本 6 之后,新增了一种有更多显示样式和功能的表格,原有的表格本来也可以用新表格的数据结构定义,但为了确保旧版本客户端软件的向前兼容性,普通表格的数据结构没有废弃,新版本的软件在表单上新建和保存普通表格时,依旧使用旧的数据结构,如此一来,软件在用得最多的普通表格上面就相当于没有升级。与这些定义网页表单之类静态显示内容的标准之向后兼容形成对比的是,编程语言作为一种特殊的数据,就从不考虑向后兼容,没有哪种编译器或解释器会被设计成能处理编程语言升级后的代码。软件的向后兼容还有一个问题,就是兼容性越好,用户的期待值就会被培养和鼓励得越高,兼容就要覆盖得更广更好,用户的软件升级也有了多一点推迟的理由。综上可见,在开发新版本的软件时,兼容和创新是两个有时会产生矛盾的不同方向,开发者需要把握两者的平衡。

是否保持软件和数据的兼容性,决定了在改动和增加软件的功能时,是采用累加(Over the Top)还是替换(Rip and Replace)的策略。前者保持旧版本的代码和数据标准不变,只是添加新的部分;后者则废弃旧的代码和标准,只包含新内容。折中的策略是对旧内容逐步废弃。比如向后兼容的软件在升级后的版本中仍然保持对上一版本数据的兼容,但是再下一个版本的软件就不再对其兼容,向前兼容的情况也类似。这样既给了用户过渡的准备和时间,又能保证软件轻装前进。

对兼容和创新的选择,不仅是软件产品开发者的问题,也是企业内 IT 系统管理、开发和维护人员要面对的。任何企业的 IT 系统都会随着时间流逝渐渐显得过时,满足不了变化了的需求。在更新这些 IT 系统的策略上,也存在上述累加和替换两种方向。累加的策略每一步的成本小、改动少、对用户的影响小,但因为迁就现有的基础,不能做根本性的改进,问题有可能会逐渐累积,系统变得越来越庞大复杂,累加的效果也越来越差。替换的策略成本高、实施周期长,用户也有接受和习惯新系统的过程。若是成功,效果很好;一旦失败,处境更糟。作为最激进的方案,必须有来自使用系统的业务部门的充分理由和动力才能考虑,实施时要有全面周详的计划、应对各种问题和情况的预案、充分的测试和良好的用户推广与支持。通常只有当系统所用的技术和结构明显过时时,才会彻底汰旧换新。

另一方面,在系统尚未出现问题时,只要能用就不要改动,被广泛奉为系统维护的指导原则,即使对那些技术过时或代码质量低劣的遗留系统。能够使用是对一个系统最基本和重要的要求,改动虽然可能提高性能、改善操作、优化代码和数据,但修改和部署的过程中难保完全不出现问题或系统中止。保持系统的稳定,从不影响用户的积极角度和维护人员避免风险的消极动机,都能找到理由。而且对用户来说,系统是否好用的标准很大程度上与习惯有关。企业内往往会有一些在新接手的程序员看来外观丑陋、使用方式笨拙、运行速度考验耐心的系统,但是用户方早已习以为常,甚至把它们当作功能的内在组成部分。假如说上述原则有很大的合理性和正当性,那么当系统出现问题需要修改时,还选择对相关部分的明显不合理的代码和结构维持原状、小范围应急处理式地打补丁,代码将变得越来越难以理解和维护。尽量少改固然不需要花精力,不会承担修改过程中出现问题的风险,但潜在的问题总有浮现的时候。

与求稳相对照的是另一种求新的态度。有些开发人员喜欢追逐最新潮的技术。英语中有 Bleeding edge("流血的边缘",不同于形容尖端技术的 Cutting edge)的说法,指的是那些最新的应用起来有风险的技术,它们刚诞生不久,没有经过充分的测试,缺少应用的实例,文档资料、官方帮助、社区支持都不足,未来的走向和能否被广泛接纳不确定。所有的技术开始时都是流血的边缘,技术的发展离不开它们的发明者、尝试者、测试者,开源社区的活跃就体现在到处都是流血的边缘。主流和成熟的技术也都是从流血的边缘发展而来,假如比竞争者采纳得早,就可以在技术上确立优势、积累经验。问题在于任何领域的新生事物最后能成功的都是少数佼佼者。流血边缘的技术相当部分也会因为方向和技术上的缺陷、更优秀的同类或缺少支持没有被潮流选中等原因被淘汰。作为个人兴趣、小项目、新项目或实验项目,可以尝试;在用户数量多、影响广泛、正在使用的企业项目中,就要意识到流血边缘的风险,不图新潮,选择成熟而活跃的技术。

## 8.2　客户端的兴衰

金融时报中文网2014年曾刊登过一篇文章《留胡子,OUT了!》,断言"男士蓄须的潮流可能要告一段落了。值得庆幸的是,留胡子比剃光胡子成本高多了。"配图是几个时装展上细皮嫩肉、一脸光滑的男模。2016年该网站又发了一篇文章《"美胡":男士美容新消费》,声称"欧美大小美护品牌都预感到男士将盛行蓄胡,推出全新'美胡'产品:胡子油、美胡精华、胡蜡、润胡液、须梳等,男士美胡产业进入井喷期。"(这些地方用上没有合并简化的鬍字会合理顺眼得多)配图是留着络腮胡的贝克汉姆。两篇文章谈历史,引据据,讲道理,都言之凿凿,虽然对潮流的判断和预测南辕北辙。欧美时尚男士在胡须上真是操碎了心。我虽然对这个问题毫不感兴趣,不过它体现出的某个领域相反潮流的交替出现却是个普遍规律。每年各地各季的时尚千变万化,时不时会听到复古风、八十年代的某风格重新走红之类的说辞。我对此一窍不通,胡乱猜想时尚的风格还是很多样化,要是像男人的胡须长度一样只有几种选择,那潮流也将变成平凡的循环。时代审美在男人阳刚雄健与清新俊秀,女人胖与瘦孰美之间的轮转,抛开文化和经济上的原因,只从心理上也是很好理解的,跟风从众和喜新厌旧的人类心理必然会导致两者交替成为主流审美。

有趣的是,信息技术中也存在类似的潮流交替和回归。胖瘦潮流——胖客户端(Fat client)和瘦客户端(Thin client)就是其中之一。它们的交替流行,倒不是因为用户或程序员的心理,而是只有两种可能,除非一方一直盛行下去,只要有变化就只能回到对立的另一方。

### 8.2.1　客户端与服务器

在计算机网络中,节点之间协作时有两种可能的关系。一是所有节点完全平等的对等网络（Peer-to-peer），另一种就是客户端-服务器模式（Client-server model）。服务器提供资源或服务，客户端通过请求-响应的机制获取资源或利用服务。如同第6章所说，资源或服务涵盖的范围很广，文件、存储空间、CPU 资源、共享的应用程序、数据库、Web 应用、服务接口等等可以通过网络使用的都可以成为服务器提供给客户端的资源。资源是从名词的角度来看待服务，服务是从动词的角度来解读资源，两个术语是可以互换的。客户端-服务器模式、结构、架构的核心就是双方在服务中的角色是不对称的、固定的，服务器提供服务，客户端使用服务；而对等网络中所有节点的角色是对称的，一个节点既利用其他节点的服务，又为其他节点提供服务。

从某种程度上说，资源和服务是语义上的解释，没有技术性的判定标准。对于一对通信的网络节点，哪一方算是资源的提供者，哪一方是利用者，可以有相反的解释，客户端和服务器的称谓因而也可以对调。比如说一个客户端向服务器上传了一个文件保存，通常我们说客户端利用了服务器的存储空间资源，那为什么不能反过来说服务器利用了客户端的文件资源？更凸显这一点的是 FTP 客户端和服务器，因为两者之间的文件传输是双向的。当 FTP 客户端从服务器下载文件时，我们说客户端获取服务器的文件资源。那么当客户端上传文件时，假如沿用这一标准，客户端和服务器的角色就要对调，可实际上我们仍旧保持对双方固定的称谓。对那些看上去很明显的客户端服务器的定位，其实也能有相反的解释。浏览器向 Web 服务器发送 URL（Uniform Resource Locator，统一资源定位符）请求，服务器返回网页、图片、脚本等资源。我们也可以说浏览器提供了 URL 资源，服务器利用它才能工作（查找或动态生成 URL 对应的文件）。同理，客户端远程调用服务器上的过程，也可以被不同寻常地解释成服务器利用了客户端提供的过程名称和参数。如果要给惯常的资源和服务之认定找一个有操作性的标准，就是看合作双方谁是主动的，也就是两个网络节点之间的消息来回是由谁发起的，谁就是请求方，是客户端；回应的一方提供的是资源，是服务器。以此标准来看，无论是上传还是下载文件，接收还是发送邮件，客户端与服务器之间的通信都是由前者发起的。这个标准实际上把客户端-服务器与网络消息传递的请求-回应（Request-response）模式联系起来。在该模式下，通信双方中的一方向另一方发出请求，可以是关于数据、服务、执行过程，另一方处理和运行后将被请求的内容或结果回应给前者。可以看出，请求-回应模式的描述几乎是客户端-服务器模式定义的另一种版本，区分请求和回应的关键就是消息发送的先后,而不是内容。

## 8.2.2 远程过程调用和数据传输协议

客户端和服务器之间的消息传递依照用途可以分为数据传输和程序调用。下载网页、上传文件、接收邮件、读写数据库,这些场景里客户端与服务器之间交互的都是数据。另有很多场合,应用程序客户端联系服务器是为了调用位于其上的程序,这是远程过程调用的一种形式。一个程序调用位于与自己不同的地址空间的子程序(函数),称为远程过程调用(Remote Procedure Call,RPC)。调用者和被调用者若位于不同的机器,两者所在的物理地址空间已经不同;若位于同一部机器,物理地址空间相同,调用者和被调用者则属于不同的进程,虚拟地址空间不同。远程过程调用最早是在过程式编程语言环境里被提出和实现的,在面向对象的编程语言中,它自然就变成远程方法调用(Remote Method Invocation,RMI)。在远程过程调用中,调用者不能像本地调用那样直接访问被调用者的地址空间,必须采用间接的消息方式。调用者向被调用者发送请求消息,指定要执行的函数和它要接收的参数,被调用者执行完成后再以消息的形式将结果返回。整个过程涉及的工作比本地调用复杂得多,各种远程过程调用的实现都将这些重复的工作封装起来自动进行,开发者在这样的环境里调用远程过程就几乎和调用本地过程一样简单。

一般地,客户端与服务器之间的远程方法调用都采用如图 8.1 所示的架构。

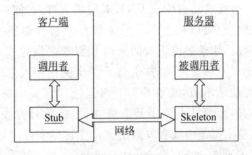

图 8.1 一般的远程过程(方法)调用的架构

(1) 调用者先以某种方式获取或创建一个 Stub(或称 Proxy,可译为桩或代理,都有些生硬,故沿用英文原文),该 Stub 具有和被调用者同样的接口。调用者就像对被调用者那样调用 Stub 的方法，这是普通的本地调用。

（2）Stub 将被调用的对象、方法和接收的参数整理打包（Marshall）进一个消息，通过网络发送给位于服务器的 Skeleton（或称 Stub），Skeleton 是客户端 Stub 在服务器上的对应物。

（3）Skeleton 将接收到的消息拆包还原（Unmarshall，是 Marshall 的逆过程），然后根据其中的信息调用被调用者的方法。

（4）被调用者执行方法完成后，将结果发送给 Skeleton。

（5）Skeleton 把结果整理打包成一个消息，通过网络返回给 Stub。

（6）Stub 将消息拆包还原成结果，最后传递给调用者。

在上述过程中，整理打包/拆包还原和通过网络往返消息是关键的两环。整理打包是将内存中的数据类型转化成可以在网络上传递的消息形式，拆包还原则将消息重新转化回内存中的数据类型。客户端与服务器之间的消息传递可以采用现有的传输层或应用层的网络协议，如 TCP、UDP、SPX、Named Pipes、HTTP 等。这样远程方法调用中不同性质的工作都有专门的部分负责，程序只需要使用某个远程方法调用的框架就能跨网络协作。一些常见或有名的框架有：

- 特定于某种编程语言的。Java 的 Remote Method Invocation（Java RMI）、Python 的 RPyC、Ruby 的 Distributed Ruby（DRb）、Erlang 本身。
- 特定于某个操作系统或平台的。Unix 的 Open Network Computing Remote Procedure Call（ONC RPC）、Windows 的 Distributed Component Object Model（DCOM）、.NET Remoting、Windows Communication Foundation。
- 跨语言和平台的。Common Object Request Broker Architecture（CORBA）、Google Web Toolkit、XML-RPC、JSON-RPC、Simple Object Access Protocol（SOAP）。

再回到客户端和服务器之间信息传递的另一目的——数据传输，这一需要是跨编程语言和操作系统的，但又是特定于所传输数据的性质和应用场景的，应对需要产生的是各种应用层网络协议：文件传输所用的 FTP、互联网应用基础的 HTTP、收发邮件所用的 SMTP、POP3 和 IMAP、聊天所用的 IRC、还有各种数据库客户端与服务器之间的专有协议（如会话层协议的 Oracle Net 和应用层协议的 Lotus Notes 的 NRPC）。

### 8.2.3　客户端的胖瘦趋势

胖客户端和瘦客户端最先是用来区分网络中计算机作为客户端的不同形态。网络发展早期，计算机庞大昂贵，网络由作为核心的主机和轻量级的节点连接而成。用户使用的轻量级的节点包括计算机终端（Computer terminal）和无盘工作站（Diskless workstation）。终端相当于主机远程的输入输出设备，终端上用户键盘的输入直接通过网络传递到主机，主机计算后的响应再通过网络返回终端的显示器。无盘工作站稍微复杂一些，有一定的本地计算能力，但是没有硬盘，所以必须从服务器载入操作系统和应用程序，需要保存的结果也发送到服务器。这些客户端就被称为瘦（薄）客户端。随着技术的发展和成本的降低，个人计算机开始普及。这些计算机具有完整的资源，能够在本地完成很多工作（有些地方单看配置的表面数字，服务器与客户端相较已没有太大优势）。于是网络中原先由服务器承担的许多任务被转移到客户端上。这些客户端因为计算资源、功能和实际承担的工作都比它们的前辈强和多，所以被形象地称为胖客户端（或者重、富、厚客户端）。技术继续发展，计算机集群、网格、大容量存储、高速网络普及，虚拟化、软件即服务（Software as a Service，SaaS）兴起，服务器端和用户端计算设备的计算资源再次变得悬殊，客户端运行的软件又被转移到服务器，用户通过网络访问服务器上共享和虚拟化的软件。

硬件总是透过软件来工作的，上面胖瘦客户端的差别自然也体现在相应的软件上。最初的终端是没有处理器的电传打字机（Teleprinter），用户的每次击键都被传递到远程的计算机，输出介质则和打字机一样是纸。后来越来越先进的终端配备了显示器、内存和处理器，不过运行于其上的软件主要任务只是本地处理用户的击键，编辑屏幕上显示的内容，然后批量发送给服务器，再接收和显示返回的结果，任何实质性的工作仍然是在服务器上完成。伴随个人计算机发展起来的胖客户端软件则将尽可能多的工作放在本机完成，服务器端只驻留数据库和保留必要的程序接口。Web应用兴起后，浏览器作为一种通用的瘦客户端，取代了大量专用的胖客户端。移动网络普及后，App作为新形式的胖客户端，重新获得生命力，与Web应用、混合应用共同占据市场。

胖客户端与瘦客户端相比，有一些明显的优势：

- 离线工作。瘦客户端或者因为本地计算资源不存在、不完整、不足够

（终端和无盘工作站），或者有意让自己的工作简单（使用虚拟化软件的计算机和浏览器），运行时完全或很大程度依赖服务器，所以必须一直保持与服务器的网络连线状态。胖客户端因为充分利用本地完整的计算资源，可以在离线状态运行很多任务，只有在需要服务器资源时才必须连线。

- 更好的用户体验。类似上一点的道理，胖客户端运行时无须用户每个操作都等待服务器的响应，因而对用户来说反应更灵敏；并且胖客户端拥有更复杂精致的用户界面和交互性，能提供声音、动画等多媒体的反馈。

- 服务器的低成本和高伸缩性。由于胖客户端分担了相当比例的工作，同等配置的服务器能够支持更多用户的访问。

既然有这些优势，前面提到的转向瘦客户端的潮流当然也有应对的理由。客户端硬件和软件的胖瘦并不总是一致的。瘦硬件塞不下胖软件，计算机终端运行不了 ERP 客户端。胖硬件装得下瘦软件，配置再高的个人计算机也能运行远程桌面和浏览器。有关浏览器的潮流，8.2.4 节再详述。这里单讨论软件虚拟化潮流相关的瘦客户端的好处：

- 劣势的消除和减弱。网络的可用性越来越高，特别是企业内部，瘦客户端与服务器之间持续的连接能够被保证。软件虚拟化意味着原来部署在用户计算机上的胖客户端软件并没有被简化、降级，而是被转移到服务器上通过远程桌面工具来访问。因此只要网络速度满足要求，胖客户端软件的使用体验仍然和在本地时一样。

- 硬件资源集中和优化。客户端的硬件资源被集中到服务器端，用以建立虚拟化桌面和应用程序的环境。CPU、内存和硬盘因为共享都得到更高效的利用。

- 更高效的软件和数据维护。操作系统和软件的升级、补丁和配置、日常维护都能够集中进行，大大提高管理员的效率。软件即服务的模式令企业可以按订阅数付费，较之传统购买方式更灵活和经济。客户端没有离线工作，数据时刻都位于服务器，备份和恢复都更可靠和高效。

- 更高的安全性。软件集中到服务器端后，可以更好地被监控和保护。客户端也不会有数据丢失和泄露的风险。

## 8.2.4　客户端与浏览器

在客户端软件的演变过程中,胖客户端和浏览器是重要的两个阵营。历史上,当个人计算机取代终端在企业内普及后,企业经营之各方面所用的软件都普遍采用胖客户端服务器的模式。ERP(Enterprise Resource Planning,企业资源计划)、CRM(Customer Relationship Management,客户关系管理)、OA(Office Automation,无纸化办公)等等应用程序,无论是品牌软件的产品还是作为项目开发的,用户的计算机上都需要安装专用的客户端。彼时最流行的编程语言就是开发这些客户端所用的 C++、Visual Basic、Powerbuilder、Delphi……这些胖客户端具备 8.2.3 节所列的全部优点,麻烦则来自安装、升级和维护。因为用户界面和部分甚至全部业务逻辑都包含在客户端内,一旦软件要满足需求上的变化而升级,或者更多的时候是修复 bug,哪怕细小到界面上的一个错误拼写,就要发布新的安装包,在所有用户的计算机上安装。客户端还可能有一些设置和数据保存在本地,用户日常使用遇到这些因素引起的问题,也需要 IT 管理人员解决。但在那个时代,这一切都显得是天经地义的。

互联网出现后,浏览器很长时间内是作为看网页的专用软件。Web 技术的普及和发展让有些人开始利用它开发简单的应用程序,这又反过来刺激和推动了 Web 技术的发展和运用。早期的 Web 应用程序在用户界面的美观、交互性和功能上都逊色于传统的客户端程序。但浏览器和服务器两端技术的迅猛发展让 Web 应用程序后来居上,外观和交互性上的设计领先于客户端,功能上可比肩的领域也越来越多,从大多数以数据为中心的业务程序到音频、视频和图形应用。热门的编程语言变成浏览器端的 JavaScript 和服务器端不断被后来者取代或升级的 Perl、VBScript(ASP)、PHP、Java、C#(ASP.NET)、Python、Ruby 等。在传统的桌面环境里,Web 应用流行并取代客户端程序,有以下几方面的原因。

- 无须客户端安装和升级。这一点是最重要的因素。从客户端服务器模式的角度看,早期的浏览器是典型的瘦客户端。它展示基本静态的页面,用户输入数据后所有的处理都要单击一个按钮提交到服务器上,再等待服务器返回全新的页面。浏览器只是充当输入输出的工具。后来的 Web 应用程序越来越复杂精细,浏览器端承担的工作日益增多,但即使是单页面程序,网页、脚本、样式表所有程序的组成部分也是从服务器临时下载。它与胖客户端程序的本质差别就在于,浏览器作为通用的客户端,没有和任何应用程序绑定,依托于它的 Web 应用只是把它用作前端运行环境,每次用户会话开始时一次性或者会话过程中分次将所需的前端程序下载到浏览器,对用户来说无论是初次使用还是应用程序升级修补时,都是零安装的体验。这一特性对大量用户和频繁升级修改的程序带来的便利和好处尤其明显和巨大。

- 网络管理上的安全和便利。胖客户端和服务器的交互可以分为两种情况。当业务逻辑全部位于客户端,服务器仅仅是充当数据库服务器时,客户端利用某种数据库编程接口(ODBC、JDBC、ADO. NET 等)通过网络读写数据。若仍然有部分业务逻辑驻留于服务器,客户端就要通过远程过程调用和这部分程序交互。无论是哪种情况,客户端都要连接服务器的某个端口,而这些通信在网络传输层协议上基本是某种专有技术,使用的端口不是分配给 HTTP、FTP、POP3 等应用层协议的著名端口,而且随使用的技术各不相同。Web 应用则统一使用 HTTP 的 80 或者再加上 HTTPS 的 443 端口。对于网络安全管理来说,在各级防火墙上允许 HTTP 通信就比开放若干不知名的端口方便和安全,更何况即使没有 Web 应用,出于上网的需要,HTTP 端口本来也是要开放的。另外对于个人用户使用的软件,因为胖客户端运行的代码不像浏览器那样受局限,随意安装一个客户端也就比访问网站潜在的风险大。

- 马太效应。"凡有的,还要加给他,叫他有馀;凡没有的,连他所有的也要夺去。"这是《圣经》马太福音中的一句话。后来社会心理、经济和科学等许多领域类似的强者愈强的两极化现象都以此来命名。在胖客户端和浏览器的竞争中,后者因为前两点优势获得稳定的根基后,逐渐获得先进和代表未来发展方向的名声,前者的地盘就不断萎缩流失。21 世纪初(一个很有历史感的说法),我做软件开发时,同行谈到某个系统时,用得最多的判断和形容词就是 B/S 的(Browser/Server,浏览器/服务器)还是 C/S 的(Client/Server,客户端/服务器),只要是 B/S 的,似乎自然而然就高级一些。

## 8.2.5 浏览器与 App

当 Web 应用在企业协作系统中取得主流地位,浏览器和服务器端的

Web 技术日新月异时,除了少数像即时通信、杀毒软件的门类,开发一个客户端服务器系统就意味着开发一个 Web 应用。垄断的地位看上去永远不会改变,就像胶片照相时代的柯达和富士,PC 时代操作系统的 Windows,互联网搜索时代的 Google,直到数码时代来临柯达没落富士转型,移动互联网兴起 Android 按计算设备的数量占据操作系统的最大份额,社交媒体繁荣 Facebook、Twitter 成为网络新的热点。垄断的打破不是因为固有领域冒出新的竞争者,而是在新技术开启的时代里原来的巨头被新的巨头挡在阴影里。浏览器和客户端的关系也是如此。移动互联网时代,浏览器从桌面转到手机毫不困难。但与此同时,邮件、地图、音乐等伴随智能手机诞生的 App 宣告了胖客户端的回归。购物、阅读、订票、社交……移动互联网不仅进一步推动了网络应用的发展和繁荣,而且将应用的形式从原来的桌面网站转移到手机 App。究其原因,可以归结为:

- 操作性和用户体验。手机的屏幕远比个人计算机和笔记本小,不可能用鼠标,键盘的效率也大大降低,这些因素一方面导致触屏操作这种适宜手持小屏幕设备的技术之诞生,另一方面也要求手机上的软件在使用方式上要适应环境,尽可能简便和友好。尽管用 HTML、CSS 和 JavaScript 能创建和模拟很多控件的交互行为和显示风格,在细节上仍然与专为此环境而设计的控件有差距。在手机里切换浏览器页面在操作上就像切换 App 一样,访问收藏夹也不比从主屏幕上选择 App 方便,这也抵消了在桌面上使用浏览器的优势。作为利用操作系统本地 API 的定制程序,App 可以开发不受浏览器限制的丰富功能,在操作性、多媒体应用等方面提供更好的用户体验。

- 性能和利用硬件。本机运行的 App 比在浏览器中解释的网页和脚本拥有更好的性能,能充分地利用麦克风、摄像头、加速度计、扬声器、闪光灯、GPS 等手机自带的硬件。HTML5 也能访问越来越多的设备功能,但总是不如用手机操作系统提供的接口那样全面和及时。

- 离线工作和应用程序交互。移动设备不像 PC 那样处于固定的环境,有稳定的网络,所以应用程序能够离线工作、利用本地内容和缓存,就有实用价值。HTML 5 先后引入多种本地存储和数据库的技术,但是和天生就具备此功能的 App 相比在可用性和成熟度上仍然有差距。App 之间相互调用的能力,如系统提醒、使用相册、发送邮件短信、分享信息到社交应用,也比 Web 应用略胜一筹。

- 安装、更新和卸载。在桌面环境里,胖客户端与 Web 应用相较最大的劣势就是需要安装。曾经大家都熟悉 Windows 下的流程是从光盘、U 盘或纷繁不一的网站载入安装程序，有时还要解压缩或使用虚拟光驱等工具，再经历必不可少的安装向导——同意用户协议、选择安装位置和功能等步骤。等到有版本升级或 bug 修复，又要重复一遍。最后是不需要或想清理时，还要运行卸载程序。移动 App 针对易用性的改进，就像使用手机拍照之于用单反相机摄影。App 从手机操作系统特定的应用商店集中下载（如 iOS 的苹果应用商店和 Android 的 Google Play）。安装过程标准化，只有包括权限确认的寥寥几步。因为有集中的网上来源，App 会自动检查和提醒更新，升级的过程也和安装一样简单。卸载只需要简单将图标从主屏幕上移除。

- 安全性。App 的诞生环境从一开始就考虑到它们绝大部分的来源是第三方的开发者、从互联网下载安装到用户设备上、用户没有精力和技能去分辨恶意软件，在这样的环境下，必须为用户使用 App 提供根本（Out-of-box）的安全保障。移动操作系统的沙箱（Sandbox）将每个 App 隔离在权限受控的独立空间里，软件有恶意企图或者运行时崩溃都不会危及系统和其他程序。应用商店通过代码签名确认 App 开发者的身份和软件的完整性。这两点大大降低了 App 带来的安全性和稳定性上的风险。权威应用商店的 App 审批过程对防范恶意软件的传播也有一定作用。所以在移动计算平台上，用浏览器访问的 Web 应用并不比安装运行 App 有明显的安全优势。至于前面所说的胖客户端网络安全方面的问题，大量 App 仍然使用 HTTP 协议与服务器通信，即使当 HTTP 通信不敷应用直接采用 TCP 协议和 Web 以外的端口，App 使用的公共网络也不像企业内部网那样要管理端口。

总而言之，桌面环境里浏览器于胖客户端的优势在移动环境里不再明显，而在功能和用户体验方面，HTML 5 标准虽然纳入了很多将 Web 前端作为应用开发平台的技术，与直接使用手机原生 API 相比还是有差距。在移动技术日新月异和应用程序竞争激烈的状况下，Web 应用就部分失去了原有的吸引力。

从胖客户端到浏览器，再到 App，客户端经历了由胖到瘦，再回归胖两次潮流，我们对胖瘦的含义也有了新的认识。最初区别客户端胖瘦的是它具备的功能和在整个客户端服务器应用程序中承担的任务比重。瘦客户端主要是充当服务器端程序的用户界面,接纳用户的输入,显示程序的输出,业务逻辑都运行在服务器上。胖客户端则包含相当部分的程序逻辑,甚至仅仅把服务器当成数据库。Web 应用初期的浏览器就是典型的瘦客户端,但是当它几乎成为瘦客户端唯一的形式和代名词之后,Web 应用又逐渐符合以上胖客户端模式的标准了,许多脚本库的旗号都是能开发 Web 富客户端应用,数据库的 RESTful 接口让浏览器能够运行数据持久化层以外的所有业务逻辑,HTML 5 引入的本地存储和数据库更是让浏览器具备离线工作的能力。这时候再要比较浏览器和移动环境下的胖客户端——App,客户端的差别就不再是本地程序的能力和工作,而是以下三点:

一是程序运行所在的容器。Web 应用程序的前端代码都运行在浏览器这样一个特殊沙箱里,对浏览器以外系统资源的有限访问还必须通过浏览器的编程接口(比如 HTML 5 标准定义的 Navigator 接口的诸多属性和方法)。移动操作系统里的 App 也运行在一定的沙箱模型里,但只要具备权限,就可以访问操作系统提供的接口。

二是客户端程序的有效期与更新。浏览器无论运行于其中的脚本多么强大,它最初作为浏览网页的工具的基本特性依然没有改变,那就是应用程序的组成元素都是即时下载,只运行不持久驻留,虽然为了性能可以有选择地缓存,但缓存的范围、有效期和人工刷新能保证每次访问的是程序的最新版本。胖客户端则不管升级的过程多么简便智能,也无法像 Web 应用那样时刻保持运行最新的版本。还有一个影响更新的技术以外的因素是发布的环节,应用商店在发布 App 之前有一个检查和审批的过程,而 Web 应用则不受此限制。

三是客户端程序的跨平台性。浏览器作为 Web 应用前端程序运行的容器,一方面对其中的代码能做什么有约束,另一方面也提供了操作系统以上的程序运行通用的基础。就像 Java 虚拟机为各个平台上的 Java 程序提供了一个相同的运行环境,浏览器共同遵守的 HTML 和 DOM 标准成为互联网时代个人计算设备上最普及的编程接口。

浏览器和 App 的这三个本质差别决定了它们在应用市场上各自的强项和阵营。对强调用户操作和功能的程序,App 是更适合的渠道。对提供内容为主、显示风格经常调整更新的程序,Web 应用就更适宜。想要兼得两者之长处的,还可以做成混合 App(Hybrid app),将浏览器内嵌在 App 中,这样浏览器显示的内容可以获得最及时的更新,浏览器以外的 App 部分能够享受原生应用功能和性能上的好处。

## 8.2.6 理想的客户端应用程序

混合 App 作为一种兼取 Web 应用自动更新和胖客户端程序丰富功能两者优点的企图，在历史上并不是第一次。Sun 的 Applet、Adobe 的 Flash、微软的 Silverlight 方案都是通过插件在浏览器中嵌入"胖客户端"，以提供声音、动画和视频等方面更好的交互性。这类对浏览器以外插件和运行时（Runtime）的依赖因为本身安全性、速度、兼容性等方面的缺陷以及相关公司的利益冲突，都失败了。另一种思路则是返回到传统胖客户端的基础，借鉴 Web 应用在安装和更新上的长处。为此，我们不妨讨论一下对于用户和管理员来说理想的客户端应用程序是什么样的。

- 强大的本地处理能力。

要提供丰富的用户交互、及时的响应以及胜任尽可能广泛的工作（如图像编辑、杀毒、游戏等），客户端就必须能在本地完成大量任务，也就是说是胖客户端。

- 离线工作。

客户端能够在包括没有网络或网络状况不佳的各种环境下工作。这就要求客户端的程序和用到的数据长期驻留在计算设备上。

- 自动更新。

客户端能及时和基本不需要用户操作的更新。Web 应用的自动更新是一个理想的范本，但是以页面、脚本等程序组件的临时使用作为代价的。虽然 HTML 5 先后引入了 Network information、AppCache、Service worker、IndexedDB 等帮助开发离线应用程序的技术，但它们在浏览器中的支持程度、应用中的问题和普及率在可见的未来都难以改变浏览器在线工作的传统。而且浏览器作为应用程序的容器先天地限制了客户端的能力。所以我们希望的自动更新是针对像传统胖客户端那样安装在本机的程序。从对象看，更新可以分为程序用到的数据和程序本身。数据的及时更新较容易实现，地图应用下载地图数据，杀毒软件更新病毒库，就是这方面的例子。程序的更新相对复杂。许多程序选择的方案是定时检查更新，进一步的在后台下载更新，然后提示用户安装。为了让过程更流畅、减少用户注意和操作和保证更新及时被安装，Google 再进一步，对 Chrome 浏览器等软件实行后台定时检查、自动下载和安装更新，全程对用户透明。这些方案的共同点是更新时旧版本整体被替换。在支持动态链接（Dynamic linking）或动态装载

(Dynamic loading)的平台上,对于由多个文件和资源组成的程序,还可以仅仅替换更新的组件,这样程序的更新文件占据的空间更小、下载时间更短、更新过程更快速。比如 Java Web Start 和.NET 平台的智能客户端(Smart client)技术,都能做到开发的程序自动检查、下载和安装更新的组件。

　　总结以上三点,一个理想的客户端具备强大本地处理能力,需要时能够离线运行和自动组件更新。胖客户端只要能解决自动更新的问题,就是理想的选择。

## 8.2.7　开发人员体验 VS 用户体验

　　有人或许会奇怪理想的客户端怎么没有包含跨平台这一特性。对 App 开发者来说,Android 和 iOS 两个平台是不能放弃其一的,而除了浏览器,两个操作系统没有普遍可用的公共的程序运行环境,所以开发人员不得不在两个平台上用不同的编程语言编写同一 App 的两个版本。于公司而言,这常常意味着必须保持分别熟悉两个平台的开发团队。与 Web 开发相比,这确实是个麻烦。不过问题的关键是,如果站在用户的角度,一款软件能否跨平台运行是他们绝大多数人不关心的,或者说没有考虑过的;他们在乎的只是在各自习惯的平台上某个软件是否好用,其他平台上有的软件自己所用的平台上是否也有,或者更换平台后原来觉得好用的软件是否在新平台上也有对应物;只要软件好用,是同一程序运行在不同操作系统里,还是两个看上去差不多代码截然不同的程序,实在是无关紧要的。总而言之,程序的跨平台性不属于用户体验的范围,它属于另一群人——开发人员的体验。与用户体验比起来,开发人员体验是不那么重要的,至少对市场来说是如此。

　　用户体验压倒开发人员体验起的决定性力量,程序员是不陌生的。传统的胖客户端程序时代,开发人员只要掌握一种编程语言,如 C++、Visual Basic、Powerbuilder、Delphi,就能编写整个系统。Web 应用兴起后,程序员除了服务器端所用的某种语言外,如 PHP、Java、C♯、Python、Ruby,还要掌握浏览器端的 HTML、CSS 和 JavaScript 语言。不仅如此,HTML 和 JavaScript 的发明者当年都没有想到它们以后会被用来开发复杂和精致的应用程序,设计上有不适于此用途的地方和缺陷。HTML 的声明式语言本质、CSS 的多种定位方式和嵌套应用再加上 JavaScript 对 DOM 的动态修改,使得页面开发和调试变成一项需要高度技能和极大耐心的艰难工作。

多种浏览器和多版本之间的技术差异,浏览器作为普通人阅读网页的工具、尽量忽略 HTML 的不规范和错误而呈现网页的传统等原因更增加了 Web 前端开发的挑战性。难怪 JavaScript 权威、JSON 的发明者、*JavaScript: The Good Parts*(《JavaScript 语言精粹》)一书的作者 Douglas Crockford 曾经说浏览器是程序员有史以来遇到的最艰难的开发环境。然而因为有零安装、自动升级的用户体验上的巨大优势,所有这些开发人员的体验都毫不重要,Web 应用不久就取代了传统桌面上的胖客户端程序。因此,进入移动互联网时代后,只要能让 App 的用户满意,程序员一边继续开发系统的服务器端部分,一边学习 Android 和 iOS 平台上前端开发的新技能,也就是顺理成章的。

其实从经济学的视角看,用户体验较之于开发人员体验的优先性是理所当然的。假如我们认定每个人的时间都是等价的,开发人员体验和用户体验矛盾时,不利于前者的选项耗费开发人员更多的时间,而节省用户的时间,就是考虑所有人的时间,因为用户的数量大大多于开发人员的数量(这是理想的情况,毕竟没有任何一方愿意看到一个程序的用户数量还不如开发人员的数量),所以总体上这种选项就是更经济的。另一方面,对于程序员所用各种工具软件的开发公司来说,普通程序员的开发人员体验就成了他们产品的用户体验,提高前者的开发人员体验就是他们的优先目标。

## 8.3　Lotus Notes 的历史

Lotus Notes 悠久的历史映照出整个计算产业的发展。个人计算机的出现和广泛采用、网络、图形用户界面、通信和协作软件及 Web,Lotus Notes 参与了所有这些重要的技术进展,它独特的客户端的兴衰史正可以作为 8.2 节所介绍理论的参考案例。

### 8.3.1　前身

Lotus Notes 的起点可以追溯到个人计算机出现近十年前的 1973 年,伊利诺伊大学的基于计算机的教育研究实验室(Computer-based Education Research Laboratory,CERL)发布了一款名为 PLATO Notes 的软件,它的唯一用途是用户能够用自己的 ID 和日期标记提交的 bug 报告,防止其他用户删除,而系统管理员可以处理这些报告。从这个最简单的雏形,我们已经可以看到 Lotus Notes 日后发扬光大的文档型数据库、安全性、多用户协作等特色的端倪。1976 年推出了 PLATO Group Notes,它采纳了前身的理念,添加了一系列的功能:创建按主题组织的私有笔记;创建存取列表;阅读某个日期以后的所有笔记和回复;创建匿名笔记;等等。PLATO Group Notes 一直到 20 世纪 80 年代都受到欢迎。随着 1982 年 IBM PC 和微软 MS-DOS 操作系统的推出,原本在大型机上运行的 PLATO Group Notes 进入了一个新的时代。

曾在 CERL 工作于 PLATO Notes 的 Ray Ozzie(值得一提的是,这位 Lotus Notes 的主要创始人之一在 2005—2010 年期间还担任过微软公司的首席技术官和首席软件架构师)着手开发基于 PC 的 Notes 软件。莲花开发公司(Lotus Development Corporation)的创始人 Mitch Kapor 看出该软件的潜力,决定投资。近 1984 年底,Ozzie 在莲花公司的资助和合同下,创立了 Iris 公司(Iris Associates Inc.),开始开发首款 Lotus Notes。不久 Tim Halvorsen、Len Kawell、Steven Beckhardt 和 Alan Eldridge 这些早期的主力加入了 Iris 阵营,有些曾是 Ozzie 在 CERL 的同事,他们致力于发展的消息和协作软件当时还是新鲜的概念,甚至被人认为不切实际。计划中的功能包括线上讨论、电子邮件、通讯录和文档数据库。那时网络和 PC 操作系统都还处于初步和不成熟的阶段,他们必须为软件写一些本应由操作系统提供的功能。Iris 工程部的副总裁 Tom Diaz 曾说,1984 年大多数人还从未用过电子邮件,群组通信软件是远远提前于那个时代的超凡构思,它是第一款商用的客户端服务器模式的软件。Lotus Notes 的另一个核心特色是允许用户自定义,在将软件做成产品还是提供服务和功能模块让用户来组建符合他们需求的应用程序在辩论中,公司最终选择后者的灵活方案。这就奠定了 Lotus Notes 不仅是一款应用软件,还是一个开发平台的基础。结果证明这种选择是非常有眼光的。大约同时,苹果公司发明的 Macintosh 计算机配备了图形用户界面,Lotus Notes 的开发者也决定跟随这个方向。在开发过程中,Iris 和莲花公司身处异地的员工就利用软件来进行远程协作,内部使用遇到的问题刺激和完善了软件,例如复制这项重要的功能就是在使用中被提出和解决的。1986 年 8 月,软件完成并具备了初步的文档,准备供莲花公司正式试用。经过评估,莲花公司于 1987 年买下了 Lotus Notes。还在它上市前,Price Waterhouse 公司的老板在观看了 Lotus Notes 的演示后,就预言它将改变未来的公司运营,一口气买下了 1 万份,创造了 PC 上单款软件的销售记录。

## 8.3.2 青少年：版本 1～3

### 1. 版本 1

Lotus Notes 1.0 版本于 1989 年上市，适用于当时主流的 DOS 和 OS/2 操作系统，在提供的下列功能中，许多在当时是革命性的：使用 RSA 公钥技术进行身份验证、签名和加密，成为第一款使用该技术的重要的商业应用程序；客户端拨号连接服务器；导入导出文本、工作表等文件；轻松创建新用户，包括用户记录、邮箱、ID 文件；电子邮件功能；在线帮助；一种用于开发的公式语言；文档链接；复选框和单选按钮；存取控制列表；管理数据库副本。在一年内，Lotus Notes 1.0 卖出了超过 35 000 份。1990 年 Lotus Notes 1.1 版本面世了。这个版本在基础架构上做了重大改进，程序员编写了隔离特定操作系统的通用的服务接口，在此之上的 Lotus Notes 的功能就具有了可移植性。利用这个改进，1.1 版本新增了对 Novell Netware 和 Windows 3.0 的支持。在以后漫长的发展中，客户端和服务器面向的操作系统不断跟随它们在市场上的份额和情况变化，OS/2、Netware 被抛弃，多种版本（Distribution）的 UNIX 上可以运行服务器，MacOS 上可以运行客户端，各种版本的 Windows 和 Linux 则两者都支持。

### 2. 版本 2

1991 年，Iris 公司发布了 Lotus Notes 2.0 版。Lotus Notes 最初是针对中小企业，创始人根据当时 PC 的性能设置服务器大致能接受 25 个用户同时在线。随着越来越多的大公司购买，Lotus Notes 的可伸缩性成为工作重点。Iris 转而瞄准大公司市场，许可证以 200 为基数批量销售，最低价格达到 62 000 美元。为了迅速响应用户需求和适应软件产业的发展趋势，开发团队扩充到 12 个人。这个版本的改进包括：C 语言的 API；视图列显示总和；表格和段落样式；支持富文本；公式语言新增的函数；邮件收件人的地址查找；邮件回执；在邮件中转发文档；支持多个地址本；支持更大的数据库。

### 3. 版本 3

1993 年 5 月，Lotus Notes 发布了 3.0 版，此时 Iris 公司已有 25 人从事

Lotus Notes 开发,市场则扩大到超过 2000 家公司和接近 50 万用户。3.0 版本更新了用户界面,重写了数据库索引服务,以便能支持更多的用户——此时一台服务器能支持 200 个并发用户。新版本还增加了以下功能:全文检索;升级到层次名称;后台和选择性复制;应用程序开发、部署和管理等方面的改进。同年还推出了 Lotus SmartSuite 办公软件套件,Lotus Notes 可以在数据库中嵌入办公文件的 OLE 链接。1994 年 5 月,莲花公司收购了 Iris。

## 8.3.3　中年:版本 4~6

### 1. 版本 4

1996 年 1 月,莲花公司发布了 Lotus Notes 4.0 版。用户界面被重新设计,大大提高了普通用户、开发人员和管理者的工作效率,以致在年度用户大会上首次演示时,获得客户的起立鼓掌。新版本继续提高可伸缩性,同时价格降低了一半,从而赢得了更大的市场份额。Ray Ozzie 看到了新生的互联网的巨大潜力,开始在 Lotus Notes 中引入 Web 功能。4.0 版本包含的改进有:加入一种新的脚本语言 LotusScript,大大提升了应用程序开发的可能性;对多种设计元件的改进;集成开发环境带来的快速开发能力;多窗格的用户界面;新的管理客户端界面;改进的复制器页面;更友好的搜索功能;对本地数据库安全性的提升;Pass-thru 服务器;支持多场所配置文件和叠加同一数据库副本的图标;支持新的互联网协议。

1995 年 7 月,IBM 收购了莲花公司,主要是为了获得 Lotus Notes。在互联网兴起和同类型产品竞争加剧的背景下,IBM 为 Lotus Notes 的未来发展提供了充足的资金、其他领域先进的技术和广泛的销售渠道。其时 Lotus Notes 已经进入世界五百强公司,用户基数继续扩大。

1996 年 12 月,Lotus Notes 的服务器被改名为 Domino,同时发布了 4.5 版本。新服务器的亮点是能将 Notes 文档动态转换成网页供浏览器访问,这就成为将来很长一段时间用 Notes 来开发 Web 应用程序的基础。其他的改进包括:

- 原生的日历和工作事项;
- 对 SMTP、POP3 等一系列邮件协议的支持;
- 跨数据库全文检索;
- 在客户端内浏览网页;

- 在可伸缩性方面,服务器集群、目录协助(Directory assistance);
- 在可管理性方面,管理进程(Administration Process)的改进、新的数据库管理工具、Windows NT 单点登录和集成用户管理;
- 在安全性方面,执行控制列表(Execution Control Lists)和密码过期、重用限制;
- 在可编程性方面,LotusScript 和 IDE 的改进、支持脚本库、可以用 Java 编写代理、Notes 对象的 Java 接口、在 Macintosh 上支持 OLE 2、扩展的 OCX 支持、依据运行环境(客户端或浏览器)隐藏设计元件。

### 2. 版本 5

1999 年初 Lotus Notes 5.0 版本面世了,继续对 Web 技术的融合,客户端的首页看上去就像当时流行的网页风格。用户在客户端里既可以使用 Notes 提供的邮件、日历、论坛等应用程序,也能够利用内嵌的浏览器上网。使用设计器和管理客户端(Domino Administrator)的工作效率得到很大提高,例如,多个打开的窗口从一次显示一个、通过菜单切换改为标签页窗口。程序开发领域的改进包括新增的 Domino 类、表单中的嵌入视图、大纲设计元件等。服务器方面:HTTP 服务器获得很大改进;提升和扩展了对通信协议(如 LDAP)和开发标准(如 CORBA、JavaScript)的支持;改进了数据库的事务日志和内部存储结构;提供了与其他企业信息系统(如关系型数据库)交换数据的工具和接口。在 Web 应用方兴未艾的时代,Lotus Notes 凭借对互联网标准的广泛支持、集成的邮件功能、延续自客户端程序的快速开发模式占据了先机。与当时的 ASP、PHP 等技术相比,采用 Lotus Notes 在 Web 应用的开发效率和存取控制上都有优势。

### 3. 版本 6

2002 年 10 月推出了 Lotus Notes 6.0 版。彼时正处于第一波互联网高峰,企业被新技术鼓舞,纷纷追求更低的 IT 成本、更高的工作效率、更快的开发和部署流程。Web 应用开发技术迅速发展和成熟,J2EE 已经被发布和应用。在这样的背景下,6.0 版虽然在原有的框架内有不小的改进,但以行业的发展做参照,初次显示出落后的步伐。以后来的眼光回顾,Web 应用开始取代胖客户端程序,而 Lotus Notes 由于长久的传统和庞大的客户基础,即使认识到这一趋势,也不可避免地被惯性左右,在改进客户端和将重心转向 Web 间首鼠两端。在新技术勃兴的时期,大公司即使全力以赴也未必能做弄潮儿,三心二意、稍有懈怠则必然被甩在潮流后面。陈旧、语法上带有荒唐之处(如在使用一个变量前,要先声明该变量并将变量值赋予其自身;变量不能重复使用;不支持循环)的公式语言被重写(作者正是后来CouchDB 的创建者 Damien Katz),功能和性能都得到提升。增加了大量Domino 类供程序使用。为 LotusScript 语言添加了一些缺乏已久的实用函数,比如对数组的若干操作,以前需要调用公式语言或者自己开发。但在这些有限动作的后面,LotusScript 的大量落后和不足之处一直得不到改进,设计器与同时代的集成开发环境相比生产率明显落伍。在客户端应用程序开发中引入 JavaScript 和 CSS 实际上毫不实用,试图学习 Web 应用程序创建动态用户界面而发明的 Layer 设计元件几乎从第一天就没人使用。概括地说,客户端和 Web 两种环境下的 Notes 应用程序的表现力没有任何实质的提升。Domino 服务器的改进相对积极一些:

- 通过规则(Policy)集中维护多台服务器的设置;
- 压缩网络通信传输的数据;
- 对服务器工作状况新的监视、统计和分析工具;
- 在安全性方面,允许使用第三方证书认证机构、代理服务器管理、改进的密码管理、向客户端推送执行控制列表;
- 用户界面和功能更有竞争力的 Web 邮件系统 iNotes Web Access;
- 对目录的改进包括能够部分或全部使用 LDAP 进行名称查询,运行单独的进程维护 Domino 目录的索引;
- 服务器集群的改进,包括对集群间复制更精细的控制;
- 离线服务(Domino Off-Line Services,DOLS)的改进。但是这些改进需要管理员有专门的知识,利用分散的、专门的、图形用户界面的工具(没有统一的配置文件,无法自动化和批量管理),有的还需要和其他 IT 系统合作(如 CA、LDAP 服务器,而长期以来 Lotus Notes 形成的文化是一个自足的系统,客户端、应用服务器、数据库、用户管理等全部由一套系统提供),所以在实际环境中并没有充分发挥作用。

2003 年 9 月,IBM 发布了 Lotus Notes 6.5。Notes 客户端集成了 Lotus Sametime 即时通信软件,使得用户在原本的邮件通信之外,可以更方便地以聊天和在线会议的方式协作;在文档和视图上还能显示用户的 Sametime 在线状态。邮件、日历项和待办事宜可以相互拖放创建;转发、邮件以不同图标在视图上标示;可以为邮件创建跟进标记;能够更方便地创建邮件规则,如自动移动来自某发件人的邮件到指定文件夹;增强 iNotes 的功能,以接近客户端的使用体验。在开发方面,访问用户注册功能的 NotesRegistration 类得到增强;新增了一组用于 JSP 开发的访问 Notes 对象的自定义标签 (Custom tag)。在性能方面,增加了一系列负载测试(Server. Load)项目,包括 iNotes、邮件和 IMAP;zSeries、iSeries 等平台各自有了可伸缩性方面的改进。调试诊断方面的改进包括 Unified Fault Recovery/Cleanup Scripts、Memcheck 等新的能力和工具。同时得到升级的有在 Notes 和其他数据库之间进行数据同步的 Lotus Enterprise Integrator。

## 8.3.4 老年:版本 7~9

### 1. 版本 7

2005 年 8 月发布了 Lotus Notes 7.0。从开发人员的角度看,在 6.0 后时隔三年推出的这个新版本是极其令人失望的——新东西少得可怜。值得一提的只有视图列可以共享以及初步的 Web Service 开发。背后的原因只有少数业内人士清楚。或许是版本 6 的市场反响不好,又或许是 IBM 认为未来更有前途的技术是它已经投入大量资源的 Java,IBM 的 Websphere 应用服务器、DB2 关系型数据库在企业市场占据重要份额,早先贡献给开源社区的 Eclipse 不仅成为成功的 IDE,而且形成了一个富客户端开发的平台。IBM 决定抛弃 Lotus Notes,推出了基于 Eclipse 富客户端技术的 Workplace 产品,应用程序部署在 Websphere 服务器上,有干净的表单设计器,可以使用 JavaScript 进行编程。对企业内现有的 Notes 应用,依靠 JNI(Java Native Interface,Java 本地接口)调用继承的本机程序仍然可以访问。IBM 显然低估了 Lotus Notes 用户的惯性和迁移到一个全新平台上的难度,高估了 Workplace 的能力和受欢迎程度。在伐倒一棵参天老树的同时,希望新种下的树苗能马上补上原来的树荫,无论怎样看,这都不像 IBM 一贯的保守风格,只能让人解释为公司内部对 Lotus Notes 的评估远比不上它的市场部门对客户的宣传。结果并不太令人吃惊。愿意接受 Workplace 的客户非常少。IBM 在市场上撞得头破血流之后,连忙找回 Lotus Notes,匆匆打扮后推出 7.0 版本。Notes 数据库原本性能上的瓶颈使得基于它的邮件系统这样的多用户、使用频繁的应用让服务器不堪重负,IBM 试图改用 DB2 数据库来作 Notes 应用的后端。额外的 DB2 软件费用、迁移现有邮件数据库的成本和风险最终让这个企图不了了之,仅仅留下 Lotus Notes 7.0 版新增的

Notes 和 DB2 数据库之间相互访问的功能。实际上,采用文档型数据库和关系型数据库建模和开发时的鸿沟,Lotus Notes 整个系统与 Notes 数据库的紧密结合,都注定了换用一种关系型数据库作后端的效果不是建设性的,而是颠覆性的。

7.0 版在服务器和管理工具方面的改进多一些,包括:跨域检视服务器状态的 Domino Domain Monitoring(DDM);收集服务器、数据库、用户活动统计数据的 Activity Trends;自动诊断工具可以收集和自动分析客户端或服务器崩溃时的调用栈数据;Smart Upgrade 工具可以通知客户端或服务器智能升级的结果,并做出相应的动作。安全性方面的改进有:更强的加密钥(1024 位的 RSA 密钥和 128 位的 RC2 加密);更好的单点登录支持;SMTP 和 DNS 连接的黑白名单功能。服务器性能得到很大改进(邮件测试显示高达 80%～400%)。邮件、日历、待办事宜、会议、Sametime 集成、iNotes 等功能的可用性继续改善。通用的客户端改进包括文档自动保存和视图后台更新。

## 2. 版本 8

IBM 在遭遇 Workplace 的失败后,幡然悔悟,似乎由 Lotus Notes 庞大的用户基础和长久的生命力认识到它的重要性。为了表示决心,在 7.0 版发布前的 2005 年 7 月,IBM 协作软件部门新的负责人在德国汉诺威的 Lotus Notes 技术论坛上宣布了代号为汉诺威(Hannover)的下个版本的雄心勃勃的计划。2007 年 8 月,8.0 版本正式发布。焕然一新的客户端基于 Eclipse 平台,从界面到操作,一下子让独自进化、此时风格已显得过时的 Lotus Notes 进入现代软件的大家庭。Eclipse 开放的、基于插件的框架使得 IBM 和开发人员能够编写插件扩展客户端的功能,让 Notes 应用和基于其他数据源的 Java 应用协作。细心的读者会发现,Workplace 也是基于 Eclipse 平台的,IBM 并没有浪费对它的投入,而是取消了这支新军的番号,将其成员汇合到古老的 Lotus Notes 麾下,这也说明 IBM 重新承认了 Lotus Notes 的招牌价值。IBM 还免费附上一套名为 Lotus Symphony 的、基于 OpenOffice 的办公套件,功能包括字处理、电子表格和演示,可以使用 ODF(Open Document Format,开放文档格式)、微软 Office 和历史上曾辉煌一时的 Lotus SmartSuite 文件格式,以期利用 Lotus Notes 的用户基础,向微软垄断的办公软件领域渗透,构建一个功能更丰富自足的软件生态。单从这两点就能看出 IBM 这回真的下足老本,对 Lotus Notes 的东山再起寄予厚望。

客户、合作伙伴和开发人员精神为之一振，但是冷静下来分析，IBM 的战略不能给人多少成功的信心。Eclipse 平台固然让客户端和插件的开发更容易，但 Java 应用程序的本质令客户端从原本的又小（内存占用几十 MB 级别）又快变得臃肿缓慢，尤其是在企业计算机内存普遍只有 512MB～1GB 的时代；Eclipse 插件开发需要专业的知识和技能，Notes 开发人员对此完全陌生（Java 程序员对其有经验的也不多），即使 Lotus Notes 引入了同样目的但较简单的复合应用程序（Composite application）也鲜有人涉足。因此归根结底，新版本只是用漫长的启动时间和不时迟缓的反应，换来并无变化的功能之华丽外表。在 Web 应用进一步蚕食客户端程序市场之时，IBM 继续向客户端押注。然而 Lotus Notes 客户端的价值在于在其中运行的应用程序，Notes 应用程序在开发和用户体验上没有改进，仅仅有了一个更漂亮的有插件开发潜力的客户端，不啻于本末倒置。

客户端和 Lotus Symphony 办公套件耗去了 IBM 研发新版本的大部分时间，Lotus Notes 其他组件的更新不多就不让人意外了。邮件新增了竞争者已有的召回和按会话组织的功能。设计器增加了开发复合应用程序和 Web service 客户程序的功能。在服务器方面，增加了帮助控制邮箱大小的收件箱清理规则；与 IBM Tivoli Enterprise Console 软件的整合。在安全性方面，防止泄露 Domino 目录中用户文档保存的 Web 密码；Web 登录失败次数超过阈值后的账号锁定。

将客户端转移到 Eclipse 平台不是 IBM 雄心的全部，在前面提到的汉诺威技术论坛上，IBM 就宣布了下一步是将设计器（Designer）移植到 Eclipse 上。2008 年 12 月发布的 8.5 版本实现了这个愿景。与客户端的迁移不同，设计器采用 Eclipse 框架带来显著的好处。Eclipse 成熟的 Java 开发环境取代了设计器原始的编辑器，LotusScript、JavaScript、CSS 等脚本的编辑环境都一道现代化，各种语言的实时编译能够即时提示错误。而这一切仅仅是附带的益处，升级设计器主要是为了配合同时推出的 XPages 技术。XPages 是 IBM 为了应对现代 Web 开发迟来的发明。它的引入给 Notes 客户端带来冲击（虽然如果继续坚持陈旧的客户端技术不更新，Notes 也会消亡），也再次给 IBM 带来战略上的两难选择：XPages 只需要浏览器，如果把未来发展全集中到该技术上，客户将不再购买客户端，虽然服务器端可以按用户授权收费，但会导致 Notes/Domino 平台的单位授权价格下降。而如果坚持在客户端的投资，与 XPages 形成不必要的竞争和浪费，而且基础技术架构不改变的话，很难有起色。而面对这个选择 IBM 的策略是模糊的——允许在

Notes 客户端里运行 XPages,即所谓的 XPiNC 技术,但是这样在应用程序启动前要将整个程序从服务器下载到本地,几乎没有什么公司会考虑采纳。

其他方面的改进包括提供 ID 文件集中、安全、方便访问的 ID 仓库(ID Vault),客户端新的漫游功能,加入对 Windows 2008 的支持等等。随后的几年中,IBM 在 Lotus Notes 方面的精力都花在修正、改进和推广 XPages。通过 8.5.1、8.5.2、8.5.3 一系列版本,设计器的稳定性、XPages 的性能和功能有了很大提升,客户端和服务器也都采用了 OSGi 框架,并借它迅速扩充了许多基础性的 Java 组件,包括提供对 Notes 数据库 RESTful 访问接口的 Domino Access Service。然而,IBM 再次受到挫折。XPages 即使在 Lotus Notes 现有用户中普及速度也不够快,更别说在 Web 时代重振 Lotus Notes 的高效应用程序开发平台之雄风。XPages 无法和其他 Web 开发技术竞争,也吸引不到 Lotus Notes 以外程序员的关注。个中原因前面已经介绍,这里就不再赘述了。

### 3. 版本 9

时隔近六年之后,IBM 于 2013 年 3 月发布了 Lotus Notes 9.0 社交版 (Social edition)。这个关键字标志着 IBM 已经将重心从 XPages 这样一项开发技术转移到提供现成的社交应用软件。过去几年来和 Lotus Notes 同属于协作产品类别的社交应用软件 Connections 成为 IBM 力推的新主角。在 Lotus Notes 客户端和 Web 之间的技术路径选择依然混乱:XPages 的更新微乎其微,除了将原来社区开发的控件集加入到官方版本以外,只增加了一些移动 Web 开发方面的改进,冀望保持 Domino 在 Web 平台上的竞争力;使得客户端能够直接运行服务器端的 XPages 程序,让客户端和浏览器在 XPages 面前处于公平的地位;开发 Notes 的浏览器插件,使得用户能在浏览器中访问传统的 Notes 应用程序,延续 Notes 客户端和传统应用程序的生命力。

随后的三年多时间里,只发布了 9.0.1 的维护版和在 Bluemix 云端对 XPages 的支持。在原本忠心的开发人员社区逐渐动摇,怀疑 IBM 是否准备抛弃 Lotus Notes、9.0.2 版本永远不会面世时,IBM 终于在 2016 年晚些时候宣布对 Lotus Notes 的投入和支持至少会持续到 2021 年,为了能更及时地提供更新,将采用新的功能包(Feature package)取代原来的版本方案。不过这些说辞和继续迟缓的反应,明眼人都可以看出这是 IBM 在不违背对现有客户承诺的前提下,放任 Lotus Notes 缓慢死亡的明证。

# 参 考 文 献

1. Erich Gamma，John Vlissides，Ralph Johnson，Richard Helm. Design Patterns：Elements of Reusable Object-Oriented Software. Addison-Wesley，1994.

2. John von Neumann. First Draft of a Report on the EDVAC. University of Pennsylvania，1945.

3. Abraham Silberschatz，Henry F Korth，S Sudarshan. Database System Concepts. McGraw-Hill，2010.

4. Lotus Development Corporation. Inside Notes：The Architecture of Notes and the Domino Server，2000.

5. Martin Fowler. 作者专栏网站上的系列文章. https://martinfowler. com/.

6. Microsoft Application Architecture Guide. https://msdn. microsoft. com/en-us/library/ff650706. aspx.

7. MSDN Magazine. Design Patterns：Dependency Injection. http://msdn. microsoft. com/en-us/magazine/cc163739. aspx.

8. MSDN. Model-View-Controller. https://msdn. microsoft. com/en-us/library/ff649643. aspx.

9. Oracle Java tutorials. http://docs. oracle. com/javase/tutorial/index. html.

10. Java 8 API 和源代码. http://docs. oracle. com/javase/8/docs/api/.

11. . NET API. https://docs. microsoft. com/en-us/dotnet/api/？view ＝ netframework-4. 6. 2.

12. Spring Framework Reference Documentation. http://docs. spring. io/spring/docs/current/spring-framework-reference/htmlsingle/.

13. Flask's documentation. http://flask. pocoo. org/docs/0. 12/.

14. IBM Notes/Domino 产品文档和 API.

15. JavaScript 参考文档. https://developer. mozilla. org/en-US/docs/Web/JavaScript/Reference.

16. DOM 参考文档. https://developer. mozilla. org/en-US/docs/Web/API.

17. Apache CouchDB 文档. http://docs. couchdb. org/en/2. 0. 0/.

18. Couchbase 文档. https://developer. couchbase. com/documentation/server/current/introduction/intro. html.

19. MongoDB 文档. https://docs. mongodb. com/manual/.

20. jQuery API. https://api. jquery. com/.

21. Open Web Application Security Project Documentation. https://www. owasp. org/index. php/Main_Page.

22. Android API guides. https://developer. android. com/guide/index. html.

23. JavaFX Documentation. http://docs. oracle. com/javase/8/javase-clienttechnologies. htm.

24. JavaFX API. https://docs. oracle. com/javase/8/javafx/api/toc. htm.

25. Eclipse API. http://help. eclipse. org/kepler/index. jsp？topic ＝ ％2Forg. eclipse. platform. doc. isv％2Freference％2Fapi％2Foverview-summary. html.

# 图书资源支持

感谢您一直以来对清华版图书的支持和爱护。为了配合本书的使用，本书提供配套的资源，有需求的读者请扫描下方的"书圈"微信公众号二维码，在图书专区下载，也可以拨打电话或发送电子邮件咨询。

如果您在使用本书的过程中遇到了什么问题，或者有相关图书出版计划，也请您发邮件告诉我们，以便我们更好地为您服务。

**我们的联系方式：**

地　　址：北京海淀区双清路学研大厦 A 座 707

邮　　编：100084

电　　话：010－62770175－4604

资源下载：http://www.tup.com.cn

电子邮件：weijj@tup.tsinghua.edu.cn

QQ：883604(请写明您的单位和姓名)

**用微信扫一扫右边的二维码，即可关注清华大学出版社公众号"书圈"。**

资源下载　样书申请

书圈